设计软实力评论

人民城市与全民设计：
凝聚城市设计软实力

Design Soft Power Review

People's City and Design for All: Embracing the Soft Power of Urban Design

主编:孙磊

本书为国家社会科学基金艺术学
重大项目“设计创新与国家文化软实力建设研究”（21ZD25）阶段性成果

This Book is a Phased Achievement of the Major Art Project of the National Social Science Fund of China: Study on Design Innovation and National Cultural Soft Power Construction (21ZD25)

项目管理单位：
中国山东工艺美术学院设计策略研究中心

Project Management Unit: Design Strategy Research Center, Shandong University of Art & Design, China

北 京

图书在版编目（CIP）数据

设计软实力评论：人民城市与全民设计：凝聚城市设计软实力 / 孙磊主编. -- 北京：中国经济出版社，2024. 10. -- ISBN 978 - 7 - 5136 - 7883 - 4

Ⅰ. TU984

中国国家版本馆 CIP 数据核字第 2024A2A866 号

责任编辑　杨元丽
责任印制　马小宾
封面设计　张　瑞

出版发行　中国经济出版社
印 刷 者　北京富泰印刷有限责任公司
经 销 者　各地新华书店
开　　本　710mm × 1000mm　1/16
印　　张　25. 75
字　　数　369 千字
版　　次　2024 年 10 月第 1 版
印　　次　2024 年 10 月第 1 次
定　　价　118. 00 元
广告经营许可证　京西工商广字第 8179 号

中国经济出版社 **网址** http://epc. sinopec. com/epc/ **社址** 北京市东城区安定门外大街 58 号 **邮编** 100011

编写委员会

Editorial Board

序 言 PREFACE

今天的世界各国之间，文化国力竞争面临着诸多机遇和挑战，设计作为一种吸引力、创造力和凝聚力的重要源泉，逐渐成为文化国力竞争的首选因素。基于这样的思考，笔者于2021年正式提出“设计软实力”的概念，并获得国家社科基金重大课题的支持。从设计机会上看，在21世纪兴起的全球价值链，使得发达国家和发展中国家在开发人的经济价值方面出现结构性变化，这种变化体现在前者专注于创造以设计为主导的无形资产，后者则专注于制造有形产品上。发展中国家生产性人口结构与创造性人口结构的比差调整，将为发展中国家更好地融入全球价值链提供更多的生产力增长机会；另外，设计不仅表现为物质、科技成果和审美价值的客观存在，也表现为价值观念、生活方式与意识形态的主观关系建构，这种“设计关系”不仅可创造独特的吸引力，而且可建立人与人、人与社会之间的聚合关系，对驱动经济提振、社会变革、城市更新、环境提升和福利改善等产生积极的影响。

从设计挑战上看，回答并解决本土文化资源创新转化手段的匮乏与丰富的文化资源禀赋之间的矛盾、相对薄弱的现代文化吸引力与深厚沉潜的传统文化影响力之间的矛盾、中华文化更深层次结构内涵的张力与浅层次的模仿表达能力之间的矛盾，以及进一步消解中国制造存在的设计创新能力不足和人民对高品质生活的多层次需求之间的矛盾、技术创新领域阔步向前和非技术创新领域裹足不前之间的矛盾等一系列重大问题，都需要开发并提升设计的软性价值。

新时代带来的机会与挑战，拓展了我们对设计软性价值的认知边界。设计创新不仅是推动文化软实力建设的关键力量，更是文化软实力的重要组成部分，是助推文化软实力传播的重要驱动力。20 世纪 80 年代后期，美国国际政治学者、哈佛大学名誉教授约瑟夫·奈首先提出“软实力”概念，此后这个词风靡全球。国际政治界、学术界虽然对这一概念的阐释众说纷纭、莫衷一是，但将“软实力”与“文化国力”结合进行探讨是其共性。不同的是，国外学者大多从如何运用好自身的文化软实力来巩固本国在国际上领先地位的角度来探究，而国内学者对文化软实力一词的运用大多出现在与文化体制改革以及文化国力相联系的语境中，即文化软实力主要是指那些在社会文化领域中具有精神感召力、社会凝聚力、市场吸引力、思想影响力与心理驱动力的文化资源。综合来看，现有的文化软实力概念更侧重于指各种文化资源转化为软实力的结果和形式，是静态的文化软实力。事实上，文化软实力不仅是一种已有的成就状态，更重要的在于将各种文化资源创造、转化为实际的国家实力的过程、价值和机制，是一种基于过程的内在运行机理的展示系统和创造方法。事实证明，设计不仅可以创造文化影响以及凝聚发散性的力量，而且自身就具有文化软实力的功能。因此，不能把通过设计提升国家文化软实力简单理解为一种对文化的包装、宣传与推广策略，而应当把设计作为一种国家文化的自我建构战略来整体布局、规划和落实。

大量实践案例表明，设计总是在软实力方面发挥作用。对于什么是设计软实力等问题，我经常借用“磁化效应”这个物理学名词来解释设计和设计软实力。设计具有类似磁体的功能，通过发挥设计的外磁场作用（设计思维和技巧），去磁化、吸引各种磁性材料（文化、科技等要素），在产生强大的磁吸力的同时，赋予这些磁性材料以新的磁性（关系、意义、价值、声誉等），这就是设计转化为软实力的过程。在现实中，我们都习惯用显露的冰山去解读“物化”的设计，却很少关注隐藏在海水下面看不见的“非物化”设计。在我看来，设计的真正中心不是“物”，而是“物”的使用者或者使用者与自然、社会、环境所建立的一种文化和意义的契合。所以，发现相关、创建意义并转化为价值，才是设计软实力的本质。人类任何的设计活动，都是人本质力量的对象化，这个过程反映了一个国家、一个地区、一座城市特有的一种文化创新力量和发展动力。对于城市而言，设计软实力就是通过思想或象征性资源构建自我与城市的偏好、形象、意义和价值，导致城市内涵改变而获得预期结果的力量。城市设计软实力体现的不只是静态的文化样式或城市形象，更是一种能够改变城市社会内部和外部的“亲社会性”文化、价值同化力以及包容与合理的政策制度，是一种与未来搭建科技、设计、经济和治理紧密关联的“魅力关系”，也是一种赢得支持、拥护和认同的外部吸引力和内部凝聚力。本书以“人民城市与全民设计：凝聚城市设计软实力”为论题，邀请国内外顶级专家、理论先驱、知名专家以及青年学者等共同建言，献策城市设计和软实力建设。我们试图传达的一个理念就是，今后城市的发展不能再简单依靠 GDP 增长，而要将民众的生活需求、生计需要和生机活力设定为中心，倡导把“属民”“为民”“靠民”的人民城市重要理念贯彻到城市发展的全过程、各方面，实现人人有序参与、人人共创共享、人人品质生活、人人归属认同的中国特色城市发展目标。

城市问题是 21 世纪人类面临的重大挑战之一。从国际上来看，利用文化和创造力，促进可持续城市发展与包容性增长已成为设计师的普通共识；在国内，党的二十大报告提出的“人民城市人民建、人民城市为人民”的发展理念，正在蓄积成中国式城市现代化建设的磅礴伟力。《设计软实力评论：人民城市与全民设计——凝聚城市设计软实力》一书，旨在通过增强全民设计意识来实现城市更新和城市生活质量改善，传递“让每个城市人都成为设计决策主体”的学术观点，培育以全民设计为驱动的城市软实力发展新动能，助力构建共创共建共治共享的人民城市发展新格局，展现中国式城市现代化建设新风貌。本书提到的很多观点，都指向我们在构建城市文化软实力体系的理论研究和实践探索过程中，发挥以文化创新为主导的设计软实力的重要性。毋庸置疑，设计创新成为城市文化软实力甚至文化国力的重要内容，既折射出城市发展对设计创新的基本需求，又体现出以设计塑造和传递城市文化软实力与社会主流价值观的重要意义。

《设计软实力评论：“人民城市与全民设计”凝聚城市设计软实力》是国家社科基金艺术学重大项目“设计创新与国家文化软实力建设研究”的阶段性成果之一。此书得以顺利出版，要特别感谢全国艺术科学规划领导小组办公室的大力支持；在出版过程中，同样要感谢联合国教科文组织国际创意与可持续发展中心咨询委员会（ICCSD）、国际社会创新与可持续设计联盟（DESIS）、设计政策联合会（DPU）、牛津大学凯洛格学院、清华大学艺术与科学研究中心设计战略与原型创新研究所、中央美术学院城市设计学院、山东工艺美术学院和中国经济出版社等机构和单位，以及所有作者和工作人员的关心、信任与帮助，没有他们从思想上、学术上和行动上给予的支持，也不会结出这些学术的硕果。

设计，兴于需要，成于文化，服务于国家。

山东工艺美术学院设计策略研究中心主任，教授　孙磊

2024 年 8 月 10 日

上编

CONTENTS 目 录

专家综述：研究设想与思路

Part I

Expert Review: Research Conceptions and Ideas

下编

专题纵论：研究探索与观点

Part II

Special Feature: Research Explorations and Perspectives

上编　Part I

专家综述：研究设想与思路

Expert Review: Research Conceptions and Ideas

汉斯·道维勒
Hans d'Orville

埃佐·曼奇尼
Ezio Manzini

朱子瑜
Zhu Ziyu

查尔斯·兰德利
Charles Landry

王中
Wang Zhong

克里斯·罗利
Chris Rowley

马晓威
Ma Xiaowei

徐挺
Xu Ting

文春英
Wen Chunying

孙磊
Sun Lei

梅里·马达沙希
Mehri Madarshahi

城市化世界中促进可持续发展的创意和创造力

汉斯·道维勒[①]

人类具有创造力。人类在这个星球上生存繁衍，证明了这一点：人类已经适应并改变了环境，这很大程度上是教育的结果。

今天我们正陷入一场资源危机。国际资源委员会发布的《2024 年全球资源展望》报告显示，到 2060 年，全球自然资源消耗量预计比 2020 年增加 60%。这让人不禁发问：在气候变化、水资源短缺、污染和废物堆积的重重压力下，我们的生活如何具有可持续性？为确保当代人和子孙后代的生存，我们必须减少生态足迹和碳足迹；教育将是实现这一目标的关键。可持续发展教育必须摆在整个教育体系的核心位置，并且必须借助创意的力量。我们必须立即采取行动消除贫困，提高教育和健康水平，减缓贫困、减缓气候变化对环境和生态的影响，并防止破坏生物多样性，因为所有这些问题都对发达国家和发展中国家构成威胁，每个国家、每个人都受到影响。为了实现长期可持续发展，我们必须发展绿色经济，加快循环经济，减少

---

① 联合国教科文组织前副总干事、教科文战略规划署前助理总干事、教科文国际创意与可持续发展中心咨询委员会主席。

碳足迹。这一切都需要连贯的政策、结构性变革、新的解决方案、全面的创新和创造力，而且特别是要在学校和教育系统中实施。

对于可持续发展的范式来说，创造力的作用不断增强。创造力和可持续性是人类的两个重要特征。创造力与创新密切相关，它使我们能够发现问题并公开、集中地解决问题。创造力可以打开思维，拓宽视野，并有助于克服偏见。为此，教育至关重要。鉴于地球资源的有限性，我们必须利用"终极资源"，即人类的聪明才智以及创造力。创造力是可持续发展的核心，它植根于可持续的社会、经济、环境和文化实践中。城市位于可持续发展的前列。

联合国教科文组织在2023年11月3日"世界城市日"提出城市连接全球与本地，通过人才的融合鼓励创新城市支持创造，并帮助建设更公平的未来。创造力是一种特殊的资源和人类的天赋。它通常融合传统和创新，涉及将想法、想象和梦想转化为现实。创造能力取决于创造性思维，即有能力产生或识别想法、替代方案、有助于解决问题的新可能性，以及如何与他人沟通。

如今，我们体验到了各种各样的创造力：文化艺术创造力、技术工程创造力、教育教学创造力、科学创造力、社会创造力和商业创造力，等等。到底什么是创造力？人们普遍认为，创造力包括在实体和社会学习环境中互动、教师和学生的态度和特质，以及清晰的问题解决过程，从而产生可感知的产品，比如一个想法、一个过程或一个有形的对象。创造力是指创造新的、相关的和有用的东西。创造力是学习和教学与生俱来的一部分。创造力在教育中举足轻重，因为它可以培养认知能力。具有创造力意味着使用现有的知识或技能，在特定背景下尝试新的可能性、追求新结果，而这反过来又能促进知识和技能的发展，也一直是全球经济所追求的，把事情做得更好、更快、更高、更有效。

最近几年，另一个口号正在兴起，即用新的方式做新的事情，就等于追求创新和创造力。创新这一理念越来越被视为未来社会繁荣、商业成功和个人进步的关键。创新不仅包括独创性和想象力，更重要的是新工艺、新技术以及使用各种材料的新方法。正如我们每天所见，新技术正在创造和分享巨大的机会和知识。教育界越来越致力于培养创造力。创造力是核心，它能指导政策和课程。全球教育趋势已从知识获取转向能力发展。创造力往往定位于教育框架内的能力或技能。创造力是对知识的良好获取，使学生能够将知识以创造性的方法应用到工作中。创造力是未来的一项重要工作技能，它可以塑造人才。学习可以培养学生的创造力。创造力驱动、改变、赋予人们能力，并帮助人们在不断变化的世界中找到自己的道路。

目前，以知识为基础的教育体系在为年轻人提供重要技能、适应力和信心方面只能发挥到如此程度。从标准化考试到“一刀切”的课程，公共教育通常留给创造力的空间很小。许多学校因此与社会需求脱轨，学生不能很好地为未来的成功做好准备。富有创造力的心态对于社会未来的发展至关重要。教师可以支持学生培养创造力所需的态度和品质，包括坚持、韧性和好奇心。通过这种方式，教师可以从提出问题到解决问题，最后到产生想法，支持创作过程。传统的学习方式要求学生牢记固定的答案，这种方式已不适合当今复杂的世界，创造力正在成为一种新的文化素养。它鼓励创造、联系和启发。软实力体现在创造力、独创性、创新性和想象力上。它在社会发展和追求社会公平中至关重要，有利于创造社会繁荣。

文化、创意、艺术创新是驱动力，推动社会的发展。文化创新和创意表达不仅推动发展进程，而且还有助于促进和平、民主、人权、基本自由、性别平等和法治。这些方面都是联合国可持续发展目标的一部分。创造力和艺术表达定义了我们的身份和归属感。它们在具有内在价值的同时，还提供能量、灵感和鼓励，以建立更好的共同生活方式，创造多元化的社会。设计是创造力的另一个重要维度，也是文化的主要组成部分。设计不仅仅是为了美观和功能，它也是一种创新。当前，对创意设计、设计服务和产品的需求不断增加。创新不仅为设计开辟了新的视角，也为分享、交流开辟了新的视角。创新有助于巩固科学、伦理、美学、技术、艺术等方面的合作。设计越来越成为一个重要的渠道，帮助实现工具、时尚、科技、制造和生产的改造与融合。

基于可持续发展的社会、经济和环境三个层面，2015 年联合国大会上通过了“2030 年议程”，确定了 17 个可持续发展目标，以及 169 项量化目标，旨在改变世界。“2030 年议程”力求充分利用教育、健康、科学、文化交流和信息交流实现可持续发展目标。这需要创造力的调动、知识的共享、创新政策的制定以及最新数字工具的使用。创造力有望推进每一个目标，特别是优质教育这一可持续发展目标的实现。创造力对教育、社会和经济有巨大的影响，在技术和创新的推动下，创意产业已成为世界经济最具活力的增长点之一。全球经济越来越受到创造力的影响。

事实上，创意经济已经进入经济发展的最新阶段。联合国指定 2021 年为“国际创意经济促进可持续发展年”，由贸发会议牵头。在中国，北京的国际创意与可持续发展中心是教科文组织下设机构，我在其咨询委员会担任主席，我们与各方联合举办活动，并发行了各种出版物来纪念这特别的一年。

20 年来，文化创意产业急剧演变。从稀缺状态转向可在线获取文化产品。2018 年，国际文化创意产业每年产生收入 23.5 亿美元；创造了近 3000 万个就业岗位，其中 15～29 岁的就业人数比其他任何部门都多。互联网已覆盖 21 亿人，2020 年达到 50 亿人。随着技术变革步伐的加快，创造力和可持续发展将受到我们这个时代的主导驱动力和促成因素的影响，即全球化、城市化和大城市互联网、物联网、数字化、区块链、机器人、大数据，以及最近的人工智能。

工业革命 4.0 为科学和技术提供了新途径，技术驱动了创造力和创新。文化创意产业成为城市的核心。没有文化的城市就是没有灵魂的城市。城市变成了孵化器。通过多学科和整体创意，城市扩大了选择的范围，并更新了居民的愿景。城市在促进社会凝聚力、经济增长、贸易、发展和就业方面发挥着重要作用。城市和城市经济通过高附加值产业、走多元化道路、科技升级、研发创新、创造高质量就业机会等途径，向更高生产率的模型转型。为此，教育要为学生做好准备，赋予学生能力。软实力包括独创性、创新性、创造力和想象力，它们都将在此过程中发挥巨大作用。在墨西哥举行的2022联合国教科文组织世界文化大会上强调了以上各个方面。

自古以来，城市就一直在促进人类发展，成为不同种族人民的文化熔炉。知识、文化、创意成为城市快速转变的新关键词。创意城市是未来发展的必由之路。创意产业在当今社会中越来越重要，人类创造力将成为经济发展的关键资源。创造力的力量在新冠疫情期间不言自明。人们的体育和文化活动，通过在虚拟世界开展数字技术和直播推动了其他各项活动的展开。多媒体展览、在线拍卖、音乐表演、戏剧和舞蹈表演、图书展示、电影、文化旅游以及许多其他创意交流和服务迁移到云端世界。人们对一系列产品进行了升级和多样化改造，使传统和当代文化产业相融合，带来新颖的创作和收入模式。

智慧城市的概念旨在通过将新技术与人文主义理想相结合，为这些挑战提供答案，不让任何人掉队。规划、管理城市，使其具有韧性，并为居民提供所需的资源，这是一个城市成功的关键。因此，全球城市必须接受新的思维方式、技能获取和公民参与方式，探索创造力和可持续发展之间的关系，并由此开启国际大小城市之间的合作。这些城市都选择了创造力作为其可持续发展的战略因素；这些城市也认为文化既是发展的推动力，也是驱动力。

自2004年以来，联合国教科文组织创意城市网络不断扩大，目前拥有来自100多个国家的近400名成员。2023年10月31日刚刚增添了55名新成员。这些城市利用各项能力将创意聚集在一起，通过新产品和服务，培养社区意识，保护城市特征和遗产。在文学、电影、音乐、工艺和民间艺术、设计、媒体、艺术和美食这七大分类下，被联合国教科文组织命名的创意城市互相交流知识，并分享经验和灵感。一些世界领先的城市被联合国教科文组织命名为创意城市、设计之都，它们包括北京、柏林、巴西利亚、布达佩斯、布宜诺斯艾利斯、底特律、伊斯坦布尔、墨西哥城、首尔、上海、深圳、都灵、青岛等。2023年10月31日，重庆成为设计之都，瓦伦西亚和重庆成为电影之城。而紧邻青岛的潍坊，则是诺贝尔文学奖获得者莫言的老家，在2021年被命名为手工艺和民间艺术创意之城。这些称号认可了城市的活力和创新，激发了城市的灵感，并证明了城市发展的成功之处。位于北京的国际创意与可持续发展中心由联合国教科文组织大会赞助，是联合国教科文组织设立的第二类中心，也是一个新的支持可持续发展目标和创造力发展的国际智囊团。国际创意与可持续发展中心，以创意2030或C2030作为全球倡议，促进创意城市之间的交流，为各行各业提供解决方案、工具和方法。山东工艺美术学院可以成为国家、地区和国际强大的合作伙伴，参与中心的活动。当前，制定政策战略、动员新力量、运用新技术减少不可持续行为和消费，是每个国家都面临的挑战。

许多世界领先的私营企业致力于通过研发新的绿色产品来实现绿色创新、技术和就业，然后将绿色元素纳入供应链。但进步不止于此。

人工智能的主导作用日益增强。短短一年时间，人工智能已经从一种有潜力的、令人振奋的新技术转变为一种文化和新的主导力量，甚至是具有启示作用的力量。人工智能通常指的是计算机系统，能够产生新的科学知识并执行人类可以执行的任何任务。与一两年前相比，未来已经有所不同：下一年，甚至是下个月、下个星期，它看起来都会不同。人们对人工智能既有期待，也有焦虑，尤其是想到人工智能改变未来的速度可能比预期快得多时更是如此。生成式人工智能很可能是一个转折点。它能够从过去的大数据中学习，创建与人类工作没有区别的内容。就ChatGPT而言，它可以自然地使用人类语言回答问题，也可以模仿其他写作风格。唯一的缺点是它使用的是2021年的互联网作为数据库。令人惊讶的是，在2023年3月，一群科技行业知名人士呼吁暂停人工智能的开发；他们担心人类受到威胁，并警告潜在风险，断言开发人工智能系统的竞赛已经失控。

毫无疑问，目前人工智能是一个数字领域的主要颠覆者。它有潜力彻底改变教育、制造业、住房、电影、艺术等各个领域。ChatGPT和其他生成式人工智能模型有望实现各种任务的自动化，从写作到画图，从总结到分析数据，重新武装人类的创造力和推理力。但人工智能有可能带来实质性伤害，如颠覆就业市场、加剧不平等，或加剧性别歧视和种族主义等。

经济学家不确定人工智能将怎样影响就业和生产力。尖端技术在改善社会面貌、刺激经济增长方面能力有限。新的数字技术实际上正在加剧不平等。技术变得越来越强大。它们受到越来越多的数据训练，成为真正的“大数据”。参数的数量和模型中的变量也正在急剧增加。人工智能已经赋能于能源生物技术和媒体等领域，它可以与互联网成为一个整体，而不仅仅是社交媒体等简单平台。人工智能应成为发动机，而不是载体。几乎不可能预测接下来会发生什么。大多数专家认为，人工智能的到来将是一个历史性的事件。技术转折使人们认识了原子分裂，见证了印刷机的发明。人工智能可能会带来完全不同的挑战，当前的监管、决策和政策将被更新。也许它将有助于解决特别困难的问题，例如核聚变、死亡或太空生存。对此我们暂不明确。

人工智能最大的影响，可能是帮助人类做出无法依靠自身而做出的判断。但如何设计和使用这些工具呢？ChatGPT 对工作岗位的影响超越了理论。有报告估计人工智能可以取代约 3 亿个全职工作岗位。以前的人工智能自动化了一些办公室工作，但只涉及机器编码等机械任务。现在人工智能可以执行创造性的任务，例如写作和绘图。很多有经验的工人在离开办公室和制造业后，找不到有意义的工作；ChatGPT 和其他生成式人工智能可以提高找工作困难者的技能。对类人能力的追求，使得技术和机器轻易地取代了人类、压低了工资，加剧了财富和收入的不平等。

环境、经济和社会在可持续性方面都是相互关联的。环境可持续发展挑战问题很复杂，但随着人工智能的引入，大多数常见的环境问题变得更容易解决。可持续发展越来越需要人工智能，其将带来数据量以及未来能源的增加。人类需要新的方法存储、分析和可视化数据，将人工智能纳入可持续发展链中。人工智能因此成为一个重要的领域，解决全球、区域和国家层面的许多环境可持续性问题，并将涵盖联合国所有 17 个可持续发展目标。

其他方面，比如生物多样性研究、机器学习或自然语言处理，被用来预测生态系统，人工智能也在其中发挥重要作用。人工智能应用和机器学习模型已越来越多地被用于预测和优化水资源保护。人工智能也正在应用于其他领域，包括优化路线收集电子废弃物、人工智能运输方案和自动垃圾收集车，保护海洋免受污染，保护野生动物和生物多样性等。在区域神经网络领域，专家系统、模式识别和模糊逻辑模型方面，也是其主要关注点。对所有领域来说，对干预措施进行及时监测，在提高环境可持续性方面不可或缺。人工智能应用还包括需要使用环保和可持续的产品，如环境恶化加上气候危机是最复杂的环境挑战之一，需要先进的人工智能提供解决方案。

教育是可持续发展目标中的另一个领域。ChatGPT 远非作弊者的梦想机器，它实际上可以帮助改善教育。先进的聊天机器人可以用作强大的课堂辅助工具，使课程更具互动性，教授学生媒体素养，生成个性化课程计划，节省教师在行政工作等方面的时间。过去，技术能力在带来“学校革命”方面的作用被夸大了；同样 ChatGPT 在变革方面的潜力也容易令人振奋。人工智能将用这样或那样的方式走进课堂，它将改变规则。

人工智能、自动化，以及一系列其他智能技术，正在彻底改变健康和医疗保健业，这也是可持续发展目标的另一个领域。展望人工智能支持的医疗保健，基于大数据的远程医疗、远程工具和传感器可以降低医疗成本，并提高诊断准确性和效率。以健康为重点的技术具有巨大的增长潜力，可以带来积极的变化，包括新的治疗方法、技术、诊断结果，以及更好、更早地诊断、预防、治疗以及医疗保健效率的提高。

然而，尽管从理论上来看新技术潜力巨大，但我们不要忘记：全球超过 1/3 的人口还没有接上互联网。ChatGPT 的发布凸显了人工智能为世界各地的社会层面带来真正变革的潜力，但风险和机会都是巨大的。人工智能可以提高生产力、促进包容性，助益全球范围内的可持续增长、福祉和可持续发展目标，但它也可能加剧偏见和带来错误信息，威胁安全，加深不平等和两极分化，并扰乱就业市场。在英国布莱切利举行的人工智能安全峰会上人们讨论了这一问题。尽管仍不确定哪些政策将有助于确保人工智能最大化地服务于公众利益，但越来越明显的是：我们对该技术的使用不能只靠少数占主导地位的企业和市场。人们主要担心人工智能会被统治数字领域的某几家大公司主导。所有这些问题都需要在社会层面尽快得到解决，但人工智能的发展速度超过了社会能够跟上的速度。这个技术每隔几个月就会飞跃一次，而立法监管和国际条约的更新通常需要数年时间。我们的社会组织能很好地应对目前的挑战吗？

设计驱动下的社会凝聚力

——当代社会需要协作，当代协作需要协同设计

埃佐·曼奇尼[①]

城市设计软实力这个话题非常庞大。我们决定重点关注可能是因其中最重要的一点：设计驱动下的社会凝聚力。我们身处非常多元化的世界，包括欧洲、美国、中国、印度都呈现多元化。凡是所谓现代性出现的地方，都有一个普遍现象，即一种破碎的社会创造；因而随着现代性的到来，都面临着社会凝聚力的问题。与此同时，尽管问题非常严重，某些时刻、某些事件表明，我们也可以重新组织社会。虽然过去不需要，但现在我们有意识地需要由设计驱动的社会凝聚力。

本文想表达的主题是：当代社会需要协作，协作对于人类来说非常普遍，但是我们进行协作有可能是出于某种状况，或其他比较困难的情况；它需要我们重新建立协作形式，为此，我们需要新的设计形式，或者说，需要协同设计——即不同参与者一起设计。我不需要多谈我们所面临的困难，或从不同的角度来谈。不幸的是，当下与环境灾难有关的问题很突出。

---

① 国际社会创新与可持续设计联盟（DESIS）主席、米兰理工大学社会创新设计教授。全球“社会创新设计”概念的提出者、倡导者、实践者和领导者。

我们正在进行所谓的向生态社会的转型，即所谓的生态转型。对于不同的人、不同的社会来说，转变虽是多样化的，但也有一些共同的趋势。我认为，在过去 30 年里，我们一直在讨论这一转变的意义，而一些观点已经非常明确。

非常明确的问题之一是，社会生态转型需要什么。它当然需要技术变革，需要使用最好的数字技术，以及拥有的可能性，但最重要的就是我们所说的社会资源。在某种程度上，我们认识到：如果没有人来推动这一转变，就无法实现这一转变。同时我们也认识到，在这个人口稠密、联系紧密的小星球上，社会资源是有限的。因此，我此次想做的一个微小的贡献，是分享如何帮助社会向生态社会转型，通过某种方式赋予它价值，触发社会资源，并最大限度地利用社会资源。

从概念来讲，社会资源的利用体现人们为自己和环境做事的能力。我们看到，每一种可能的运行方式都要求合作，这也正契合本文的主题：为什么合作、什么是合作、当下可以有什么合作，以及我们如何开发新的合作形式。我们看到，协作是一种人类活动。在某种程度上，人们合作是因为他们喜欢、他们想要合作；我们不能强迫人们协作。但为了合作，我们需要有一个背景，可以将其称为一个能够进行协作的生态系统。回到设计助力协作这一主题：我们可以设计什么？协作不能直接被设计出来。但我们可以做的是：设计生态系统，让协作成为可能，即协同设计，然后，当然还要实际上进行协同制作。因此，如果这是一个关于生态转型和基于协作利用社会资源的故事，我们可以问：我们与这种协作的关系在哪里？这是一个非常大的话题，但我相信大家都比较熟悉，因为中国所有的大学都非常关注数字化转型。

作为人类，作为个体，我们植根于一个空间，这个空间就是我们的本地性或地方性，现在，我们的本地性可以被称为超本地性。因为它是现实和数字的混合体（例如，我可以给某人发邮件）。因此，当我们在此背景下谈论自己时，必须根据我们用来观察和行动的技术来定义我们的本地性。这是社会学家和设计师深入研究和广泛讨论的问题，试图了解其如何在这个现实和数字混合的超本地空间中运作。目前关于这个话题有很多讨论和经验。我想要强调的，就是这个议题，即要讨论的重心就是问题的答案。因此，如果这些在混合空间中相互联系的个体，面临非常复杂的问题，就像当今我们会碰到的实际问题一样，他们如何一起工作以解决问题？当我们人类处于此空间时，我们之间会发生什么呢？不幸的是，特别是对于最现代化的社会来说，其结果就是我们所说的：相互联系，但孤独。欧洲和美国都观察到了这种情况。我很确定，一种新的“流行病”正在蔓延，那就是普遍的孤独感。

我举个例子来说明。英国的研究人员做了一项研究并提到，英国有 20 万人在一个月内没有与朋友或亲戚进行过任何交谈。独处，又相互联系。当我们独处且相互联系时会发生什么呢？此种广泛的连通性、去居间化关系，造成了传统社会形式的危机。人们无法彼此组织起来一起做事。这就是我们处于相互联系的孤独之中的情况和表现。而且不幸的是，这成为社会大趋势之一。这对于日常生活来说非常危险，对于社会来说也是非常危险，因为这种趋势使得各国迈向生态社会变得非常困难。幸运的是，我们还有一个反趋势：有些事正在发生。有一些来自西方国家的例子，类似的事情也在中国发生着。尽管存在许多文化差异，但一些基本元素在中国也有体现。

据我所知，在过去的 20 年里，新一代活跃人士在世界范围内出现。在之前人们变得越来越孤独，越来越与其他人分离时，有人开始尝试寻找一种共同生活的方式，在不同家庭之间分享一些服务，并就共同的问题进行合作。我们开始有一个新的福祉理念，即基于社区的福祉。其中不仅有专业的服务，还有一群人，他们称之为“关怀圈”，试图做一些事情或一起做某件事，以互相帮助。我们还有一种不同的工作理念，即基于协作和合作，从小实体开始，之后更多地在企业中出现，也可以向更大的实体迈进。我们有了一种新型的农民与市民关系：社区支持农业；在这样的社区里，市民和农民进行各种合作。我们的社区得到了复兴，人们也试着通过自己的双手营造所需要的环境。

这些例子都被称为变革性社会创新，即这些社会创新能够改变其所处的系统。变革性的社会创新基于不同的想法、不同的服务、不同的组织，旨在满足社会需求并建立社会关系；它们有可能带来社会变革。所有这些社会创新的特征在根本上是至关重要的：有一群想要合作的人。我们必须促进世界各地的人都能够进行协作，能够在协作的基础上生成社区，且这个过程不需要设计：它们在漫长的历史变化中慢慢地、自发地生成，不需要有人决定这样做。因此，人们进行协作是一种非常正常、普遍的现象，无须刻意推进。在之前提到的例子中，社会创新的一个共同特点是，有些人选择合作。他们合作是出于选择。出于选择而进行合作，他们必须开发一些项目以使这种合作成为可能。因此，上述所有这些反趋势可以有一个共同的关键词，即对协作价值的重新发现。当代社会的合作打破了以个人主义和竞争行为为主导的趋势。

此外，它们改变了互动的质量。它们基于这样一个事实：人们必须具有同理心、友善心，并且有能力倾听彼此；这可以称之为重建社会凝聚力的基石。这种社会凝聚力的再生，将人们聚集在一起做事情，就需要有积极的干预措施，否则它不会在当今的社会中发生。设计驱动下的协作之所以发生，是因为人们选择协作，且必须定义某种方式来改变当下的环境，以利于人们实现更多的协作。就如本文主题言及的：一方面“社会需要协作”，另一方面“协作也需要协同设计”。协同设计不是一个人的设计，而是由一群试图共同创造事物的人一起来设计。

下面提到的是意大利米兰“社会住房”的例子。社会住房是社会性的，不仅因为它们的价格低廉可以租赁或购买得起，还因为它们试图在建筑中形成一些社区。以前没有这个社区，人们必须在建设实体建筑的同时建设社区。这就是意大利的一所基金会创建的一个地方，称为“社会住房”。其他地方也有类似的社区，我之所以举这个例子，是因为我的团队参与了这个项目，所以非常了解它。这是一个新的地方，非常安静和漂亮，但重要的是，它不仅是一个地方，而且是一个人们以某种方式联系在一起的地方。这个地方的居民以一种新形式的社区联系在一起。如果有一天，你去那里会发现居民们有一个儿童游戏室、有社区花园、有娱乐区；还组织了食物合作社，一起去尝试与农民直接对接，直接获取农场的食物；有几个修理自行车和修理其他物品的车间；举办了一些开放的活动，这些活动不仅限于此处居民，而且对外开放。居民们还开发了许多其他活动和项目，都举行得很好。创建这种社区并不那么简单容易：你必须做很多事情来实现它。

共同生活的方式很美好。它的运作借助于社会创新的设计，这是一种应用服务设计和沟通设计。到目前为止，我们看到了一些活动和事情。除此之外，活动还需要后台，即所谓的赋能系统来提供支撑。

活动是由人来完成的。你不能设计人们在社区花园中协作这种事情，或者设计他们管理食物合作社的方式。他们自发这样做，是因为他们喜欢这样做。但为了实现这些活动，我们必须建立一个赋能系统。

何谓赋能系统？赋能系统是我们必须去设计的一个由物理场所、程序、技术和方法组成的系统，它允许人们完成我们之前提到的所有的活动。所以在这种情况下，就如同建筑物建成后，人们决定需要多少空间，设计师意识到，人们需要这些空间。当然，除了设计方面的平台和管理方面的平台，现在还有数字平台来赋能所有这些活动。如果一群人一起工作，他们就必须制定规则。他们一起决定拥有公共服务和共享功能的社会住房对他们来说意味着什么，而且还必须以某种方式进行设计来分享愿景。人们可以通过多种不同的方式进行协作；我们也希望以多种方式进行协作。因此，实体空间问题、程序、技术和愿景在某种程度上一开始是不存在的，必须进行设计。

现在我们知道原则上必须设计什么，那么如何设计？根据经验，设计必须前置。可以想象一下，建筑物或实体建筑，以及社区的建设是同步进行的。在让人们进入完成的建筑之前，建设者在社区建设中采取了不同的步骤。之后，帮助这个社区建成的团体、团队必须留在社区中，并提供至少一年的服务。这段时期非常重要，总共三年。有很多例子都是关于建设这种社区住房的，但如果没有前期准备，没有项目启动后的支持，项目经常会失败。因此时机，也就是实现它所需要的时间非常重要。所以第一部分是我们可以称之为协同设计的部分。人们一起尝试以某种方式设计想要一起做的事情。

第二部分是协同产出。现在我们可以利用空间和技术，将事物组合在一起，那么我们如何利用这种可能性，如何发明一种方法来更好地利用这种可能性呢？

归根结底，专家、设计师的真正作用是什么？正如刚刚所展示的，协同设计是指每个人都设计。帮助人们进行设计的人员可以是设计师，其他人也可以成为设计师。正如我上文所说，协同设计是为了生成一个空间、一些数字平台、一些规范、某种合作方式，使人们有共同的愿景做某事。这是协同设计工作的结果。那么专家、设计师，他们到底做了什么？在某种程度上，他们做了如下事情：帮助人们一起设计，完成项目的设计工作，使效率提高。在这一例子中，他们设计了一些工具，还提出了一些方法，因为作为专家，他们可以给人们提供方法论、教给他们做事的方法，同时也提供工具。

在具体情况下，如果人们在一起并且想要协同设计一些新服务，比如想要为孩子们协同设计游乐场，首先我们必须进行选择，这个游乐场是什么样、如何完成、成本多少、有哪些空间、人们怎么知道它。因此，我们可以创建一些好的工具。这个例子是利用一些卡片，帮助不懂设计的人更好地理解它的含义，例如，为孩子们提供一个玩耍的房间。之后，一旦或多或少设计了要做什么，就必须着手把它做出来，这样才能真正了解要花费多少、技术细节是什么。我们还有另外一系列的表单，可以让人们更好地理解其中的技术含义。然后，正如我之前所说，无论是在协同设计期间还是协同管理期间，需要组织这些人一起工作。此时数字平台非常有用。借此案例，我要表明，虽不常见，但数字平台可以以某种方式破坏社区，因为它会让聚集在一起的人们在空间中独立。而在此案例中恰好相反，数字平台可以让那些可能不习惯一起做事的人们，在物理空间中一起合作、共事，还可以协同制作工具。

我们换个例子。这个社区有一个社区花园，而拥有这个社区花园意味着什么？这些工具可以帮助人们自己做到这一点。此外，参与协同设计活动的专家、设计师，必须在很长一段时间留在那里进行设计：在建筑物及社区建成以后，停留一段时间；但在某个时刻之后，他们必须离开，而社区必须有能力自己继续运作。这是专家、设计师能力的一部分，他们创造了一种条件，让人们自己能够继续运作下去。

在我看来，这就是创造场景或协作生活。这是必须协同设计的，也是专家、设计师可以专门做的。其最终结果是当认识到合作的重要性并创造使合作成为可能的条件时，当今社会就会向基于理念的生态社会过渡。

加强风貌管控，彰显城市艺术

——建设让人民满意的高质量城市

朱子瑜①

改革开放以来，我国经历了世界历史上规模最大、速度最快的城市化进程，城市发展波澜壮阔，取得了举世瞩目的成就。在取得成就的同时，出于多方面原因，出现了一些城市建设问题，其中，原本各具特色的城市风貌逐渐消退，出现贪大崇洋、求怪媚俗、杂乱无章、千篇一律等现象，“风貌失色”问题日益凸显。

针对上述城市风貌出现的乱象和问题，党中央高度重视城市风貌品质工作。2015 年 12 月，中央城市工作会议召开，提出“要加强对城市的空间立体性、平面协调性、风貌整体性、文脉延续性等方面的规划和管控，留住城市特有的地域环境、文化特色、建筑风格等‘基因’”，进而提出要“全面开展城市设计”。2016 年 2 月，中共中央、国务院发布的《关于进一步加强城市规划建设管理工作的若干意见》中提出“鼓励开展城市设计工作，通过城市设计，从整体平面和立体空间上统筹城市建筑布局，协调城

① 中国城市规划设计研究院原总规划师，教授级高级城市规划师。兼任住房和城乡建设部科学技术委员会城市设计专业委员会副主任委员，中国城市规划学会城市设计学术委员会主任委员。

市景观风貌，体现城市地域特征、民族特色和时代风貌”。2020 年 5 月，住房和城乡建设部、国家发展改革委发布《关于进一步加强城市与建筑风貌管理的通知》，明确城市与建筑风貌管理重点，完善城市设计和建筑设计相关规范和管理制度。由此可见，城市风貌已成为我国城市建设过程中的重要内容，对城市高质量发展具有重要意义。当下，城市风貌的塑造和管控愈加重要，必不可少。

“风貌”一词中，“风”指风格、格调、文化、精神等，“貌”指面貌、外观、景观、形态等。对于城市来说，“城市风貌”指在一定时期内，城市所展现出的有形的与无形的状态，涵盖物质与非物质两种表达。风貌是城市艺术的重要表现形式之一。

城市风貌是人们感知城市的最直观途径。无论是“风”还是“貌”，城市风貌首先应能够为受众所清晰感知，理解城市风貌所要传达的信息，由外而内达成对城市的某种理解。城市风貌的要素众多，其中，山水格局、历史文脉、公共空间、建筑表现等共同构成了城市风貌的感知要素，并互为映衬，共同作用。

首先，山水格局是城市风貌的感知基调。在古典诗词中，例如常熟的“七溪流水皆通海，十里青山半入城”，济南的“四面荷花三面柳，一城山色半城湖”，都表达出依托各具特色的山水格局条件，塑造融入山水格局的城市特色风貌。其次，历史文脉是城市风貌的感知底蕴。它既包括城市不同阶段的历史文化及其物质环境上的人文印记，又包括受自然气候、地形地貌等地理环境影响形成的当地民众的生活方式、习惯、审美、偏好，对于城市风貌的特色环境塑造至关重要。再次，公共空间是城市风貌的感知场所。广场、街道、公园绿地等公共空间是市民和游客共同使用的风貌感知场所，是各种类型风貌要素的展示舞台。最后，建筑表现是城市风貌的感知表情。在城市里，我们看到的大部分都是建筑，建筑是“国家之面孔、城市之表情”，承载着政治诉求、民族精神和审美气质。

风貌的形成和改变具有一定的特征。城市风貌的形成既需要短期的塑造，也需要长期的生成。在这个过程中，城市风貌的塑造和生成体现出三个特性：首先是整体性，城市风貌中具有共存的丰富多样的构成要素，且各要素之间互相关联，彼此协调，形成和谐统一的风貌。中央城市工作会议中也明确提出“风貌整体性”是城市规划和管控的重要内容之一。其次是延续性，风貌是靠时间沉淀积累的长期生成的结果，作为历史文脉在物质和非物质形态上的具体表现，既要保护传承，又要在延续基础上进行面向未来的时代创新。一般来说，城市风貌的塑造和生成不会出现突变，在较长的时间内体现出在延续历史文脉下的稳定传承特性。最后是艺术性，城市风貌需要满足公共审美，通过艺术感的环境塑造，使人得到美的共鸣和启发。

在城市风貌中，要把握城市风貌塑造和生成的特性及其规律，尊重城市风貌的整体性、顺应城市风貌的延续性、强化城市风貌的艺术性。同时，遵循城市风貌塑造和管控的三个原则：第一，尊重自然环境，顺应山水格局，并主动回应自然，通过创造，探索塑造地域特色的城市风貌；第二，传承历史文脉，把握与提炼城市特色与文化传统，并从现代生活中汲取活力，延续并发展文脉；第三，体现时代创新，与时俱进，兼收并蓄，在传承基础上创新发展，探索新技术、新材料及新风格，映射出未来的时代愿景。

在规划和设计工作中，需要关注风貌感知，并回归人本视角，通过“景观可视、特色可辨、文脉可延、路径可游、建筑可读”等多方面的途径，感知城市风貌，感受艺术气质。

首先，景观可视。眺望是城市风貌感知最为简单直观，也是印象最为深刻的方式。在规划和设计中，需要加强构建城市中重要景观的眺望系统，对于城市中重要的景观及其眺望视廊予以明确，实现城景共融。其次，特色可辨。城市风貌的特色，反映地域特征、表现民族特色、体现时代特性。不能片面地理解城市特色和短视地迎合潮流，否则适得其反。再次，文脉可延。需要在风貌感知途径中，注重文脉，不进行断裂式、跳崖式、革命性的突兀改变，加强文脉传承和肌理延续。复次，路径可游。通过线性空间引线串珠，串联特色景观、重点地区等空间节点，融入丰富体验，形成具有游览性的路径空间。最后，建筑可读。从风貌感知角度，建筑需要可直观地被“阅读”和被感知，体验到建筑设计的审美和韵味。成功的建筑作品在实现“适用、经济、绿色、美观”建筑方针目标的同时，也要从城市环境品质角度，追求“得体”。城市风貌中，应按照“得体”的要求进行建筑风貌引导。

“得体”的具体要求包括四个方面：第一，形式服务功能，建筑设计需要遵循和追随功能，保证功能合理的基本要求。第二，形制符合身份，建筑设计要符合其自身的类型、性质等，有对应自身身份的处理手法。第三，形象配合角色，明确建筑在城市中的角色，包括象征建筑、地标建筑、节点建筑、背景建筑等，配合对应角色，突出重点和主体。第四，形态融于环境，建筑在表现自我的同时，不能脱离环境而孤立存在，需要妥善协调与自然环境和建成环境的关系。

城市风貌的塑造需要长时间的添砖加瓦和共同努力，保护要有决心、文化要有信心、设计要精心、建设要有匠心。加强城市风貌管控工作，彰显城市艺术气质，从而真正实现城市与建筑、城市与自然以及城市与人的相互成就，助力建设让人民满意的高质量城市。

想象和创意：城市的过去、现在和未来

查尔斯·兰德利[1]

大多数城市正在发生变化。过去我们常常以单一的方式构建城市，现在必须换个角度去思考。我们看到领跑的城市正在认真思考自己的未来，如如何将物理环境和自然环境连接在一起，在思考城市未来的过程中有很多事情要考虑。城市中的基础设施是硬件。要把城市转变得更“软”、更吸引人，并不是一件容易的事，许多城市正在觉醒并思考：该如何做到这一点？我引用 Patrick Geddes 的一句话：“城市不仅仅是空间中的一个地方，它也是时间中的一出戏剧。”可以看出城市是一个很复杂的概念。

世界处于运动中，成百上千的人在四处流动，城市也处于运动中。它们的建造方式多种多样，疯狂的人们常常渴望在城市中能有一个区域，让他们能够相遇、相聚，让彼此能够展示共情、友好和慷慨。进一步看这是个大问题，也是打造宜居城市的原因。当人们离开自己的城市后他们会回来吗？这是世界上许多城市都面临的一大难题，即城市如何保持吸引力。

① 全球“创意城市之父”,“全球创意三巨头”之一。英国创意学者、欧洲最具权威的城市创意和文化咨询公司传播媒体创始人。

城市是为人们提供聚会、联系和交流的场所，它们都充满了某种能量。在这里，人们能互相交谈甚至互相玩耍，希望也能很好地沟通。如果一个地方充满生机、提供机会和可能性，这可能与当地建筑物等事物有关，但显然还有其他方面原因。里约热内卢就是这样，对于无家可归或非常贫穷的人来说，这里就像家一样。当一个地方滋养、涵容和照顾它的居民时，也会传递出一种不同的能量。照顾的方式显然包括食物，除食物之外，还有很多其他的方面，如处理废弃物、让环境清洁、在医院等处被照顾，等等。一个伟大的城市应有能量、有想象力，人们有灵感、有渴望，会展望美好的未来。我们需要提前计划而不是像之前那样让自己处于尴尬的境地，所以我们需要思考的是：如何为城市居民创造条件，让他们成为完整的自己，这就是关于身份以及迄今为止我所提出的观点。

我提出的观点中很重要的一点是：文化包含了我们的出身、我们的身份和地域，而创造力塑造了生活以及我们能够成为什么样的人。文化就像维持生命的氧气，它隐藏在一切的背后。因此，不仅市场是一只看不见的手，文化也是一只看不见的手。有趣的是，创造力是一种可再生资源，它可以不断地自我刷新；而遗产是不可再生的，我们可以重新解释它，它就像一种资源，就像金钱一样。传承和创意其实是很好的“搭档”，它们互相激励、互相激发。

人们可决定城市的未来发展。今天的经典就是昨天的创新。城市的发展经历了六个阶段，我们先探讨其中的三个阶段。城市 1.0 阶段非常注重硬件和实体，城市中的结构和建筑物感觉不太像家，更像是仓库，其中的文化语库很大程度上是实体，如音乐厅、博物馆等，只要城市能运转，这种模式就能被接受。但我们确实需要一个 B 计划，这个 B 计划就是城市 2.0 阶段，即软空间建设，不仅涉及硬件，还涉及软件和无形的方面。当人们在二三十年前开始感受这座城市、看到它、说出它是什么时，是从自我感官的角度来感受这座城市。在这个时期和这个过程中智慧城市的理念开始发展，城市变得更具互动性。人们建造或者试图建造标志性的建筑（虽然建筑中没有多少是真正有标志性的），例如毕尔巴鄂的古根海姆博物馆就极具标志性。这个阶段所说的文化，很大程度上就是文化经济。我们有传统文化，这很好；但我们承认文化也意味着工作、就业、形象，它们有助于旅游业、有助于身份认同，这就是文化经济的视角。

城市 3.0 阶段涉及另一个层次、另一种知识。正如某些专家所说：我们在虚拟世界中花费的时间比在真实物理世界中的时间要多，这种生活方式确实是一个巨大的突破。当然，这有好有坏，虚拟世界的发展也带来了对隐私等问题的空前大探讨，但虚拟世界也使我们能够进行多种共享，比如共享平台、汽车、房屋，等等，所以它还是有很大发展潜力的。

文化 3.0 在 1.0 和 2.0 之后，通过创新文化来保持文化的先进性，在不断发展的文化中，我们成为共同创造者 。城市 3.0、文化 3.0 都需要物质或实体的转型，比如公共交通的转型，这种转型不仅关乎街上的汽车，它更多的是关乎步行和步行友好区域。处于文化 3.0 中的城市，有不同的治理和行政运作动力，更灵活、更敏捷、更愿意偶尔冒险。

我们要探讨是什么触发了城市转型，首先必须重新思考。它可能是一场像疫情一样的危机；可能是一个像“15 分钟城市”这样的概念；可能是一个原则，就像城市赋予了人类代理权一样；可能是我们设定了一个优先级，比如更多地使用公共交通而不是私家车；可能是源于人们在某个城市中，在十年内想要实现的使命；可能是一种不断变化的情绪，比如我们看到其他城市的做法以后，感觉“15 分钟城市”真是一个好主意。

如今我们看到概念框架正在转变。我们将更多地关注以人为中心和人性化，转向更小、更不浮夸的建筑；看待事物合理与否的标准是它带给人的感受。我们正在成为城市的建造者、塑造者和共同创造者，也许我们正在走向“一分钟城市”，即一切设施都近在咫尺的城市。

还有一种理念，是从城市发展理念转向场所营造理念。城市发展非常孤立，通常由建筑规划者和运输规划者负责，而场所营造更具协作性。社会人士了解城市居民的工作方式以及什么使他们快乐和满足，他们不是做决策，这是一种更加集体、协作的方法，打破了孤立的治理方式；城市之前是被分隔的，有不同区域、相互隔离，而现在城市的理念越发具有包容性、彼此更接近，因此更可及。我们将更多地从循环性和可再生性的角度来思考经济。

阿姆斯特丹的一个大型活动名为“我们创造城市”，传递了更智能、更包容、更美好的理念。全球很多城市都在讨论类似的问题。

观念的转变涉及混合体验。城市活动变得更加身临其境和丰富，我们也属于城市公共空间的一部分，共同管理事务、政府和居民，即城市设施的使用者一起管理城市，这是一种非常不同的方式，它应该以人为本，以公共价值为中心。人们在一起会产生什么价值？其不仅仅关乎个人，还关乎作为一个集体的人们。一些人可能会问：你为集体带来了什么？有没有做让大家高兴的事情？

总而言之，过去 30 年人们对城市进行了重大反思：第一个是气候问题。停止使用化石燃料，转向氢燃料。第二个是美学问题。人们有这样一种需求：如何在全球化的世界中脱颖而出、与众不同？到处都有麦当劳，到处都有可口可乐，各地的旅游巴士看起来都一样。此时，城市和基础设施的设计正在发生转变，美学成了关注的重点。第三个是创建文化之城。人们想要一个有文化的城市，重拾艺术和文化的创造力。因此，城市里充满了艺术家，知识和城市的资产相结合、相利用。

我们需要找到一个新方式，在个人、团体和我们居住的城市之间，签订相互承诺，实现共同的目标。这也提醒我们问题最终是如何管理复杂性和脆弱性，因为城市存在于一个充满挑战的世界中，它非常脆弱甚至可能会崩溃。我据此创立了一个项目，叫作“创意治理节”，旨在思考新形式的管理方法以及实现这一切的激励措施。

艺术创造，文化城市

王　中[1]

文化作为城市发展的重要驱动力已经成为国际共识，国际公共艺术政策是强调艺术的公益性格和文化福利，通过国家和城市立法机制而带来的具有强制特征的文化政策，并与城市设计、城市活力、经济旅游、社会福利等因素紧密相连。该文化政策在不同的历史时期呈现不同的定义，近年来，“重新定义公共艺术”已呈现出新的发展趋势，艺术可以定义一个城市的性格，体现一个城市的温度、品格、文化诉求和人文关怀，城市是文化的容器，文化是城市的灵魂，公共艺术是城市文化最直观、最显现的载体，通过对国际城市公共艺术发展趋势的研究，公共艺术的内涵已经从艺术领域飞跃出来，成为塑造城市魅力、推动社会发展，公众参与和城市设计的重要工具。

艺术创造，文化城市。

我们谈到城市，沙里宁曾经说：“城市是一本打开的书，从中可以看到

---

① 中央美术学院教授、博士生导师，城市设计学院原院长、城市设计与创新研究院院长、中国公共艺术研究中心主任。

它的抱负，让我看看你的城市，我就能说出这个城市居民在文化上追求的是什么。”这句话要是放在中国来说，就可以改成“让我看看你的城市，我就能知道这个城市市长的文化水平”。那我们可以看一看中国近40年城市发展的情况。从1979年中国全面启动了城市化进程到现在已40余年，是中国城市化的飞速发展时期。可以说在任何一个国家、任何一个历史时期，都不曾有过。大家可以看一看这40多年都发生了什么？有一次我将在上海的一个高层建筑上看到的景象，拍了一张照片，这张照片几乎就是这些建设时期的缩影：不断地拆旧的建筑，建造我们现在所谓的新的现代化的建筑——平地起高楼。

在改革开放40年的时间节点，2018年12月14日《环球时报》有两篇报道，可以说是中国40年城市化建设的缩影。其中一篇报道说，2018年世界上61.5%的摩天大楼出自中国，就是一年之中全球2/3的摩天大楼是在中国建成的。这个报道是非常自豪的口气：大国崛起。另外一篇报道是一个日本学者说他在西安一所外语大学做外教，发现当地有许多很有历史的村子，光听名字就仿佛看到中国古代历史的一个片段。在他任教的大学后面有一个村子，村名叫杜回村。中国有一个成语故事叫“结草报恩”，就和这个村子有关，杜回是秦朝一位将军，也是结草报恩故事里的人物，据这位学者了解，相关的典故连一些村民都不知道，看着村口那座石雕牌坊，他脑海中浮现的是村子被拆掉后的景象，开发商盖起高楼并起名为某某家园、某某小区诸如此类的一个个现代又好听的名字。每当读到结草报恩的故事时，他想再去现场看一看的可能性都没有了，村子的历史被终结了。像这样的情况还有很多，我在山西等地参观历史古迹，也发现很多自然村消失了，取而代之的是一个新名字。我认为中国在城市化进程和历史文化遗产之间应该有一个特殊的应对策略，有的拆迁可能会导致村子文化被抛弃，以至于一个历史和现代的交汇地被拆掉。

记得在2000年初，我们去巴黎访问，当时的巴黎副市长居然是个建筑师，他拿着他上学时候的速写本，到中国的很多城市速写，他说几十年前你们的城市都有自己的非常独特的面貌，为什么几十年之后把它们建成一样了？所以我们会看到方方面面的问题：很多城市都不知道自己的优势在哪儿，不知道自己真正的优质资源和核心竞争力在哪儿。

大约 20 年前我去临汾尧庙参观。下了车我就看到这样一幅景象：仿建的天安门金水桥、天坛和一小段长城，这是典型的反面例证，因为这并不是当地城市最核心的竞争力和最优势的最独有的资源，到底什么是最核心的城市竞争力？

2000 年左右，我和几位专家去三亚参加政府小型会议，当时市政府对三亚的核心定位就是六个字，“国际旅游城市”，大家没有异议。但我们认为这六个字错了四个，只有“城市”二字正确。如果在全国找几十个城市叫国际旅游城市也没有问题的话，那这就是最大的问题，因为这并没有显示出城市最有优势的资源。如果我们把它称为“热带度假城市”，同样六个字就能凸显其独有特色。在中国还有哪个城市可以被称为“热带度假城市”？海口都不行，海口是亚热带的。三亚在 2000 年以前做的基本都是观光游，甚至还花了很多钱做西游记宫。结果人们在每个景点都只停留十几分钟，拍完照就走了。现在三亚及其周边都是以度假、会议等为主，所以这些都不是文字游戏，而是为了突出城市的核心竞争力。

有一次我去广东一所综合大学做讲座，讲座之前正好吃早餐。路过学生宿舍，我便看到这一景象：阳台上挂满了衣服、裤衩和袜子……然后又看到了他们毕业生送给母校的纪念礼物——非常丑陋的雕塑。尽管是综合大学，但是对感性文明及艺术美学培养依然非常重要。如果学生能够忍受这样的环境，那他最后毕业送给母校的礼物一定是丑陋的东西，这就是因果。

再给大家举个例子，两个不同时期的北京十三陵神道，一个是 20 世纪 80 年代初以前，我小时候所看到的北京十三陵神道。另一个是北京某大学风景园林专业的毕业生设计成公园的十三陵神道。现在有很多学校教授了学生很多专业的表达技能，但缺失了对文化密码的解读这一最重要的环节，缺失了对城市精神的研究，所以学生在学校里学到了这种普通的空间环境设计，如公园的道路、动线之间的关系、透水砖等这些技术性的东西，但他们从来不知道这背后的文化密码。如果没有远山，没有这条纵向的透视线、植被和山峦的配合，整个场域就不能表现中国人的这种“人法地、地法天、天法自然”的哲学观和场域精神。

在全球，公共艺术也被称为百分比的艺术，是一项强制执行的法律，这不仅仅是为了美化城市、提升城市品质，更重要的是培养什么样的民族的问题。公共艺术作为城市文化建设中重要的组成部分，是城市高质量发展的重要内容，是城市文化最直观、最鲜明的载体。公共艺术能够培育在地的文化创新力与生长力，营造城市文化氛围、彰显城市文化品格、提升城市美誉度、提升民众审美和生活品质。公共艺术已经成为推动社会发展、公众参与和城市设计的重要工具。

换句话说，城市是可以教育人的，这些年我们对公共艺术就是一场误读。尽管中国现在的公共艺术是教育部的二级学科，在全国超过 200 所大学都有公共艺术专业系科，但是真正系统研究公共艺术的学校是个位数。所以这些年很多城市出现伪公共艺术。什么是伪公共艺术？比如杂志封面上的广告，比如一些雕塑艺术一条街，3 万元一件的雕塑，成批生产。但其实这些作品，连符号都算不上，而且是有害的。我们都知道国际公共艺术法案，其实不仅仅是拿出 1% 的资金来开展公共艺术教育，它有一整套的系统，包括向民众普及艺术，比如中国台湾的公共艺术法规中就专门有一项艺术教育项目叫“小学生的窗口”，提出小学生从小看窗外决定他一生的审美和创造力，可以说，没有灵魂的城市会导致城市文化的缺失。

当然，我们可以看到在城市发展的进程中，在城市发展区域上有非常重要的时间节点。1999 年，英国有个城市工作组做了一个课题，英国人认为他们的城市落后于柏林、阿姆斯特丹等城市 20 年，课题研究结果形成了一个报告——《迈向城市的文艺复兴》，后来这个报告被称为城市文化复兴的白皮书，此后全球掀起一场城市复兴的革命。

2004 年，美国哈佛大学重要研究成果得出的核心结论是：世界经济发展中心正在向文化积累厚重的城市转移。这些都指向未来城市的发展，如果没有文化的积累，城市很难有更好发展，所以说文化才是最大的不动产。

经济可以使一个国家壮大，军事可以使一个国家强大，但只有文化才能让一个国家真正地伟大。近几年是中国城市的一个转型期，2015 年的中央城市工作会议，包括近几届会议也提出了很多内容，在 2021 年全国两会期间，城市更新首次被写入《政府工作报告》，升级为国家战略，党的十九届五中全会也明确提出构建人文城市、提升文化竞争力的总体要求。城市更加关注结构优化、品质提升、文化品位，更加注重特色魅力彰显、空间价值增进、设计创意赋能。中国的城市正在从规模转向质量，比如说原来我们的城市注重不断地扩展，现在却开始追求质量，从单一的注重功能逐渐转向注重人文，从以经济为核心转向以文化为核心。因此，中央美术学院联合全球 25 家大学和机构成立了“软城市实验室”。在 2000 年以前我们到欧洲、美国等的大都市一定会惊叹于那些城市设施，如今中国的高铁、机场、轨道交通等硬件，作为 60% 的“硬城市”，一点儿都不落后，甚至是领先的。但是另外 40%，我把它称为“软城市”，即城市的灵魂、心智、文化和艺术，相对于“硬城市”而言是落后的，中国哪个城市的市长敢拍胸脯说，我们这座城市拥有灵魂？大家旅游回来后翻阅自己的相册，主要拍照地点一定是有重要的城市文化意象的地方，比如到纽约一定会去自由女神像。所以世界城市发展趋势正在从工业城市转向人文城市。

毫无疑问，艺术在城市中扮演着重要角色，是“软城市”重要的组成部分。其甚至可以定义一个城市的性格，体现一个城市的温度、品格、文化诉求和人文关怀。城市是文化的容器，文化是城市的灵魂，而公共艺术就是城市文化最直观、最显现的载体。城市公共艺术除了提升城市的文化氛围、文化品格，更重要的是营造文化自我生长的氛围，培育公众审美和创新精神。

公共艺术不仅是固化的物理体验，它还是事件、展演、计划，派生出的城市故事、促进文化生长的城市文化精神的催化剂。这才是公共艺术真正的价值所在。注重在地性、参与性、互动性，注重在地文化传承与创新，强调在地的归属感。

当今的艺术与以前我们提出的美术有什么不同？美术如果从字面理解

就是美之术，愉悦感官。但实际上艺术真正的核心价值与哲学宗教一样，它影响和改变人的价值观。

2019 年，柏林为了纪念两德统一 30 周年发起了一个巨大的工程项目。它在全球征集人们的心愿和纸条，通过游戏的方式，把它整个连起来，因此这件公共艺术特别重要的是背后的那些逻辑或者说那些文化属性，会针对公众提出问题或回答问题，这才是公共艺术的真正核心。所以公共艺术是一个新的领域，它不是普通的艺术。

公共艺术本身就不是一个固定样式，它是当代文化现象，这一点非常重要。从公共艺术本体来说，艺术是从象牙塔的高高在上的精英化逐渐走向大众的过程，是为了自主姿态而主动地降低飞行高度。艺术家都不希望自己的展览开幕式那天还有 200 号人，第二天就门可罗雀了。影响更多的人需要公共性，同时还要选择现代主义，一方面是因为审美，另一方面现代主义也意味着质疑与颠覆，所以，公共艺术根本就不是妥协的艺术，从某种程度上说，它更是引领。

在欧洲的“Let me ask you must go with the flow”，实际上利用的是增强现实的技术。因此，中国 90% 以上的院校都误读了公共艺术。我不认为公共艺术专业就是做点雕塑，学一点综合材料、画点壁画。学校环境、景观就是公共艺术，这是比较片面的理解，其实公共艺术更重要的是它整个文化系统，或者在某种意义上来说，它的策划和生长性更为重要。

我们学习，不是学习简单的皮毛，而是要了解文化，并解读文化密码，这才是更重要的。学雕塑，难道说就是把雕塑做好？不是的。首先学的是美学的规律、秩序、节奏、韵律之间的关系。例如，只有一个气球并不能说明它有张力，但是当你把一根线放在中间，两边便出现了张力。如果了解双林寺韦驮像的胸部和飘带之间的关系，你就知道在设计里怎么去加大气韵之间的关系，所以其实一个小小的设计都不是设计本体的事。哪怕是搞现代雕塑、当代艺术的都要了解这些，不懂真正雕塑张力是没法理解的。

当今世界面临的不仅是百年未有之大变局，更是千年的变革，是工业文明向硅基文明的转变，世界正处在指数叠加发展的深刻变革时代，人类的知识增长极以 18 个月为周期倍增。设计思维、设计产业、设计创新已经成为一股强大的辐射性力量，设计教育、设计体制、设计平台、设计生态也需要新的把握和定位，创新战略竞争在综合国力竞争中的地位日益重要。创新思维是时代诉求，我们必须研判未来发展趋势，洞察未来，把握未来，让未来定义今天！如果你想要做一个未来设计师，却不懂得大数据，不懂得不同的趋势研究，不了解人工智能，不懂得发展设计甚至营造 IP 内容，没有人文审美，不懂得新的技术平台、核心工具的应用，甚至不懂得用户体验和交流，你就不可能成为一个未来的设计师，这就是今天我们面临的挑战。我们每个人都应该建立终身学习理念，建立开放的知识体系，善于利用人类最新的成果去发展整合自己的专业思想，每个人都应该从各自的小领域里跳跃出来，这是非常重要的。

对城市的影响：新冠疫情后的工作与管理

克里斯·罗利[①]

我用了很长时间思考“城市设计软实力”，或者说软实力在城市设计中的体现这个议题。

我将通过分析城市受到的影响，特别是新冠疫情后城市受到的影响，来诠释这个议题。新冠疫情后，它是以工作和管理为驱动的，所以我主要围绕“背景下的城市”，以及我所看到的“对城市的威胁”进行阐述。

截至目前，世界上有超过一半的人口居住在城市，而且这一比例还在继续上升。发展中国家的城市正在以前所未有的速度增长，当然，全球化带来的另一个影响是：虽然少数繁荣的大都市开始腾飞，但是许多现有城镇被抛在后面，它们在英语中被称为“锈带”。“锈带”是指那些目前不再有经济活动的城市；其实所有城市都受到了影响，即使在那些看似繁荣的大城市，例如旧金山和伦敦的部分地区，富人和穷人之间的差距也在扩大，因此，结合此背景，我将探讨疫情后工作模式的改变对办公室的要求，以

① 英国牛津大学凯洛格学院教授，中国国家社科基金艺术学重大项目学术顾问，兼任伦敦大学城市学院卡斯商学院、日本东京大学、瑞士日内瓦商学院与国际研究大学教授。

及对改变城市设计需求的影响。

我们来探讨此背景下的城市是什么意思。我花了很长时间来解释此定义，发现这取决于你在哪里：如果你在冰岛，城市是指一个很小的地方；如果你在中国，城市是指一个很大的地方。城市的定义不一定是基于人口。如果某地有一座大教堂，无论该地有多大或多小，根据英国的定义它就是一座城市。利奇菲尔德是英格兰中部的一个小地方，但这个小地方有一座大教堂，它就被叫作城市。工业革命之前人们并不居住在城市中，但后来城市因为“地点”而变得重要。当然，城市还有其他很多特征，如用经济学术语来说就是“集聚”，城市成为工人、企业和行业之间知识溢出的中心，城市成为创新中心，然后成为发明和创业中心。

一份 *Northern Powerhouse* 上的报告向我们展示了从学习、交流思想，信息或知识溢出的角度出发，“集聚”所带来的好处是共享，即共享投入、供应链和基础设施的能力，然后，与之匹配，是有能力招募志同道合、有技能的人。这在伦敦的金融服务业中经常可以看到，金融服务业善于利用“集聚”：那里不仅有技术工人、会计师和律师，而且有更多的基础设施、支持服务、专业服务，这些都是金融服务的保障。

由于大约四种趋势：全球化或经济的影响、冷战结束、政治的影响、技术的繁荣（给人们带来了互联性，你可以在世界任何地方共享信息），“地点”本身真的变得不那么重要了。举两个文献中的例子，第一个例子是一本著名的书《距离之死》，作者是 Frances Cairncross，副标题是“通信革命将如何改变我们的生活”，于 1997 年出版，研究了全球通信革命对经济和社会的影响。第二个例子是《世界是平的》。这本书的大意是，在 21 世纪，全球化为商业创造了更加公平的竞争环境，除了劳动力，技术的融合使中国、印度成为全球供应链的一部分，这为中产阶级财富的爆炸式增长奠定了基础。

关于城市面临的威胁。内容摘自 Goldin 和 Tom Lee - Devlin 的一本精彩著作——《城市时代：为什么我们的未来将一起赢或一起输》，它确定了城市将面临的四种威胁：气候变化、不平等、城市里的孤独，还有我感兴趣并重点关注的新冠疫情对城市的威胁。新冠疫情对我们的工作产生了影响，世界各地都有“在家办公”的命令，疫情后也没有完全改变。目前，虽然“在家办公”的强制性要求不再存在，但混合式的办公方式在迅速发展，并且导致了企业与员工的紧张关系：企业希望你回到办公室全职工作，每周工作5天，而很多员工则不想这样做。

新冠疫情确实带来了挑战，因为它阻碍了事物的发展，但我们也可以探索新想法，让我们能够探索、实验和适应。Zoom存在，互联网也存在，为什么之前我们没有想到这样利用它们呢？我们可不可以投资资本和技能，从而提高员工使用会议软件的能力？比如Zoom，员工们可以比我强一点吗？这是一个重要的变化。关于社会现实问题的转变，或者思考新的、更好的生活方式，我们可以同时做这件事，因为其他人也在做。

《存在主义顿悟》这本书中讲述了工作是什么，人们想从工作中得到什么。这里有一些例证。

第一个例子是所谓的“数字游民”。住在荒岛上远程工作，这是每个人的梦想，它和互联网一样古老，但是“数字游民”并没有因为新冠疫情而全面起飞，因为出现了一场“完美风暴”，员工们想要改变，而公司意识到其可以信任员工。当然，有些国家，尤其是依赖旅游业的国家，比如马来西亚、泰国，迫切需要游客，由于新冠疫情这些国家都没有游客，我们可以做“数字游民”，我们似乎可以在任何想去的地方工作，有些国家顺应趋势推出了签证便利政策来使“数字游民”合规化，但也有一些很现实的问题需要考虑，比如，你在某地工作是否要向当地缴纳税款，这些国家可能要求你在办公地点缴税、移民，问题是你要在那里待多久？网络安全、劳动法、对社区关系和融合的影响、房价上涨等都是需要考虑的因素。所以“数字游民”其实已经被“公司化”了。

第二个例子是是否面对面地工作才能进入高效状态，工作地点是否重要。办公文化还没有真正完全恢复，办公室里有很多规范，强制性的要求存在争议，有些企业特别是高科技、投资、银行业希望员工全职工作，与文化、创新和生产力有关，他们都吹捧在家工作，说这样可以提高工作效率；部分证据可能显示效率更高，但并非确凿的证据，不过可以用“在家工作”来留住和吸引员工。在家工作并没有真正被突然限制，它是逐渐回归的，来自伦敦的一些数据显示，上班族还没有完全返回到办公室中，疫情前出勤率是100%，封锁时是0，然后开始慢慢恢复，但人流量小得多，最关键的是企业在做什么。

可以看一下关于招聘广告的研究。研究不仅涉及美国，还涉及加拿大和英国。2014年，上述国家没有任何招聘广告涉及混合或完全远程工作，而现在有大量的招聘广告提到这两种工作方式。比如一周内带薪全天在家工作的天数，从2023年4月到5月23日我们可以看到世界各地都有这样的情况，像韩国，几乎是0.4~0.5天，而加拿大等一些数据大国，每周几乎有2天在家办公，英国是1.5天，美国接近1.5天。有趣的是，虽然因地区而异，但没有一个国家是0，所以有些人一直是在家工作的。

关于疫情后工作和管理对城市的影响，通勤减少，公共交通系统一定比较焦虑。员工们的需求减少，对办公室有直接影响，比如办公桌轮用、区域中心以及办公室的重新配置。在新冠疫情之前每个人都认为办公空间应该更加利于社交，就像DeepMind和Google两个公司一样，比如，可以打乒乓球、喝啤酒、进行其他社交活动，观看比赛、投篮等。但你会发现，现在人们不希望这样，人们希望工作就是工作，所以你想社交的话应该在家里，人们更偏爱安静的地方；他们想要更多会议室（会议室从来都找不到，因为总是被预订满，这就是问题所在）。人们需要更多安静的空间、更多的会议室的现象反映了办公室工作的情况，很多人说没有开放空间来进行良好的创新和沟通。

这项研究向我们展示的是具有开放式平面的互动空间，它的成本是多少。我们看看大脑是如何工作的。我从一些文献中摘录了部分内容，说明大脑中的噪声会导致荷尔蒙分泌，告诉我们“战斗、逃跑或僵住不动”，你的注意力不再专注于手头的任务而是这三件事其中之一，这会降低生产力，可称它为“半对话”，会分散你的注意力，因为你试图“填补另一半”，思考它们在谈论什么。你没有专注于你所做的事情，它会增加压力并使情绪恶化，由于缺乏私人空间，它使人们感到不舒适，并破坏了本来应具有的优势。因为强迫人们回到办公室工作而失去了很多东西，这将导致合作减少而不是增加。

同样，我想从理论上对这种做法质疑，所以引用了20世纪70年代的一本著作，名为《弱关系的强度》。这听起来像是一个矛盾修辞法，这两方面不可能同时存在，一个强大的东西怎么会同时弱小呢？这是因为它描述了一种关系，处于这种关系中的双方合作并不紧密，所以弱关系的理论其实非常简单，能不能生成新信息、新想法，并不一定和那些与你工作密切的人有关。

实际上应该是相反的。因为那样就成了“群体思想”，我们也经常能看到，最能为你带来新想法的恰恰都是与你有弱关系的人，而不是有强关系的人。当我将这个理论联系到实际中时，发现它很正确。当我去参加会议时每个人的想法都是一样的，一个典型的例子是20世纪80年代美国的IBM，在IBM工作的人穿着白衬衫、打着蓝领带、套着蓝夹克，大家都有同样的想法：未来是属于大型主机的。他们都没有想到软件，都没有想到微软，微软是什么东西？因为没有人谈论其他方面，然后我们都知道IBM的结局是什么。

微软超越了他们，IBM说微软里，员工们都是弱关系，但他们没有预见到弱关系所蕴含的强大的力量。

小组成员由于互动频繁，导致他们的想法变得相似，最坏的情况是形成了一个思维固化的群体，不同群体成员之间的弱联系，实际上才会引发不同的思维模式。上文我谈到了城市的出现，城市具有集聚效益，随着IT革命的进展，地点变得不再那么重要，书本里说世界是平的，城市正受到威胁，最重要的一点是新冠疫情过后所带来的工作模式，互联网技术使用很久了，但它的潜力又被开发了。每个人都使用它，每个人都变得更加熟练，每个人都受益于更好的IT和更好的网络连接，从而实现新的工作形式，就是过去美好时光中的灵活工作方式。现在被称为混合工作方式。

人们要有批判性的思维。我们需要创造性地思考城市的用途是什么？

我们该如何设计？如果少了任何东西比如少了生态，城市因此会变成什么样？比如要设计适合当地城市的办公室，还有城外的区域枢纽，我们如何设计两者以造福所有人？不仅仅造福企业或工人，而是造福所有居住在那里的人们，毕竟城市是用来居住的。

步入软城市时代

马晓威[①]

一般情况下，我们说城市是把它作为一个客体，我们作为主体、作为一个人，我们对城市的主观认识，牵扯到我们对人本身的认知。当然认知背后有我们感知到的部分，我们感觉到才可以认知，我们感觉不到是没有办法认知的。还有就是我们对某些东西的认同，只有认同的东西才能指导行为，这涉及潜意识层面。回过头来，如果从最基础的角度来讲，我们在构建城市的时候，如何建立关联、建立可能性？一般情况下，我们从认同的部分建立关联性，但是技术革命有可能推动认知革命，并出现新的可能性。一般情况下，我们对客体的影响是通过我们认同的这一部分的内容来推动的，认同的内容事实上是特别少的内容，其实从这个角度讲我们有没有可能扩大、重叠它呢？这非常重要。

“明日城市”是我们的一个品牌，“明日城市”的使命是通过今天的城市构建，重构明天的自己。这被设计成一个基础三角形，也就是人、城市

① 城市构建者、城市策划人、建筑师。DCL 伦敦设计中心联合创始人，洞察力城市中心（北京）负责人，明日城市论坛创始人。

和未来命运。人就是我们构建城市的目的是什么，我们为什么构建城市，因为我们需要城市、需要生活、需要居住、需要工作，需要很多东西，环境决定未来的人类。在这样的情况下，我们会塑造出未来人，未来人就是我们人类的 2.0 版本，循环往复、螺旋式发展。

今天我介绍的内容比较多，我会快一点，有的内容我点到就行，刚才是开场部分。下面还有五个部分，一是城市和城市化；二是城市化的反思；三是明日城市的邻近片区计划；四是软城市的构建系统；五是整体构建系统的介绍。

我们生活在一个城市化的时代。全球城市人口和乡村人口从 1800 年到 2050 年的变化规律大体如下：1900 年和 1950 年人口急剧增加，1900 年是工业革命，1950 年是“二战”后。2022 年一个特别重要的现象是，城市人口的来源是城市，而不是乡村。在这样的前提下，从 2022 年往后，乡村人口会慢慢减少，城市人口不再是传统意义上的通过乡村来补充，而是通过城市人口的自生。

2007 年，城市人口和乡村人口占比相同，均为 50%；2023 年，从全球层面上说城市人口的比例明显更高，未来还会越来越高，到 2050 年基本会达到 68.4%，也就是说，从全人类的角度讲，我们还处在城市化的进程中，当然有的国家城市化率已经达到 80%~90% 了。中国的城市人口，从 1978 年开始上升，到 2011 年占比约为 51%，到 2050 年估计会超过 80%。从 2023 年到 2050 年我国有 15% 的人口会进入城市，所以城市化还在进行。

我将城市化划分为三个阶段。以中国为例，从 1978 年改革开放开始的第一个阶段，叫城市化的 1.0，是城市的扩张期，以工业化为基础，核心是产业化大于城市化，基本上产业推动城市发展，到 2011 年城市化率基本达到 51%，我认为是一个转折点，进入城市化 2.0 阶段。城市更新是以城市化为基础的，在这个阶段，城市的产业和城市之间是均等的关系，可称之为“产城融合”。那么，在 2030 年，或许再往后，随着技术的发展，我们进入城市化 3.0 阶段，产业和城市之间的关系有可能改变，结果可能是产业化小于城市化。

有学者对城市发展进行了概括，比如从单中心到多中心，由卫星城市到网络城市，还有集中的结构，分散、分布式结构。我们已经看到城市已经趋向分散和分布式结构。整体来讲，我们的城市从一个确定性朝向一个不确定性的过程发展，从整体、集中的发展向个体性、分散的方向发展。

亚里士多德曾讲过，城市的核心是让更多的人过上更好的生活，在今天我认为这是同样重要的、城市化需要做的一件事情。

刘易斯·芒福德讲过，什么是好的生活？超乎生存与抚育需要的更高的追求，这就是好的生活。当然他还讲到城市文化，吸引人口迁入就是城市文化的功能，严格意义上来讲，中国的城市或者是城市化 1.0 的本质就是人口从乡村进入城市。

当然，城市演化从工业革命开始，过去 200 年工业化带来的变化，包括寿命、人均 GDP 等还都是非常明显的。这牵扯到生产力的问题。当自动化出现之后，生产力的问题还是不是人类的核心问题？如果不是核心问题，城市里的产业就会出现非常明显的变化，这里边非常有意思，这是我们未来要面对的可能性。

"城市化反思"，我感觉是很重要的。中国的城市人口占比在 2011 年达到 51%，而美国在 1920 年达到 51%，英国是 1851 年达到 51%。城市人口占比在达到 51% 以后，1851—1898 年，英国出现了有关田园城市概念的著作，如《明日的田园城市》。美国在 1920 年城市人口达到 51% 以后，1961 年出现了《美国大城市的死与生》一书。我在考虑中国或许会有类似的思考和反思出现，《明日的田园城市》和《美国大城市的死与生》都不是专业人士写的，但是都对发生的现象做出了批判，同时给出了一些可能性和方向。这两本书对城市的规划和发展起到了决定性作用。

反思是很有意思的，黑格尔曾经说过"意识是对对象的意识，而自我意识是对自己的意识和反思"，中国城市化的系统性反思在哪儿？我们批评过去的什么东西？我们又往哪儿走？我们要理解、明白，中国城市发展到今天，都发生了什么事情。

王澍研究了中国城市的同质化问题，认为中国文化在中国城市中已经全面崩溃，中国城市该有的样子是什么？应该是“半边山水半边城”，当然他以杭州为例，或许有一定片面性。

总体来说，当我们提到城市的时候，我们往往是从我们看得见的城市来说的，最多指的是环境层面，当然我们也会把它和人联系起来，事实上，政治、经济、社会都是非常重要的内容。但是很多人不去想，我们要通过构建城市来表明，我们要去哪儿？我们去干什么？这是核心问题，即我们要不要进步，要不要进入城市化2.0阶段。我很早就提出来整体城市构建系统，“软城市”是整体城市构建系统的一部分。近一段时间以来，我提出了一个明日城市邻近区计划，涉及经济、科技和文化、竞争力、创造力、吸引力，大体内容如下：

它的模型1.0是自上而下，2.0必然自下而上，但是自上而下、自下而上的矛盾是非常明显的，自上而下的永远看不到自下而上的，而自下而上的永远认为自上而下的内容都是错误的。所以我们应站在中间的位置。模型3.0就是上文所说的未来的可能性，超自动化出现的可能性，但是自动化时代人们就会有失去工作的风险。工作是人类证明生命意义的很重要的因素，如果自动化导致人们失去工作或者没有工作，那么生命的意义在哪里？这是一个很有意思的问题。

我们的目标就是让每个生活和工作在这个区域的人认识到大家的共同利益和目标，它的目标就是更好地生活，从而协同并系统性地构建城市。

其实，“软城市”构建系统就是把上文讲的个体人分成很多身份，有个体人身份、社会人身份、数字人身份、艺术人身份。

从深圳制造到深圳创造：深圳设计之都建设历程及经验

徐 挺[①]

以前深圳是一个制造业中心，以制造业立世，简单说就是苹果当年60%～70%的产品都是深圳制造的，支撑起富士康还有其他的配件工厂，所以它是一个制造业中心，但是很早之前广东省领导和深圳市领导就认识到产业链的低端是不可持续的，用苹果产品的人都知道，很多都写着“Designed by Apple in California ，Assembled in China”，即产品只是在中国组装，大部分在深圳，所以利润是很低的。于是深圳就开始发展高科技、新产业，包括大家都知道的腾讯、华为、大疆、比亚迪都是深圳的企业，而且都是名企。

深圳从制造业中心向创新驱动城市转型的过程中，设计发挥了很重要的作用。深圳确实重视研发，最典型的深圳企业是华为，比亚迪也慢慢跟上来了。

设计界比较认可的中国设计发源地应该是深圳，从平面设计开始，但是设计确实是一个舶来品，中国的传统产业是没有设计这个行当的。深圳

① 现任国际设计理事会ICOD主席，深圳市文化创意与设计联合会常务副秘书长。

的服装企业是最早一批意识到设计和品牌的重要性的企业。

从工业设计的角度看，这几年深圳企业在国际大展中，包括德国 IF、红点获奖数量都是全国第一，这个毫无疑问，一骑绝尘。

深圳在 2008 年进入创意城市网络“设计之都”，当时是中国第 1 个、全球第 6 个“设计之都”。

“设计之都”有什么意义呢？我想大概有以下几个方面：

第一，外宣。比如说以前外国人很少知道深圳，介绍时就说我们是香港边上的城市，大家都知道香港，这几年我们通过“设计之都”认识很多外国的朋友，这对深圳品牌外宣是很有帮助的。

第二，政府支持。好的品牌或工程项目有助于让设计产业得到政府持续的支持。

第三，自豪感。让从业人员有自豪感，让设计这个职业受到尊重，可以激发从业人员工作的热情和创造能力。

第四，教育。对大众教育、美学教育有帮助，很多人知道深圳是“设计之都”之后，觉得设计确实改变了城市的面貌，提升了生活的品质。

我想这是很多城市申请“设计之都”时的想法，再有就是想着通过“设计之都”进行产业转型，我觉得这部分是最困难的，深圳不是不可复制的，但是需要很多资源。我认为“设计之都”的设计产业不是决策的结果，而是自下而上的，20 世纪 80 年代深圳印刷业的发展、繁荣，吸引了大批美工南下，从而有了平面设计产业，有了制造业又催生了工业设计。因为民企产品需要设计，看到了设计带来的好处，才催生了设计产业。决策者到 2006 年、2007 年知道“设计之都”品牌之后才去申请，这是一个很自然的过程。因为有产业基础，所以才能申请下来。如果毫无产业基础、毫无设计人才储备，去申请“设计之都”是很难的，需要做很多工作。

城市符号，唤起文化与生活的想象力

文春英[①]

北京的城市符号是什么？提到北京时海外受众的第一反应是哪些符号？

我的调研结果如下：

第一，海外社交媒体提到北京时，它们用得最多的符号是长城、故宫、北京人，但是没有天坛，天坛是北京各部委、各委办局经常用的符号，实际中却没有出现在城市常用符号名单前五当中，这就是北京城市建设中令人困惑、困扰之处。分别从首都和城市的角度来看，作为首都的北京是政治中心，是权力的象征；但是从北京市政府的角度来看，更希望建设一个有烟火气的、有城市体验感的北京，这两者始终是矛盾的。不是说设计者只想设计一个充满烟火气的、体现市民真实生活的场景，而是无法摒弃，因为这是城市的基因；同时作为首都的北京，也是一笔财富，怎么去处理、解决这个问题，需要广开思路。

总结一下，从主题上来说，北京是皇权的象征，或者是国家权力的象

---

① 韩国首尔国立大学传播学博士，中国传媒大学外国语言文化学院院长，亚洲传媒研究中心常务副主任、人类命运共同体研究院副院长、城市传播研究中心主任，教授，博士生导师，2014 年富布莱特学者，研究方向为国际传播、国别区域研究、城市品牌。

征，这个符号反复出现。同时，海外受众非常关心北京居民的生活，比如在公园遛弯的大爷，打太极拳的、钓鱼的、遛鸟的人，还有胡同里面的市民生活，他们非常关注这些场景和代表城市场景的符号。

第二，北京的色彩。从调研数据来看，呈现出来的色彩，是强对比和高饱和度的。强对比，比如说北京的胡同是灰色的，故宫周边是一圈胡同，从胡同里面拍故宫，看红墙和黄瓦，色彩对比非常鲜明。

在海外问卷调查和案例分析中，长城、故宫、北京生活、北京奥运和北京人出现次数是最多的，里面出现了高对比的时间，北京城市景观四季流转，地标建筑古今变迁，还有城市天际线的昼夜更替。强对比和高饱和度不仅是说古建筑这一块，还有 CBD 高档玻璃幕墙上反复出现的色彩。从形式上看，非常关注细节。我们看到海外博主自己创作出来的一些符号，比如说长城，很时尚、很有现代感。

海外受众对北京的感知，可归纳为三个特点：巨型符号凸显、小众符号出圈、景观使用的符号不受青睐。

首先，巨型符号凸显。海外受众所喜爱的前几个是：长城、故宫、天坛、天安门广场，它们形成了巨型符号，相互印证着。巨型符号有两个部分，一个是社交媒体的采集，另一个是自由联想。自由联想部分实际上是群的概念，围绕着长城有景点、有建造者、有八达岭，还有烽火台。故宫有主体建筑及其工艺，有文创产品、历史故事。奥运也是这样的，有景点、有元素、有人，是一个群的概念。

其实每一个城市都有巨型符号，如伦敦、阿姆斯特丹、东京，都是这样，必须有巨型符号，含义很多样。

其次，小众符号出圈。这次调研得出该结论，除了经典的、常见的、大家所熟知的符号，大熊猫、国家博物馆、十三陵、人民大会堂、望京 SO-HO、国家大剧院都是这次挖掘出来的新符号，海外博主非常喜欢用这些符号。尤其是里面有很多生活类的。

最后，景观使用的符号不受青睐。我在做问卷调研时问海外受众希望看到什么样的北京城市符号，得出结论是喜欢具象化、色彩少、以字体为主（是英文字体，而不是中文字体）的城市符号，希望更实用，方便在不同场景中转化使用。

北京城市符号存在的问题有三点：

第一，形象符号缺少统一规划，系统性不足。总的来说，各种符号是零散的状态，元素的选择、设计风格、颜色运用方面，都是杂乱无章的，不是整齐划一的。虽然顶层规划不是要整齐划一，但杂乱无章是无法表达城市精神的。在不同场景中的应用也是这样的，非常杂乱。举几个例子，北京标志性的节庆活动和论坛各做各的，看不出北京的任何文化元素。北京官方的重大活动的宣传，其符号以城市风貌为主，在文创产品的设计理念上也是以景观呈现为主，缺少对人的呈现和表达。比如民俗文化，人的元素相当少，我想这也许不仅仅是北京城市符号的问题，国内其他城市普遍都存在这个问题。

第二，从符号供给端来看，反映市民生活场景和精神风貌的符号远远不够，此外，现代化的、潮流版的符号明显不足，没有年轻人喜欢的东西，在各种正式的官方符号里面看不到。我们现在讲城市是可沟通的城市，北京城市符号中这种沟通感显然没有。我相信不仅年轻人，其他人都不喜欢被碾压，就是觉得自己渺小，无足轻重。北京符号就是这种状态，高高在上。从受众角度看，它的参与感是不够的。

第三，古都的符号深入人心，但是存在跨文化沟通的障碍。北京展现的是博大恢宏的形象，所有的符号呈现出来的效果都是这样的，但是有一个问题，即国际的跨文化沟通是远远不够的。举例来说，天坛是目前北京市各委办局最常用的符号，做调研时看到海外受众也提及天坛，但问题是天坛的文化内涵没有表达出来。海外受众看天坛，就是挺漂亮的建筑而已，实际上天坛反映中国古代人的宇宙观，建筑中的每一个数字都有含义，每一个颜色都有含义，蓝代表天，天圆地方，四根柱子，代表 4 个节气，然后是 12 个月，36 天罡，每个数字都有含义。祭祀的地方也是有含义的，但所有这一切含义都没表达出来，天坛就变成了建筑物，它跟北京有什么关系？没有关系。

还有就是翻译上的困境，故宫正式的英文名称是 The Palace Museum，但是海外社交媒体都称其为 The Forbidden City（紫禁城）。正式英文名称传达的是文化，是文化性的博物馆，而 The Forbidden City 传递的是什么？皇权，旧时皇权。

提几点建议：

第一，应推出符合北京国际形象的品牌 LOGO。我们发现国际大都市，如东京、阿姆斯特丹、伦敦，LOCO 上都有自己的母语的字体，但是通常还有一个英文字体。北京有一个问题，包括北京奥运，LOGO 上“京”的汉字变体，对于海外受众来说，解读上存在障碍。所以希望它是简洁、清晰、方便记忆的文字型的 LOGO，而不是这种字符型的 LOGO。然后，梳理北京城市资源中最具有辨识度的符号，当然这个是要有理念的，不是工具层面的事，应以城市品牌化理念为引导。

对标国际知名城市品牌 LOGO，以城市名称字符为主，国际上城市名称就是加 Slogan，是城市名称加图形，非常简洁。

第二，建立不同场景下北京城市符号的传播体系。北京，作为国际交往中心，现在所有的符号体系的跨文化沟通的功能都极其弱，效果很差。使用具有北京特色的单色，应注重更新迭代。实际上，所有城市符号和 LOGO 都要注重更新迭代，比如说 I LOVE NewYork 这个标识，“9・11”之后就添加了新的内容。

第三，丰富传播渠道，提升北京城市符号的精准传播效果。LOGO 使用是有场景的，交通的、公共服务的、传播的，各种各样的场景都有非常详细的分类，说明每种场景如何使用这些符号。北京最重要的问题是见物不见人，就是权力中心的味道太强了，建议更开放、更包容，尤其是建议开放北京的符号系统，创建一个共创机制，因为在社交网络媒体时代应该要有符号的共创机制。

要做到精准传播并拓展传播渠道，加强创意传播。

新连接与新动能：设计师资本的社会影响与实践展望

孙　磊[①]

从20世纪70年代起，发达国家加快了从工业经济时代向知识经济时代的转型，由知识和信息驱动的新经济形态依托设计创新人才、设计生产组织、设计地域空间，形成了设计经济，凝聚成城市的设计软实力。应当说，进入21世纪以来，城市设计软实力成为驱动、聚合和化生所有设计经济要素的新动能，其核心是设计战略人才的会集。关于人才，习近平总书记在2021年中央人才工作会议上就曾指出："人才是创新的第一资源，人才资源是我国在激烈的国际竞争中的重要力量和显著优势。创新驱动本质上是人才驱动，立足新发展阶段、贯彻新发展理念、构建新发展格局、推动高质量发展，必须把人才资源开发放在最优先位置，大力建设战略人才力量，着力夯实创新发展人才基础。"设计作为非技术领域创新的主要驱动力，其本质是设计师人才资本的质与量。基于这样的思考，本文主要想解答和阐释三个方面的问题：第一，城市为什么要转型？发展为什么要转变？第二，

① 山东工艺美术学院党委委员、宣传部部长、设计策略研究中心主任，教授。"设计软实力"概念的提出者和倡导者，"设计软实力论坛"创始人。

设计师怎样才能扩大社会连接，进而产生更多的城市动力？第三，设计师资本优势对城市、教育、设计师个体及利益相关者群体意味着什么？

问题一：城市为什么要转型？发展为什么要转变？

当下城市的转型与未来发展的转变，并非取决于个人意志或主观臆断，而是由工业经济向知识经济过渡过程中产生的客观因素变化所导致的，这些外部因素带来的嬗变、影响是不可逆的。综合分析来看，主要体现在资源配置方式、工作驱动方式、组织结构与运作模式、行为与发展方式、投融资与回报方式以及管理方式等因素的转变上。通过观察 15～64 岁的人口占比以及经济增长（GDP）率，发现 2010 年之前，15～64 岁的劳动力人口，整体呈上升趋势，而在 2010 年达到增长高峰后则出现断崖式下滑，同时这些劳动力人口所创造的经济价值也在直线下滑（见图 1）。

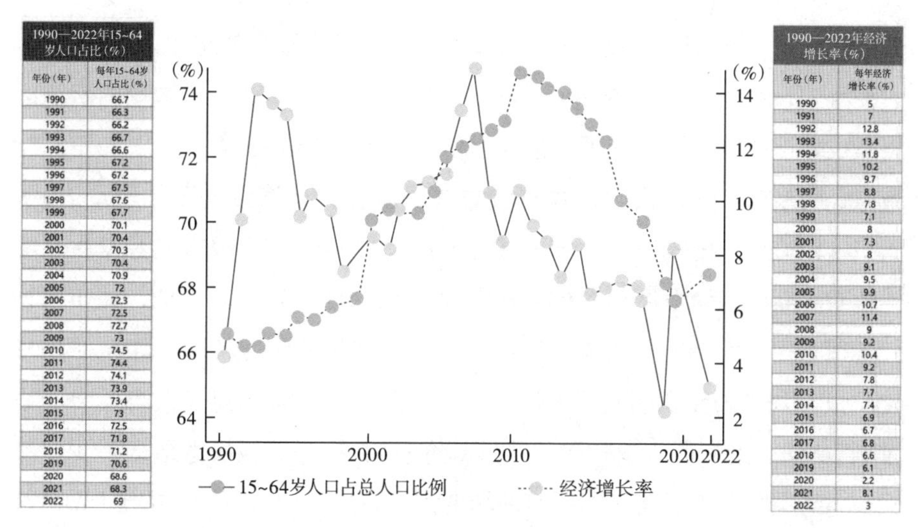

1990—2022年15~64岁人口占比（%）

年份（年）	每年15~64岁人口占比（%）
1990	66.7
1991	66.3
1992	66.2
1993	66.7
1994	66.6
1995	67.2
1996	67.2
1997	67.5
1998	67.6
1999	67.7
2000	70.1
2001	70.4
2002	70.3
2003	70.4
2004	70.9
2005	72
2006	72.3
2007	72.5
2008	72.7
2009	73
2010	74.5
2011	74.4
2012	74.1
2013	73.9
2014	73.4
2015	73
2016	72.5
2017	71.8
2018	71.2
2019	70.6
2020	68.6
2021	68.3
2022	69

1990—2022年经济增长率（%）

年份（年）	每年经济增长率（%）
1990	5
1991	7
1992	12.8
1993	13.4
1994	11.8
1995	10.2
1996	9.7
1997	8.8
1998	7.8
1999	7.1
2000	8
2001	7.3
2002	8
2003	9.1
2004	9.5
2005	9.9
2006	10.7
2007	11.4
2008	9
2009	9.2
2010	10.4
2011	9.2
2012	7.8
2013	7.7
2014	7.4
2015	6.9
2016	6.7
2017	6.8
2018	6.6
2019	6.1
2020	2.2
2021	8.1
2022	3

图 1　1990—2022 年 15～64 岁人口占比与经济增长之间的拟合关系

资料来源：国家统计局。

如图 2 所示，2009—2022 年知识型人口在社会当中所占的比重越来越大，而生产性人口所占比重则越来越小，这说明当下中国社会的人口结构已发生重要转变，由原来以产业工人为主导的社会结构，逐渐变成了以知识型员工为主导的社会结构。

这种人口结构的根本性转变，预示着以生产性人口结构为代表的存量

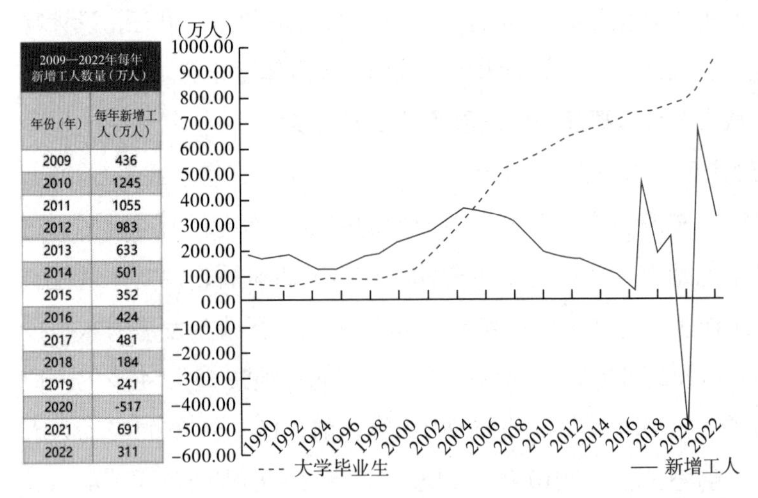

2009—2022年每年新增工人数量（万人）	
年份（年）	每年新增工人（万人）
2009	436
2010	1245
2011	1055
2012	983
2013	633
2014	501
2015	352
2016	424
2017	481
2018	184
2019	241
2020	-517
2021	691
2022	311

2009—2022年每年大学毕业生数量（万人）	
年份（年）	每年大学毕业生数量（万人）
2009	531.1
2010	575.4
2011	608.2
2012	624.7
2013	699
2014	659.4
2015	749
2016	704.2
2017	735.8
2018	753.31
2019	758.5
2020	797.1
2021	826.5
2022	967.2

图 2　2009—2022 年每年新增工人和大学毕业生数量

资料来源：国家统计局。

分配体系正在被打破，以知识型人口结构为代表的流量分配体系正在生成。过去我们长时间以自然资源、机器、物权、固定资产投资为依赖的资源配置方式，正在被以知识资源、创新、价值、人力资本投资为追求的资源配置方式所整合、所替代。资源配置方式的调整，必然带动工作驱动方式、组织结构与运作模式、行为与发展方式以及投融资与回报方式等发生适配性转变。而可持续发展概念的提出也是基于这样的思考。当然，城市设计和管理方式也不会独善其身，都会发生体系化和适配性转变，如从“规模化扩张”到“内涵和品质提升”、从“经济体系建构”到“人与社会关系重构”、从“追求低成本”到“创造高价值”、从“等级权力结构”到“知识权力结构”转变，等等。所有的转变都像彼得·德鲁克预言的那样，“21世纪整个社会结构的人口是生产性人口逐渐下降，知识型人口正在快速增长，也就是说知识型员工在未来将成为社会中的主角”。

上述分析表明，转型与转变对城市发展的影响以及由此带来的认知改变是不可逆的，主要体现在以下五个方面：

第一，城市是一个由人力资本主导建构和驱动的有机的社会系统。人口结构的变化，意味着孕育传统城市设计理论的土壤正在流失，我们有必要重新思考城市设计的内涵，即我们需要重新去思考人与城市的系统建构问题。我认为，城市设计真正的中心不是“空间”和“物”，而是“空间”和“物”的使用者或者使用者与社会、经济、环境所建立起来的一种文化和意义的关系契合。

第二，城市最有价值的资产将是知识工作者及其生产率。彼得·德鲁克曾说：“20 世纪企业最有价值的资产是生产设备，21 世纪组织最有价值的资产将是知识工作者及其生产率。”知识要发挥作用，产生更大的效用，需要通过知识工作者来实现。城市设计极大地依赖于设计师资本在质和量上的积累，其中最为关键的就是设计师在知识上的积累。知识以及创造和利用知识的能力往往被认为是提高城市生产效率和可持续竞争力的最重要来源。未来，城市不仅仅是一个物理形态，还可能会被视为将科技、设计转化为满足人类需求的空间、物品和服务的一种创新机制。但是，这种转化能力的强弱，取决于城市人力资本水平的高低。

第三，加大对人和知识的投资力度，超越固定资产等非人力资本因素，将成为提高城市经济发展水平的普遍共识。通俗来说，人力资本是指能够带来效益的知识、技能及能力。从图 3、图 4 中可以看出，我们目前对人和知识投资的重视程度及其产生的经济贡献与发达国家相比还存在较大差距。著名经济学家西奥多·舒尔茨在《对人进行投资》一书的前言中指出：“在人口质量及知识方面的投资，在很大程度上决定了人类未来的前景。如果我们把这些投资计算在内，就一定不会听信有关地球之物质资源将被耗尽的可怕传言。”应当说，为国民福利提供保障的关键因素已不是空间、能源和耕地，而是对人和知识的投资，提高人口质量，提高技能、知识水平能够使其减轻对土地、厂房、机器，以及正在被消耗掉的能量资源的依赖。设计师资本对城市的贡献超越固定资产等非人力资源因素会成为一个趋势，这是我们需要重视对包括设计师在内的知识工作者进行投资的现实基础。

第四，创新者即连接者，不仅连接个人，而且连接社区、城市乃至整个社会，创新者“让广泛民智成为决策主体”的价值观，将贯穿城市建设、治理与发展的全过程。未来，将会有越来越多的传统经济模式转变为“创意阶层行业”，不少工业时代的传统城市将逐渐没落，创业的重心将转向重

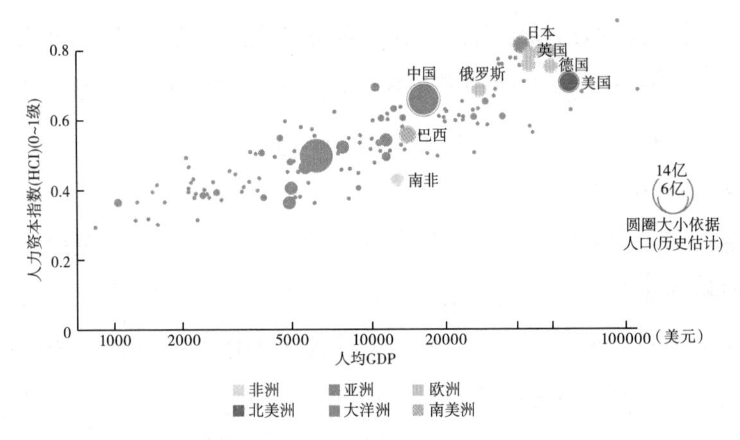

图 3　2020 年相关国家人力资本指数与人均 GDP 对比

资料来源：世界银行。

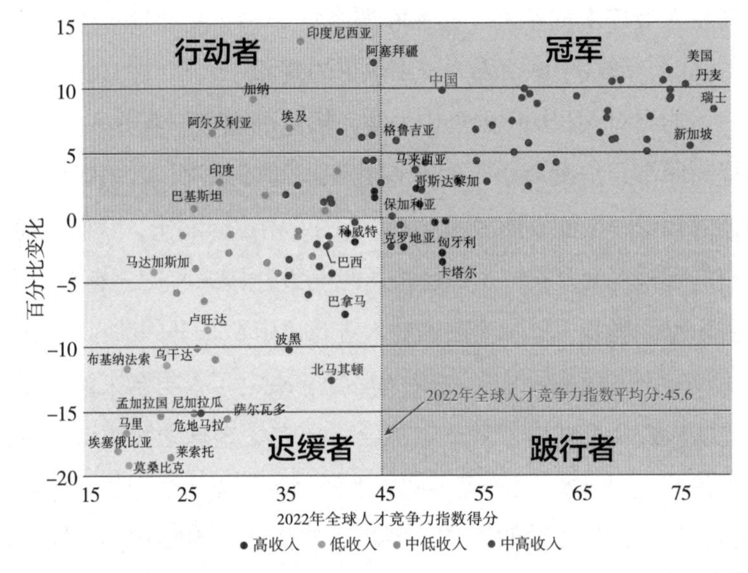

图 4　2015—2018 年和 2019—2022 年全球人才竞争力指数（GTCI）排名变化矩阵

资料来源：欧洲工商管理学院《全球人才竞争力指数 2022》。

视创意、智能和文化的城市，设计师与利益攸关者发挥共创共建共享“亲社会性”城市的作用将越来越突出。“亲社会性”城市的本质是借助知识工作者资源，通过将个体设计活动“群体化”，激活草根的、大众的、民主的创造活动，更好发挥设计师资本在解决社会凝聚力危机、归属感、身份认同、创造人与人之间的信任关系、增强社会韧性和福祉等方面的作用。

第五，德权（个性、形象、品德、信任）与知识权（知识、能力、技术、专长、素养）将替代物权与职权，成为城市新的领导力。对于像中国这样的发展中国家和处于经济转型过程中的城市而言，体现城市设计领导力的基本逻辑，表现在以下四个方面：一是全球大多数发展中国家和经济转型城市都可以依靠设计和创意来为所有人提供机会、福利及赋权，支持和推动这些国家（城市）实现可持续的与包容性的经济增长；二是摆脱低收入国家（城市）普遍存在的发展不可持续问题的出路之一，就是不断增加本国设计与创意的规模化生产；三是大多数发展中国家和经济转型城市具有大规模增加设计和创意产量的潜力，解决世界性的可持续发展是一个可以克服的问题；四是阻碍发展中国家和经济转型城市设计与创意产量及质量增加的主要原因，是设计师素质和资本投入的质量低下，以及教育的滞后与扭曲。因此，培育和提升城市设计领导力，归根结底，就是必须将培养设计师德权与开发设计师知识权摆到更加重要的位置。

以上五个方面表明，过去连接城市的方式和产生社会动力的方式逐渐失效了，传统固化的连接方式已经不能让城市社会产生足够的活力，亟须用新的连接来产生新的动力。

问题二：设计师怎样才能扩大社会连接，进而产生更多的社会动力？

凯文·凯利在其著作《失控：机器、社会与经济的新生物学》中指出："单个进化体的价值，由它和这个系统连接的数量和质量来决定。"城市是以人为主体，并以人创造的社会经济生产力为基础而不断发展的复合系统。当下，城市在其自身进化的过程中，已经逐渐超越了工业经济时代以土地、机器为特征的体力生产阶段，城市的价值开始取决于它所连接的脑力生产者存量及其知识贡献率，即拥有知识工作者的数量和质量。设计师，是一个很容易被忽视的特殊的知识工作者群体。目前，大众对于设计师的职业、知识生产方式及其社会经济贡献性认知模糊，就职业特性而言，设计师与其他知识工作者不同的是，设计师在为公众提供新的生活方式、开明的思想和更好的生活质量方面起着决定性作用。设计师对社会发挥的功能主要有两个：一是设计物体、图像、建筑、交通、城市以解决问题的显性功能；

二是赋予科技、生产、商品、空间、场景以意义的隐性功能。

在知识生产方式方面，设计师是社会系统的广泛连接者，不论是隐性功能还是显性功能，都与社会创新发生着最紧密的联系。在连接人、城市与社会时，设计师不仅为公众提供更多显性交流的空间，更为重要的是，还隐性地将与解决问题有关的想法、意识和观念注入公众的头脑中，使公众能够主动寻找解决问题并使城市变得更好的方法。可以说，设计师是利用生产创意来连接社会系统的关键资源。在社会经济贡献性方面，设计师是摆脱存量博弈并转为流量博弈，优化提高增长方式的创新阶层。以前促进社会经济增长的主要手段是依靠"物"的存量对"物"进行投资，而设计则是换"物"为"人"，以人、知识的流动性与流量来衡量人的群智化、创造力和影响力，即设计师是以发挥群智化的创造为主导的流量博弈来替代以自然资源消耗为主导的存量博弈的创新阶层。

为了验证设计师的上述作用，2023 年 8 月，我们课题组专赴上海，针对"环同济设计圈"与 300 多名一线设计师开展专题调研，经过数据统计，我们发现排在前三位的问题依次为"推广更高的环保意识形态和可持续发展理念""帮助人们发展和实现自我与社会的身份认同"和"贯彻利他主义意识，加强社会凝聚与团结"，这是设计师们普遍关注的三个问题（见图 5）。从中不难发现，设计师在社会中扮演的角色是多元的，这个群体不仅仅是问题发现与解决以及缔造城市形象资产的创新者，更是一个个与社会系统发生高强度关联并改善社会的建设者、决策者、行动者、沟通者和管理者。然而，设计师的这些角色所反映出的"保持可持续""深化共识""塑造形象""传播观念"和"被他人感知和认同"等特殊价值，即便是在设计业高度发达的上海，仍然不被社会和大众广泛理解。

应当看到，未来城市中的设计师群体在新的社会系统中凸显的连接动能、体现的创新价值以及发挥的影响力作用，将超越人们对城市与设计传统定义的想象，那么，扩大这些连接意味着什么？下面我们就近几年开展的相关案例进行总结和阐述。

一是扩大设计师与利益相关者的身份连接，形成基于共建共创共治共

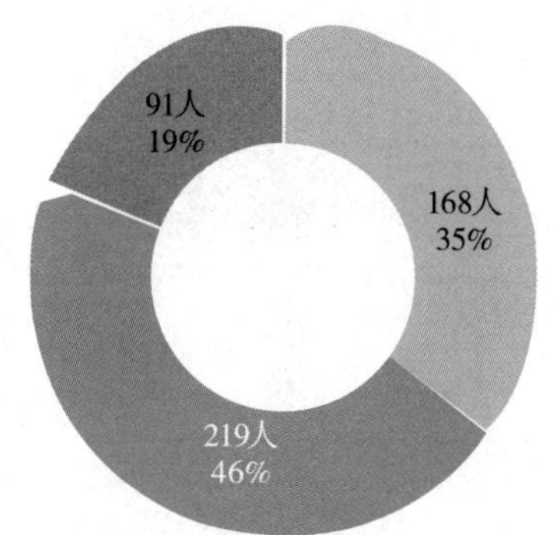

图5 对上海“环同济设计圈”300余名一线设计师的取样调研统计

资料来源：山东工艺美术学院设计策略研究中心。

享的“共益社区”或“共益城市”。一项设计无法依靠设计师个体独立完成，而是需要依托更多社会上与此有关联的不同的人和组织，共同协作来完成。借助利益相关者建立关系，编织网络，秉持公平、包容、可参与等原则，培养信任，重铸凝聚力，通过信任增强集体协同能力，创造更多的连接，让个体充分发挥自己的力量，从而建立“人人携手，为了人人”的共益社区或城市。实现“共益社区”“共益城市”的核心模式是强化“集合影响力”。这种模式是围绕一个被称为“骨干”的中央机构，建立基于共同目标、共同制订战略计划、共同工作、共享责任、有机联系在一起的强大的利益相关者合作联盟。

“设计伞”共同设计模式是2018年我们针对产教融合创新提出的模型，其出发点是将政府、产业、企业、高校资源进行整合，编织由政策制定者、企业家、管理者、设计师、技术工艺人员、工程师、供应链链主以及终端客户等利益相关者组成的“开放设计网络”，通过组织共建、设计共创、项目共治和知识共享，发挥群智，实现共赢（见图6）。

二是扩大设计师与社区居民和协作网络的文化连接，找到解决社会凝聚力危机的创造性方法。通过在社区内构建一种能充分利用文化、艺术、商业和创意等要素并进行广泛联系的“创造性社区”或协作网络，形成具有创造性的、信任的、和谐的、互助和稳固的社群关系，以应对来自“社

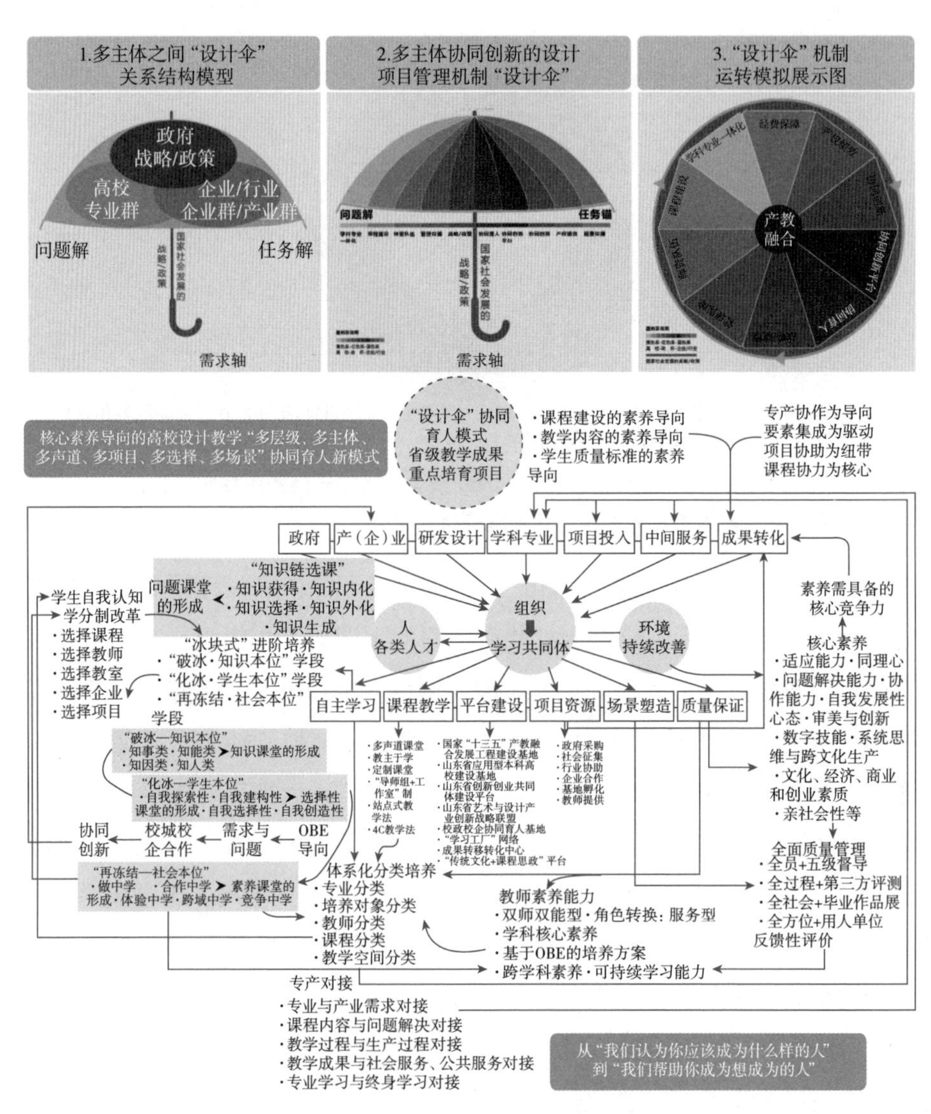

图 6 “设计伞”共同设计模式

资料来源：山东工艺美术学院设计策略研究中心。

区”与“集体意识”分离的现实挑战，是解决和强化社会凝聚力的有益尝试。秉持以人与人的亲密关系而不是通过地域范围来定义社区的观点，不仅可以复原城市居民的心智联结，激发创造快乐和意义的价值意识，也有助于激活各类社会资源，增强社会集体协作能力并提高居民的生活质量和福祉。

“山东手造提升在地文化复原力”项目，是我们2008 年在青岛推广的一个项目，该项目秉持“提升在地文化复原力”之理念，通过激活家庭、家族、代际等血缘关系，联结邻里、同地、跨域等地缘关系，重塑行业、竞争、消费等业缘关系，以重构手工艺与城镇和社区形成的新型社会互动关系，具体包括：第一，修复在地的自然节律载体，结合传统节日和当下生活新需要发展手工艺；第二，修复在地的风俗礼仪载体，培育手工艺应用的文化空间；第三，修复在地的社区场所载体，推动手工艺场域生产以及生境营建；第四，修复在地的传承人群载体，鼓励“设计师＋工艺师”双向交流，形成“再造＋原创”的地域设计风格。

三是扩大设计师与城市系统要素的连接，培养适应系统性变革的设计战略与管理能力。城市是一个复杂的“巨大系统”。2015 年，习近平总书记在中央城市工作会议上的讲话中，就对提高城市系统化提出“三大结构”（空间、规模、产业）、“三大环节”（规划、建设、管理）、“三大动力”（改革、科技、文化）、“三大布局”（生产、生活、生态）、“三大主体”（政府、社会、市民）统筹发展的思路。城市系统环环相扣、层层套嵌，一个问题的解决必须仰赖大系统内其他领域的改变。例如，如何从“系统性变革”的角度创建“低碳城市”，实现“双碳”目标？如何从“系统性变革”的角度创建“韧性城市”，提升对灾害的适应能力？这就要求设计战略人才不仅要强化系统解决问题的专业专长优势，同时也要加强不同行业系统和专业领域之间的协同合作攻关，强化教育作为设计战略人才力量供给端的作用。

四是扩大设计师与传播媒介及话题信息的连接，形成“建设性叙事”与问题解决相结合的叙事策略。全媒体时代，我们每个人都习惯通过手机这一个性化信息传播载体，进行各种各样的“信息消费”。现在，话题制造者、内容生产者和媒体传播者存在的一个共同的问题，就是只关注“是什么”“发生了什么”等客观报道，却很少关注话题背后存在的问题真相以及如何与其他人合作来解决这个问题，致使公众个体与社会关系都处于焦虑紧张的状态当中。“建设性叙事”，就是结合叙事学理论，从解决问题导向、公民赋权、群智赋能、设计师参与、提供语境和积极叙事六个方面，来生成以设计、跟踪、分析、解决、持续传播为特征的叙事策略。通过“建设性叙事”，让社会看到希望，看到问题的解决，看见解决问题的人，看到他们解决问题的方式，产生新的、积极的社会力量，从而让大家感受到一个充满温暖、热气腾腾的城市。2020 年新冠疫情大流行之初，我们策划发起由 5000 余人次参与的“以艺抗疫”专题设计项目，该项目旨在通过远程教育和在线展示来激发设计的内聚力，以对抗许多人在封城期间日益增长的疏远和孤立感，为人们提供了一个消除社会凝聚力涣散以及解决社会精神危机的平台，推动设计在创造参与感、归属感和凝聚团结等方面发挥独特的“软性价值”。3 个月共完成作品 4000 多件，这些作品通过手机、报刊、网络等渠道进行全媒体传播。作为社会支持和增强凝聚力的全媒体矩阵，它们展示了设计是如何增强社区的弹性，以帮助公众克服社会孤立、消除恐惧和增强信心的，参与者回答了社区如何利用设计作为社区团结、互惠和复原力的来源。

五是扩大设计师与公益金融的连接，形成具有准直社会声誉的“影响力投资”意识。“影响力投资”是什么？就是既要关心经济效益，更要重视社会价值；既要追求股东利益最大化，更要追求社会效益最优化；既要给社会提供好的产品、好的服务，还要尽自己的努力让这个世界更可持续。要解决城市社会问题或可持续发展问题，我们可以尝试将公益的理念（人人公益）、商业的模式、设计的手段和金融的工具结合起来。培育、利用影响力投资来进行社区营造，既要求稳健增长考虑到长期的经济回报，同时还要求包容增长考虑到社会收益。2022—2023 年我们策划组织的“为增强社会声誉而设计”之“回收设计与碳中和”项目（见图 7），旨在把独特的文化优势通过设计创新转变为共同的社会责任和价值共识，形成影响和推动社会声誉建设的设计力量。该项目联合中国高校，通过手工艺术设计的手段实现回收资源的创意转化，以抵消因垃圾焚烧产生的气体排放量，从而达到碳中和要求。其目的是让创意和设计得到再利用，通过价值循环，物尽其用，以更纯粹的艺术效率创造更高质量的价值，探索一条将废料、人力、复制成本最小化，同时将社会责任、艺术家精神和作品创意性最大化的设计创作之路。

六是扩大设计师与地方文化文脉的连接，形成激发文化归属和情感共

（a）俞杰星《异世界》

（b）高红雨、殷苗《重塑计划》

图7　“回收设计与碳中和”全国手工艺作品展上的作品

鸣的“共文化空间”。树立“城市是文化容器”的理念，通过公共场所的设计，激活城市能量、形象、故事和活力，以人的尺度来规划、以人的舒适度为基准，以人与文脉的连接为目标，激发共情力、情感与同理心的连接，让居民感到自己是社区的一部分。“轨道上的设计赋魅”项目，是以一个以技术为主导的“运行系统”或“功能网络”组成的动态社会系统为实验对象，以连接山东境内城市的高铁、地铁经停的站点为设计目标，来探索社会艺术现象的时空扩散传播规律以及重建“共文化空间”和“人格化场所”。在30余个轨道站点设计项目实践中，我们运用模拟、故事化、寻根和符号交换等设计手段，对以快速、流动、忙碌、切换为特征的公共空间和特定场所重新“赋魅”，试图从机械性连接到灵性的地方主义，从合法性秩序激发出混序的生命活力，以期在时间流动中寻找归宿，在空间切换中寻求坐标，为人为的社会问题提供解决方案，最终实现技术社会人格化场所的串联。

问题三：设计师资本优势对城市、教育、设计师个体及利益相关者群体意味着什么?

设计以及创造和利用设计的能力往往被认为是城市可持续竞争力的最重要来源。一些发达国家城市治理的成功之处，可以归结于它们在保持设计师存量和发挥设计师资本优势等方面独有的做法。

中国有世界上最庞大的设计市场和设计师人口规模，如果能激发更多设计师“投入”，并在工作中释放创造力与影响力，感受到工作的意义，那将是多么大的人力资本优势！我们先看三个数据：2022 年中国茶叶产量高达 334 万吨，占全球 50% 以上，每年出口近 20 万吨。这么大的产量和消费，需要增加多少茶器茶具的设计去适应这个巨大的需求规模？在中国，每天有近 400 万人同时过生日，在个性化、定制化的今天，需要多少来自蛋糕的创意和食物的设计来满足这些快速迭代的有效需求？2023 年前三季度，国内旅游总人次 36.74 亿，居民国内出游总花费 3.69 万亿元，面对海量的游客，需要多少城市空间、场所、场景被设计、生产、转化为可被参观的景观？上述这些吃、穿、用、娱等传统消费需求的内涵和形态无时无刻不在变化、升级，需求的品质化、多样化、个性化和具身化更为凸显，客观上要求这些传统的、巨量的消费品的品质更优异、功能更丰富、设计更多样、意义更深远。那么，这些变化着的、不确定的、规模化的需求靠谁来创造和生产？当然要靠设计来创造，靠设计师资本优势来生产。

然而，与这些超大规模的市场需求和不断变化升级的新型消费相比，国内城市的设计师存量和设计供给质量明显不足，有效供给与有效消费的匹配度亟待提高。这就要求我们必须重视设计创新驱动在推动城市高质量发展方面的隐性价值，高度关注设计师资本在深化供给侧结构性改革和扩大有效需求方面所发挥的独特作用。同样，只有发挥超大规模市场和强大设计生产能力的优势，使国内大循环建立在设计驱动内需主动力的基础上，才能不断培育、提升和壮大设计师资本优势。

如上所述，城市经济的转型发展需要确立和强化设计师资本优势，而设计师资本优势又取决于城市设计师人口存量以及设计师人口质量。这就意味着，一个城市若通过提高设计师人口数量和质量来推动整体人口结构质量的转变，那么，这种转变也一定能带动城市经济的转型发展，三者呈正相关关系。为此，我们以联合国教科文组织最新公布的全球 49 个“创意城市网络”中的“设计之都”为研究对象，提取这些城市的总人口和设计师人口数量，并对设计师人口占比进行对比、统计，得到一个“2%”的均值数据。若将“2%”作为设计师人口存量的权衡标准，总体可将全球“设计之都”划分为三类：第一类为设计师人口存量超过2%的城市，包括赫尔辛基、柏林、毕尔巴鄂、开普敦、布宜诺斯艾利斯、格拉茨、迪拜、巴西利亚等；第二类为设计师人口存量接近2%的城市，包括首尔、新加坡、深圳、科特赖克、名古屋、上海、巴库、蒙特利尔、北京、克雷塔罗等；第三类为其他设计师人口不足1%的城市。这个数据似乎印证了全球设计型城市发展的普遍规律，即如果一个城市能够吸引接近或超过2%的设计工作者，那么这个城市潜含的能量、聚集的活力、公众的意识、自身的高颜值就会内化为一种吸引力，从而转化为设计师资本优势，进而凝聚成为城市的设计软实力，这是由设计师存量生成城市设计软实力的重要举措之一。当然，由于各国设计师人口界定带来的统计角度差异以及数据来源存在的统计时间差异，“2%”并不是一个精准、绝对的标准，它只是城市发展到一定阶段，作为权衡、指导城市人口结构转型调整的必要参考。

先来看几组分别体现国家和城市设计师人口存量的数据。英国不仅是全球重要的经济发达体，也是设计业高度发达的国家。据英国设计委员会2022年提供的数据，英国国家总人口从2017年的6606万人发展到2020年的6708万人，全国设计师人口总量也从2017年的171万人上升到2020年的197万人，设计师人口占总人口比重持续增长，从2017年的2.59%跃升到2020年的2.94%，即每100人中就有近3个设计师，这也是英国国家设计软实力蓬勃发展、设计经济高度发达的主因之一（见图8）。

我们再来看两组城市数据的比较：第一个是新加坡，在2022年欧洲工商管理学院《全球人才竞争力指数》统计中，新加坡总排名高居全球第二，仅次于瑞士，这说明其人力资本在全球的竞争能力处于领先地位。同样，作为城市的设计师资本，新加坡的设计师人口也呈持续增长的态势。根据新加坡统计局的数据，2021年城市设计人口规模估计为6.9万人，预计2025年将增长到8.3万人，2030年将增长到8.6万人（见图9、图10）。第二个是柏林，其设计师人口占总人口数量的比例，从2013年到2018年，也呈不断上升的态势。据联合国教科文组织《柏林设计之都会员监测报告

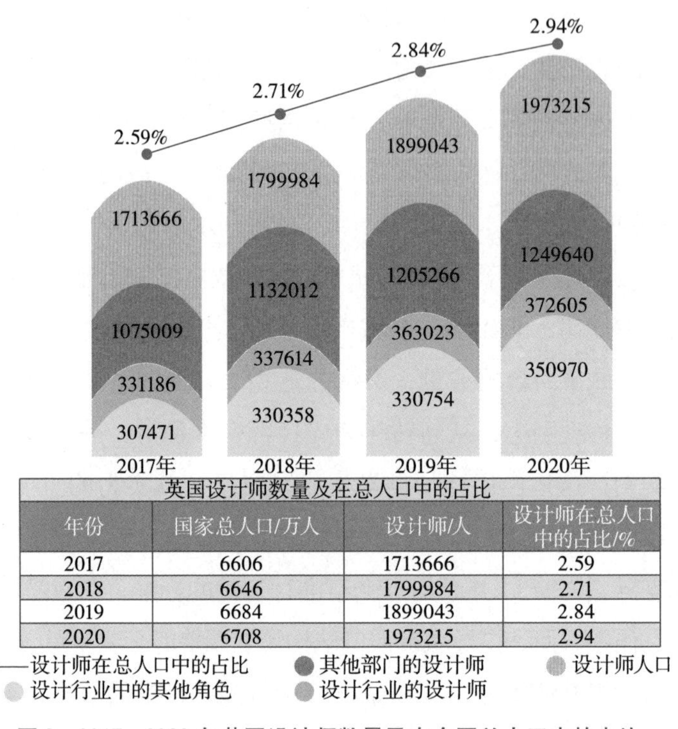

英国设计师数量及在总人口中的占比

年份	国家总人口/万人	设计师/人	设计师在总人口中的占比/%
2017	6606	1713666	2.59
2018	6646	1799984	2.71
2019	6684	1899043	2.84
2020	6708	1973215	2.94

图 8　2017—2020 年英国设计师数量及在全国总人口中的占比

资料来源：英国设计委员会《设计经济 2022：人、地方和经济价值》。

2017—2020》的数据，柏林城市总人口从 2013 年的 337.5 万人发展到 2018 年的 361.3 万人，城市设计师人口总量也从 2013 年的 3.5 万人上升到 2018 年的 4.0 万人，设计人口占总人口比重呈逐年增长态势。

比较而言，中国虽然有世界上最庞大的设计市场和设计师人口规模，但在世界人口大国巨量规模的稀释下，国家和城市转型发展所需的设计师人口，无论是设计师人口存量还是设计师资本优势，与世界先进设计业强国相比，都存在着较大的差距。因此，我认为目前将“2%”作为衡量和验证一个城市设计师存量或设计师资本优势的标准，以此改善人口结构，优化人口存量，发挥设计师在国家、城市经济社会转型发展过程中的作用，是有理论参考和实践价值的。

“2%”的标准背后，在于它不仅是一个展示城市人力资本的数量特指，更体现出理论本身所具有的意义和重要性，它体现在理论对城市设计师人

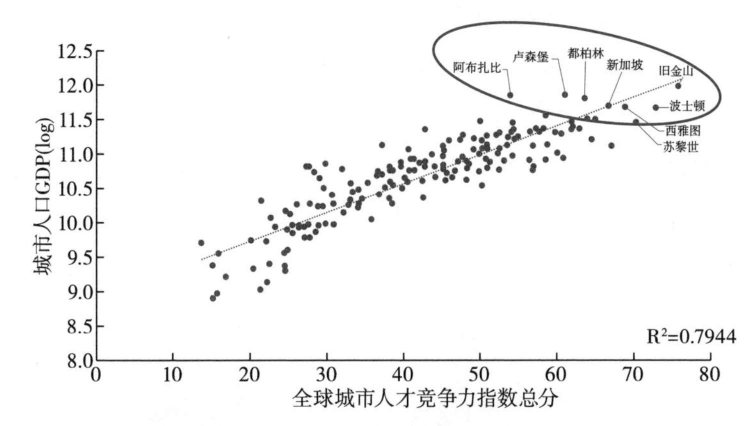

图 9　2022 年全球人才竞争力指数得分 vs 城市人均 GDP

资料来源：欧洲工商管理学院《全球人才竞争力指数 2022》。

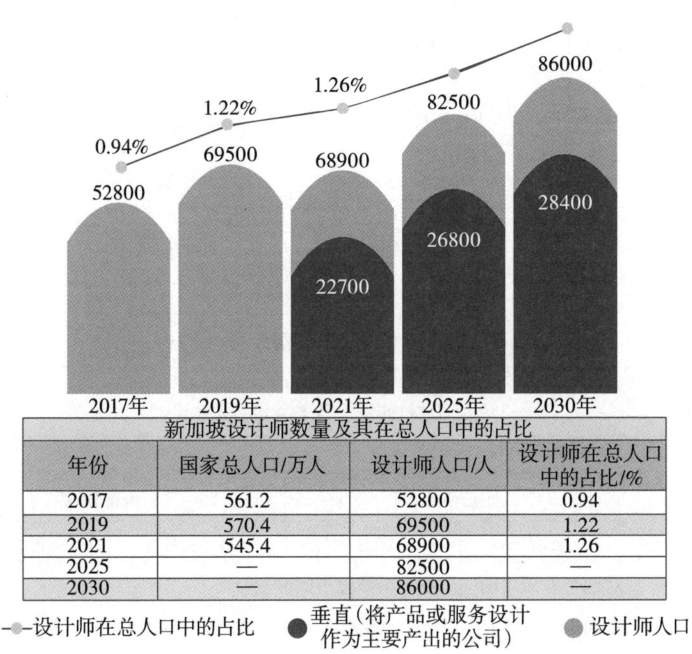

年份	国家总人口/万人	设计师人口/人	设计师在总人口中的占比/%
2017	561.2	52800	0.94
2019	570.4	69500	1.22
2021	545.4	68900	1.26
2025	—	82500	—
2030	—	86000	—

图 10　新加坡设计师数量及其在总人口中的占比

资料来源：欧洲工商管理学院《全球人才竞争力指数 2022》。

口存量与质量的认识作用和指导作用。“2% 理论”意味着，打造城市设计师资本优势，离不开对高品质的城市环境营造、高质量的教育供给、高价值的创造贡献和高水平的全民参与。即要达到或超过 2%，城市应如何通过吸引力扩存量？要优化 2%，教育应如何通过驱动力提增量？要赋能 2%，设计工作者如何通过创造力求变量？要实现远超2%的有效增长，利益相关者如何通过影响力聚能量？归结起来，我们提出衡量设计师资本优势的“2%理论”，是由“群智2%”“飞轮2%”“酷2%”“聚变2%”四个维度组成，分别对应城市、教育、设计师主体和利益相关者群体等四个要素，它们相互之间的创新演进关系决定着一个城市设计师资本优势的不同程度（见图11和表1）。

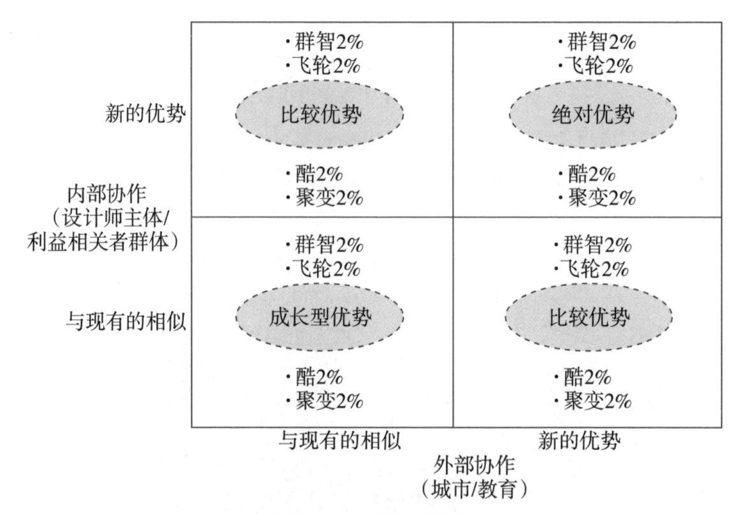

图11　设计师资本优势矩阵

资料来源：山东工艺美术学院设计策略研究中心。

表1　构成设计师资本优势的四种方式

优势类型	方面			
	外部协作		内部协作	
	城市	教育	设计师主体	利益相关者群体
成长型优势	对四个方面中的一个或多个做较小的改变			
外部协作上的比较优势	对两个方面中的一个或全部做重大改变		对两个方面中的一个或全部做较小改变	
内部协作上的比较优势	对两个方面中的一个或全部做较小改变		对两个方面中的一个或全部做重大改变	
绝对优势	对两个方面中的一个或全部做重大改变		对两个方面中的一个或全部做重大改变	

资料来源：山东工艺美术学院设计策略研究中心。

“2%理论”四个维度的内容包括：

第一，“群智2%”：通过吸引力扩存量，离不开高品质的城市环境营

造。人口的流动和集聚体现着一个城市的吸引力和影响力。任何一个城市想要繁荣发展，其动力就是如何吸引人、留住人，并且让每个人在城市这个平台上发挥集体智慧，创造更大的价值。设计师群体都具有创新精神，注重工作独创性、个人意愿的表达以及对不断创新的渴求。

评价一个城市是否对设计师群体具有吸引力，大致与产业、政策、公共服务、收入、市场化程度以及城市魅力等因素有关。首尔市政府提出"设计首尔计划"，该计划的目标，是要通过扩大城市绿地、净化空气和水、保护历史遗产、塑造人文环境等手段，把首尔从一个"硬城市"变成一个吸引设计师的"软城市"；赫尔辛基市发起的"设计驱动城市"项目，将设计师与政府600名公职人员和普通市民一起组成"设计代理人网络"，将共同设计模式作为城市治理方式，为市民提供满足切实需求的公共服务，提高了设计师、市民对政府公共服务的认可度。上海市将6类设计人才（工业设计、建筑设计、服务设计、数字设计、时尚设计和设计管理）划定为重点领域紧缺人才，对其实行政策聚焦、服务聚焦，优化设计师队伍结构，提升设计师资本优势，为文化创意产业快速健康发展提供有力的人才保障。第七次全国人口普查结果显示，作为一座市民平均年龄为32.5岁的年轻的移民城市，深圳吸引了超过22万名来自全球、全国的设计师人口，这个存量与深圳尊重不同文化的交融、尊重设计师的才能、尊重人们的生活方式、尊重市场是分不开的。

目前，测量城市对设计型人才吸引力的指标、模型较多，如全球创新指数、欧洲创意指数、兰德利创意城市指数、创新城市指数、全球城市人才黏性指数、香港5C体系、经合组织人才吸引力指数，等等。我们综合分析了20多个国际国内指标体系，通过对关键指标提取分析的结果看，应着重在"经济因素""创意创新能力""基础设施""人的主体价值""社会环境""制度因素""文化包容"和"生活方式"等八个方面加以衡量。这八个方面具有共通性和普适性，共同构成评价一个城市是否具备吸引力和提供创造性人才成长环境的重要指标。

第二，"飞轮2%"：通过驱动力提增量，离不开高质量的教育供给。

"飞轮效应"告诉我们，反复用力推动一个沉重的巨轮，一圈圈旋转，当达到某个临界点后，飞轮的重力和冲力就会成为驱动力的一部分，形成增量和增速。增长飞轮的正向循环逻辑是这样的：高质量的设计教育供给，会促进设计师能力和素养的持续增长；设计创新技能的提升，会产生更多的个性需求和创造更舒适的客户体验；更多的个性需求和客户体验，会触动更多对行为趋势和未来场景的思考；新趋势和新思考的增多，会要求设计师技能的进一步更新和提升；新技能的提升要求，又会推动设计教育的新一轮革新。

人力资源是生产力，教育就是驱动力，没有高质量的教育创新和持续供给，就不可能满足经济社会发展对优质人力资源的需求。受全球知识经济和 AI 技术的广泛影响，设计师原有的技能存量和专业职能正面临前所未有的冲击。从行业角度看，公司正在寻找具有跨学科技能的设计人才，能够利用自己的技能改造和证明组织未来的设计师，特别对关键趋势预测、分析思维、商业战略、技术素养、同理心、文化敏感性、亲生物性和设计沟通等方面表现出来的创造力和整合力。从行政角度看，设计在政府和公共服务方面的作用凸显，将设计思维、行为洞察力、数字素养、系统思维、协作能力和亲社会性等，确定为未来设计师参与政府管理、城市治理所具备的核心素养，已成为共识。

中国是设计人力资源大国，目前全国有设计专业的本科高校占全部高校的77.4%，每年有近40万的设计类专业学生进入职场，这是面向未来设计人才质量提升的重点和主体。作为高质量教育的提供者，设计教育必须在产教融合和协同育人加强设计与行业之间的联系、向更多学科的学生传授以设计为主导的创造性思维技能、支持设计专业人士和教育工作者开展持续性的教育和培训、提倡设计专业人才培养体系全面由"双基教育"向"素养教育"转变、为专业人士创建基于人工智能和真实世界的设计学习平台，以及让每个人都能通过模块化课程和学习社区了解设计等方面来实现创新，不断改变设计的创新者角色，持续构筑设计师资本的质量优势。

第三，"酷2%"：通过创造力求变量，离不开高价值的创造贡献。"技术”与“非技术”领域的创新，不断打破地域界限、国别界限、产业界限、消费界限、时空界限，是我们面临的最大变量、最大机遇。人与信息的连接、人与人的社交连接、人与商品的连接、实体与虚拟的连接、卖家与买家的连接，从基本的物质需求，到高层次的精神文化需求，全时间、全场景、全覆盖，正是这种“连接”的力量，为设计师提供了更加广阔的创新舞台。另外，在对待增长方式的态度上，人们也开始怀疑“唯经济增长”无法更好地反映现代经济演化中的结构性变化，他们认为，用测量市场生产的 GDP 标准来测量经济幸福，可能是社会经济增长与个体生活感受之间反差的直接来源。倡导将单纯“以物质生产为中心”的增长方式转向“以国民福祉为中心”的增长方式，以实现更多清洁增长、健康增长、包容增长、共益增长和快乐增长。在广泛连接和增长机会中，设计开始从关注“实物”扩展到关注“关系”和“意义”，这就要求设计师必须保持领先地位，让设计成为当前状态和设想与未来状态之间永恒的创新桥梁，成为高价值的贡献者。

第四，“聚变 2%”：通过影响力聚能量，离不开高水平的全民参与。发挥设计师“亲社会性”和“社会复原力”作用，通过将个体设计活动“群体化”，激活草根的、大众的、民主的创造活动，发挥设计在解决社会凝聚力危机、归属感、身份认同、创造人与人之间的信任关系、增强社会韧性和福祉等方面的作用，形成“万众创新”的生动局面；倡导把“属民”“为民”“靠民”的“全民设计”重要理念贯穿到城市发展的全过程各方面，实现人人有序参与、人人共创共享、人人品质生活、人人归属认同的中国特色城市发展目标。通过传递“让每个城市人成为设计决策的主体”的价值观，聚合设计师资本优势新动能，助力构建设计型城市发展新格局。

今天，转型与转变对城市发展的影响以及由此带来的认知改变是不可逆的，城市已经被视为人类设计创新的主要聚合地而成为吸纳人才和资本的焦点。城市的转型发展依赖于设计师资本优势的积累，设计以及创造和利用设计的能力必然成为未来提高城市生产效率和可持续竞争力的重要来源。

释放技术的力量：城市发展的新纪元

梅里·马达沙希①

城市越来越处于社会变革的中心位置。随着世界各地的人口涌向城市，城市成为文明的十字路口并与全球互动，传统与现代、经济与文化交织在一起。全球新发展趋势，正在重塑世界。我们应该将它们相连吗？对此，有如下两个主要结论：

第一，城市是经济增长的引擎。它们是吸引企业、企业家和投资者，创造商业和就业的沃土。多元化的工业和高技能劳动力相互促进、协作，迸发出创新的火花。

第二，城镇化进程已成为全球发展主要趋势之一，现在和未来都是如此。创新蓄势待发，不管发展中国家还是发达国家，创新的动能不仅可以推动生产力，还能够促进新技术的开发，产生使社会受益的产品和服务。

现在有一半人居住在城市。联合国预计，到 2050 年全球近 70% 的人口将居住在城市，成为水、能源、天然和加工产品的大规模消费者。城市的

① 联合国教科文组织国际创意与可持续发展中心咨询委员、联合国前高级经济官员，华南理工大学公共政策研究院兼职教授、中国与全球化研究中心（CCG）非常驻高级研究员。

扩张具有深远的影响，带来能源消耗、温室气体排放、气候变化和环境恶化，大多数国家的城市管理者当下都面临着挑战：交通拥堵、社会基础设施效率低下、住房不平等、能源效率低。如果消费习惯保持不变，二氧化碳增加和其他环境危害将成为生活质量下降的影响因素，这些问题既复杂又困难。但在全球化时代，城市中心必须制定新的战略和举措，探索出一条可持续发展的道路。多种政策可以应对多种环境风险，减少碳排放和能源使用，减少城市雾霾，帮助保护或管理水和食物以及自然栖息地，经过短暂的一段稳定期后，全球温室气体排放量将会持续上升，尽管在某些方面取得了明显进展，但各国为实现气候行动计划所做的努力目前还不够，因此肯定需要人们转变习惯的生活方式。正如爱因斯坦曾经说过的："我们无法用带来问题的思维方式解决问题。"这意味着我们必须挑战设计和社会目前所熟悉的信念体系。为了应对当前的挑战，一些城市正在城市规划和治理模式中推动技术和创新的应用，这表明只要有正确的起点和资源，城市就可以成为智慧城市或更具可持续性的城市，技术和创新是推动未来城市经济增长的关键组成部分，设计和技术之间的相互联系被认为是未来可持续发展的关键。

各种形式的设计包括城市设计、建筑设计、工业设计中太阳能使用、室内设计、景观设计、艺术设计、流程设计等都非常重要且具有战略意义。重要的是要随着时间的推移，系统地审查设计流程，并评估是否可以为未来更好地设计废物管理、水、卫生设施和电力供应等城市基础设施，事实证明，近年来技术创新对城市发展产生了重大影响。

技术进步促进了智慧城市的崛起，这些城市利用物联网、数据分析和自动化等各种技术来提高效率、可持续性和居民的生活质量，智慧城市可以优化能源消耗、交通管理、废物管理与资源分配。高速互联网和无线网络的普及改变了城市的连接性，这促进了小型化智能基础设施的发展、加强了通信，并改善了服务的获取。它还促进了远程工作、电子商务和数字服务的发展，让城市更加互联。

技术在促进城市的可持续发展方面发挥了至关重要的作用，如可再生能源解决方案、节能建筑和小型智能电网有助于减少碳排放、促进环境保护。此外，智能交通系统和共享出行等技术，可减少交通拥堵并促进交通的可持续性发展，技术创新彻底改变了城市规划和管理，先进的数据分析、人工智能和机器学习可以实现更好的决策和资源分配，城市规划者现在可以更有效地分析数据、预测趋势并优化城市基础设施。新兴技术还可以帮助开发“城市风险数据库”从而更好地了解城市面临的多重、相互关联的挑战，例如气候危害、资源稀缺或生态系统破坏，利用数字平台和工具来改善城市规划和设计方案，土地、行政和管理措施以及提升城市服务和设施的可获得性，是未来创意城市建设的最新趋势。

举例来说明。荷兰的一项研究发现，在铺路砖上涂上氧化钛，路面可以吸收空气中有害的氮氧化物，并将其转化为危险性较低的化学物质，例如对环境危害较小的硝酸盐。此类决策的制定，受益于最新技术和创新，成为优化城市规划和基础设施投资方案的延伸。此外，人口快速增长和城市系统压力增加，要求人们重新思考当今城市运作的线性模式，循环经济和大都市圈实践为城市提供了一个系统框架，以解决一些最紧迫的挑战，并为建设有复原力和繁荣的社区创造新的机会。这些社区有可能大大减少温室气体排放和能源消耗，同时，实现经济增长，创造就业机会。“智慧城市”是技术与城市化交叉最常见的形式之一，然而主要由科技公司推动的自上而下的、私营部门主导的方式往往并没有像预想的那样，提高社会城市化的包容性。结果，一些智慧城市计划最近被推迟。

再举几个例子。多伦多的一个名为“Quayside”的新项目，希望重新思考城市社区的意义，并围绕最新的数字技术进行重建。该项目的目标之一，是根据广泛传感器网络的信息制定有关设计、政策和技术的决策，而这些传感器收集从空气质量到噪声水平，再到人们的活动等各种数据。该计划要求所有车辆实现自动驾驶和共享，机器人将在地下漫游并承担递送邮件等体力劳动。开发商“Sidewalk Labs”表示将开放对其软件和系统的访问，以便其他公司可以在其基础上构建服务，Quayside 尽量避免掉进之前智慧城市计划的陷阱。休斯敦郊外的一座试点发电厂位于美国石油和炼油工业的中心，正在测试一项可以使天然气清洁能源成为现实的技术，实施该项目的公司叫 Net Power，它相信其发电成本至少可以与标准天然气发电厂一样便宜，并捕获生产过程中释放的几乎所有二氧化碳。如果是这样的话，那就意味着世界上有办法以合理的成本从化石燃料中生产无碳能源。就中国而言，其正在经历前所未有的城市化进程。到 2035 年，近 70% 的中国人口将居住在城市地区，将有超过 10 亿的城市居民，自 2008 年以来中国政府认识到减少碳排放、减缓气候变化的必要性，并提出了生态城市的新概念。

此后，此类城市的发展得到了国家发展改革委的支持，中国的城镇化是一个综合性的过程，涉及工业化进程、农村人口向城市迁移、城镇体系结构和空间变迁、制度创新等诸多领域的变化。中国的城市可以成为增长的引擎，创新发展的典范，环境保护的领导者，高质量生活、繁荣和健康的地方。智慧城市概念抓住了中国面向未来的城市发展计划的最新趋势。

2013 年 1 月，全国首批 90 个智慧城市试点启动，范围涵盖市、区、县、镇，第二批和第三批 103 个和 277 个智慧城市试点于 2015 年启动。2014 年 3 月 16 日，国务院印发了《国家新型城镇化规划（2014—2020 年）》，提出智慧城市发展的六大方向和五个要素，智慧城市发展的六大方向包括：信息网络宽带化、规划管理信息化、基础设施智能化、公共服务便捷化、产业发展现代化、社会治理精细化。智慧城市建设的五个要素包括：经济、治理、环境、人员、流动性。在天津，生态城的轻轨系统是可持续发展项目的一个例子，强调了公共交通和使用非机动交通方式的重要性。

值得一提的是，独角兽岛被塑造成一个未来城市。它营造了一个新的“生活—工作—享受—生活”环境，其灵感来自景观的生长，像荷花池中的荷叶一样连接起来，提供一个室内和室外框架，步行几分钟即可到达中央广场和地下。地面景观通过项目和新技术重新回到人们的身边。该项目将循环城市的概念与创新和现代技术相结合，友好的环境可以创造可持续的生活和工作空间。

成都南部的天府新区被称为“海绵城市”，这一示范项目包括所有带来更好环境的措施和产业计划。这样的例子不胜枚举。值得注意的是，虽然新技术和研究成果在使城市中心变得更加宜居和美丽方面提供了很大帮助，但它也可能带来隐私问题、数字鸿沟和工作岗位流失等挑战。因此，有必要采取平衡的方法将技术融入城市发展，以确保公平增长。

总结一下，有计划的城市化往往会带来积极的发展成果，并可用于改善生活质量和促进整体繁荣，当前国际辩论的焦点是城市乐观主义，因为可持续的城市化被认为是提升环境价值的变革力量，一些文件，如联合国《2030 年可持续发展议程》《新城市议程》《巴黎协定》和《仙台减少灾害风险框架》，它们的实施都体现在城市乐观主义之中。然而，需要大量投资来提高城市化的经济、环境、社会价值，这包括城市的无形条件，所有这些对于实现可持续城市化至关重要。许多政府都在尝试利用新技术来改进服务提供、公民参与和治理工作，并减少城市的碳足迹，但很少有政府有足够的能力，在解决问题的同时最大限度地使用、管理和监管这些技术。

总之，必须强调的是，尽管技术创新被认为是城市发展的动力，有助于促进经济增长、激发文化活力、提升社会凝聚力和环境可持续性，但没有一刀切的、适合每个城市的道路。任何城市的未来都必须充分满足居民的需求，并且必须植根于其自身的个性、文化和城市遗产。所以，认识到城市的重要性并对其发展进行投资，对于为子孙后代创造繁荣、包容和可持续的社区至关重要。

下编 Part II

专题纵论：研究探索与观点 Special Feature: Research Explorations and Perspectives

---

蒋红斌，赵妍，张龄予
Jiang Hongbin, Zhao Yan, Zhang Lingyu

卢晓梦
Lu Xiaomeng

李红梅，解晓美
Li Hongmei, Xie Xiaomei

吕桂菊
Lü Guiju

高云庭
Gao Yunting

陈确
Chen Que

周广坤
Zhou Guangkun

邓雅文
Deng Yawen

郑建鹏
Zheng Jianpeng

郭文雯
Guo Wenwen

何慧，陶海鹰
He Hui, Tao Haiying

王志飞，龙思妤，信慧言，段梦莉，付衍健
Wang Zhifei, Long Siyu, Xin Huiyan, Duan Mengli, Fu Yanjian

封万超
Feng Wanchao

姜倩
Jiang Qian

蒋坤
Jiang Kun

孔祥天娇
Kong Xiangtianjiao

何思倩，蒋红斌
He Siqian, Jiang Hongbin

张牧
Zhang Mu

甄晶莹
Zhen Jingying

李菁琳，龚立君，赵宇耀
Li Jinglin, Gong Lijun, Zhao Yuyao

骆玉平，谢云霄
Luo Yuping, Xie Yunxiao

唐雨语，刘圻，曾劲
Tang Yuyu, Liu Qi, Zeng Jin

Zhisen Sun, 邓剑莹
Zhisen Sun, Deng Jianying

以中小型城市构筑的创意城市网络生态系统助力中国设计软实力输出

蒋红斌[1]　赵　妍[2]　张龄予[3]

中国的城市发展已经进入了存量时代，从关注经济发展转向关注人的全面发展，将为城市更新带来新的设计机遇与文明升维。综观全球，许多国家及城市将设计“软实力”从产业发展的“配套服务者”提升为“主要角色”，打造“设计之都”将是一项独立的、具有战略意义的文化输出新模式。对中国而言，积极建设新的“设计之都”对于挖掘城市经济、人文和产业发展潜力意义重大。近几年重庆成为下一轮“设计之都”评选的潜力对象，据相关部门测算，重庆地区制造业企业在设计上每投入1元，可带来108元的新增销售额；再看设计产业本身的价值，2021年前10个月，重庆的国家级和市级工业设计中心销售收入突破1900亿元，同比增长28.2%。除了重庆，中国还有大批存量城市有望申请“设计之都”，其具体的评选途径目前有两个：一是由联合国教科文组织“创意城市网络”授予“设计之

① 蒋红斌，清华大学美术学院副教授，博士生导师，清华大学艺术与科学研究中心设计战略与原型创新研究所所长。曾获“光华龙腾奖中国设计贡献奖银质奖章”“2008年度中国创新设计红星奖”等多项大奖。

② 赵妍，鲁迅美术学院工业设计学院副教授，研究方向为产品设计。

③ 张龄予，北京清尚设计研究院有限公司设计师，研究方向为产品设计。

都”；二是国际设计联盟（IDA）设立的“世界设计之都”评选机制。通过“设计之都”或创意城市网络推广来加快城市的设计文明发展进程，可促进设计在城市的推广应用。虽然中国有望打造成“设计之都”的城市众多，但未来中国城市发展战略调整将具体表现在不局限于聚焦大都市，而会更加关注中小型城市的设计生态系统建设与网络布局，形成特色鲜明、优势互补的卫星城市和网络综合体。

一、中国打造特色“设计之都”的优势分析

与国际城市化进程不同，中国悠久的历史文化造就城市数量众多且具有极大的丰富性。虽然产业呈现出散点式发展趋势，且不同地区的产业差值巨大，城市人员构成在认知与文化形态上也呈现出极大差异，但是“以城市为中心”已经成为中国实现发展“跃迁”的目标，所以，中国城市发展的下一个历史转折，不是“城市化”而是“城市网络化”，即建设高质量的城市网络生态系统。城市化需要人才、资源和产业的高度聚集，这不利于中国城市之间的带动、辐射作用发挥，相较而言，城市网络化可以使人才、资源与产业在物理分散状态下，实现虚拟层次上的高密度对接。目前，中国推行创意城市战略多集中于超一线、一线和新一线城市，例如联合国教科文组织评选的四座“设计之都”与工业和信息化部推选的多批服务型制造示范城市，分布在不同位置，然而设计与创意产业的工作性质可以不受物理空间的影响，借助网络扩大辐射范围。同时，中国具有大量兼具设计与文化潜力，且新兴产业高速发展的中小型城市。因此，未来中国打造特色“设计之都”的关键优势就在于中小型城市群落先构成生态网络体系，进而形成特色鲜明的发展模式。

（一）一线城市发挥联合国教科文组织“设计之都”辐射力

联合国教科文组织创立的全球“创意城市网络”授予世界多个城市“设计之都”的称号。自 2008 年起，中国先后有四座城市入选“设计之都”，分别为深圳、上海、北京、武汉。其中，深圳凭借中国设计产业发源

地的优势率先入选；上海借助数字创意产业特色进入创意城市发展的快速通道；北京主打“科技创新”“文化创新”的双轮驱动战略；武汉以“老城新生”为主题，凭借工程设计优势引人注目。表1将四座城市的创意发展现状进行了数据统计与对比。

表1　中国四个“设计之都”的创意产业发展数据

城市	设计之都获批时间	创意产业增加值/元	创意产业总产出/元	设计行业从业人员/人	创意产业集聚区	创意产业门类	总体特色
深圳	2008年	3000亿	9700亿	22.8万	114家	电子信息、医疗器械、新能源等战略性新兴产业	中国现代设计理念的发源地
上海	2010年	1148亿	3900亿	35.1万	82家	研发设计、建筑设计、文化传媒、咨询策划和时尚消费	数字创意产业
北京	2012年	1600亿	4509亿	25.7万	30余家	创意设计、媒体融合、广播影视、出版发行、动漫游戏、演艺娱乐、文博非遗、艺术品交易、文创智库	“科技创新”“文化创新”双轮驱动战略
武汉	2017年	1000亿	2200亿	10.2万	20余家	数字创意、文旅休闲	“老城新生”

资料来源：胡闻曦．结合PMC指数的中国设计之都政策文本量化研究［J］．设计艺术研究，2023，13（4）：151－155；胡闻曦，杨蓓．结合LDA和PCA的中国设计之都文化产业政策比较分析研究——以2006—2023年已发布政策为例［J］．中国物价，2024（3）：86－89，94.

从目前中国入选“设计之都”的城市类型上分析，四座城市均属于国内超一线、一线和新一线城市，中国致力于发展“设计之都”的目的是以一线城市的设计辐射力带动周边城市实现设计与制造的高度融合发展，图1结合现有文献与数据资料对四座城市的设计能力进行了综合评估，其中重点关注“以设计推动或辐射周边城市的能力”这一项，发现单纯依靠地缘优势与一线城市影响力实现设计辐射力的成效并没有达到预期标准。放眼未来，需要思考新的发展策略，其发展契机是以5G为代表的新一代信息技术和大数据、区块链、物联网、人工智能等颠覆性技术突破，这将全方位改变中国的生产模式与生活方式。那么，未来的设计之都将绑定信息网络这一优势，更好地实现对周边乃至国内更多城市的辐射作用。以 2012 年入选“设计之都”的北京为例，作为国家的“科学技术创新中心”，北京拥有雄厚的高新技术资源，在促进设计研发、科技成果转化和设计与制造业融合发展中，北京形成了“科技 + 设计”的双轨模式。接下来，借助信息网络可以更高效带动城市间产业融合、助推京津冀协作与科技成果转化，最终实现提升北京设计国际影响力的战略目标。

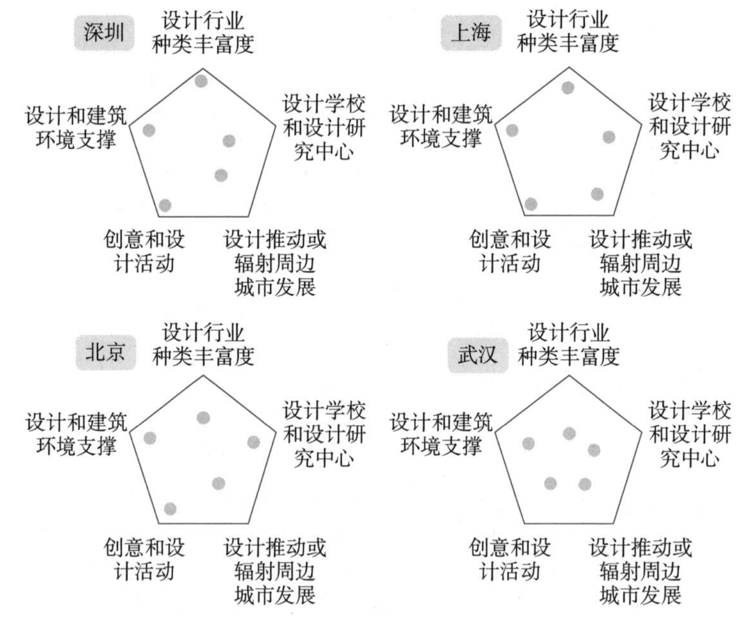

图 1　中国四座“设计之都”的设计实力评估

资料来源：笔者绘制。

（二）服务型制造示范城市提升工业价值链中高端竞争力

服务型制造，是制造与服务融合发展的新业态。近年来，工业和信息化部不断推动城市“制造 + 服务”融合模式，加大政策引导力度，立足制造业企业发展重点需求和重点领域。“未来 10 年，将是中国制造业实现由大到强的关键时刻，是真正实现由‘中国制造’向‘中国创造’提升的重要时期，而以工业设计促成的服务型制造示范城市所涵盖的相关企业是城市更新发力的重要手段。”工业和信息化部中小企业司原副司长王建翔认为。截至目前，工业和信息化部已经分批次选出多个服务型制造示范城市（工业设计特色类），这些城市以工业设计赋能城市发展；帮助中高端产业打造工业价值链；提升企业的市场核心竞争力。以杭州为例，根据《2020年浙江省制造业高质量发展评估报告》，杭州市制造业高质量发展指数为91.3，连续两年排名全省第一。同时，现代服务业支撑作用日益加强，2020年杭州第三产业实现增加值10959亿元，对GDP增长贡献率为79.4%。根据服务型制造示范城市的相关数据，表2对工业设计赋能城市发展成效与设计辐射力进行评估。从中发现，除了个别超一线城市，大多城市对周边城市的设计辐射力这一项的评估结果是中等或低等。分析其原因如下：其一，设计人才在一线城市高密度聚集，导致二线、三线和周边城镇人才流失严重，而设计的辐射力需要人才资源的支撑；其二，在相近地理位置上的城市，其设计产业和品牌种类也存在差异，无法构成同一产业链条。同样的设计辐射与带动周边城市共同发展问题也反映在中国的四座“设计之都”上，倡导新的发展策略以中国中小型城市为主体，以城市群落模式构筑创意城市网络生态系统，将汇集更大的力量助力中国设计与创意产业发展，实现国家设计文化软实力强势输出。

表2　服务型制造示范城市工业设计赋能城市发展成效与设计辐射力评估

城市	获批批次	国家级工业设计中心数量			在制造业重点领域设计突破能力			高端制造业设计人才培育数量			国家工业设计研究院创建数量			对周边城市的设计辐射力		
		高	中	低	高	中	低	高	中	低	高	中	低	高	中	低
重庆	第一批		●		●				●				●		●	
上海浦东新区	第一批	●			●				●			●			●	
深圳	第一批	●			●			●			●			●		
烟台	第一批			●		●			●				●		●	
郑州	第二批			●		●				●			●		●	
广州	第二批	●			●			●				●			●	
厦门	第二批		●			●			●			●			●	
苏州	第二批		●		●				●			●			●	
嘉兴	第二批			●		●			●				●		●	

续表

城市	获批批次	国家级工业设计中心数量			在制造业重点领域设计突破能力			高端制造业设计人才培育数量			国家工业设计研究院创建数量			对周边城市的设计辐射力		
		高	中	低	高	中	低	高	中	低	高	中	低	高	中	低
泉州	第二批			●		●				●			●			●
无锡	第三批			●		●				●			●			●
杭州	第三批		●		●			●				●			●	
成都	第三批		●		●				●				●		●	
青岛	第三批		●		●			●				●			●	
宁波	第三批			●		●			●				●		●	

（三）产业特色鲜明的中小型城市具有极大发展潜力

对比世界，中国的中小型城市数量众多，且许多重大、新兴产业均分布在国内二线、三线城市，结合这些城市本身具备的历史文化属性，为城市现代设计、潜力产业与传统文化融合发展提供契机，图 2 是 2022 年世界各国具有“设计之都”潜力的城市存量对比，其中中国城市数量位居世界第二名，有 47 座城市的设计综合实力位居世界前列。同时，在经济、社会、设计创意产业发展贡献方面，统计 2021 年，我国中小型城市上缴税收占总额的 58%、创造价值占国内生产总值的 68%、提供商品进出口额占 72%，获得设计相关专利占 53%、获得创新设计成果数占 65%、提供了 60% 以上的设计相关就业岗位。由此进行如下策略规划：第一，聚焦制造产业与文化设计产业具有极大发展潜力的中小型城市，借鉴创意城市网络发挥设计对经济和社会的推动作用；第二，围绕中国优势产业将多个城市在地理或者网络空间中链接成生态系统，以设计之力完善城市基础设施建设，提升城市就业与经济收入满意度和生活体验幸福感。正如上海设计之都促进中心理事长张展所说：“当一座城市的设计极为发达时，每个人都能感受它的设计气息，城市中的产品、建筑、公共空间，将超越‘好看’范畴，更关乎以人为本。”未来，中国应汇集多个中小型城市，通过设计打通城市之间的特色产业，在设计中体现高度的人文关怀与文明精神，最终促进多个城市经济硬实力与文化软实力的同步增长。

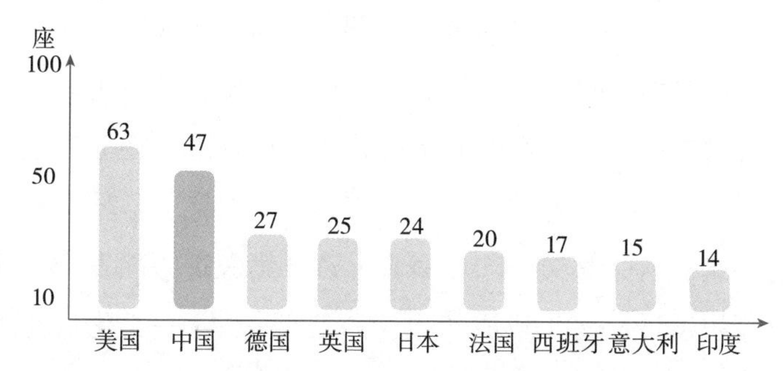

图 2　2022 年世界各国具有“设计之都”潜力的城市存量对比

资料来源：笔者绘制。

二、聚焦中小型城市建设创意城市网络的创新策略

未来中国城市发展的当务之急，是借鉴“设计之都”的各项设计指标，汇聚中国中小型城市的优势产业与人才资源形成网络平台，将散点化发展特征转化为多元化、系统化、网络化的经济、文化交融形式，进而输出城市的优势品牌文化，实现城市设计转型。然而，打造中国特色的创意城市网络对于中小型城市而言，既是机遇又是挑战，其一，许多城市有着不同程度的文化脉络，如果以设计之力将城市既存生活形态、历史面貌、文化个性以及价值方式革新，虽然提升了城市形象与产业活力，但也有可能降低了文化的兼容性和包容度；其二，中国中小型城市多围绕各省的省会城市或周边一线城市发展，如何打破现有地理格局形成以我国重点或优势产业或者特色设计领域为中心的城市群落发展模式值得深思；其三，许多中小型城市拥有丰富资源，但缺乏设计人才来提升自主设计研发能力以助力城市设计更新，会聚人才的方式有待突破。针对以上挑战本文提出了四个创新策略，试图从多维度助力中小型城市群建设创意城市网络生态系统。

（一）以卫星城市模式整合城镇设计资源

国家“十四五”规划纲要提出要持续推动城市群和都市圈一体化发展。中国的城市化大多以一线城市或省会城市为中心，得益于中国各省发达的公路、铁路系统，周边的中小型城市与其中心城市（一般为省会城市或周边一线城市）形成高密度链接的关系网，同时，这些城市在人口规模、生产、生活方面与中心城市相对独立，且配套设施、经济实力、产业布局等还可为中心城市提供不同程度的供给职能，具有这些特征的小城市被称为“卫星城市”。在中国创意城市的网络布局中，围绕中心城市的周边卫星城市群落将持续从人才集聚、产业集聚、资源集聚等方面发力，依托地理优势与网络系统建设，逐步形成“生活—工业—科学—文化—设计”五位一体的“设计之都”城市群发展模式。

（二）以设计人才聚集新模式构筑网络都市链

清华大学美术学院教授柳冠中先生认为，实现中国设计创新从“0”到“1”的关键途径在于培养高质量的本土设计人才。为中小型城市制定发展战略，进行城市更新与基础设施建设固然重要，但城市建设的核心依然是“以人才为本”，因此，形成创意城市网络生态系统的关键在于设计人才的集聚，城市需要借助设计创新发挥人文关怀功能。中小型城市会聚人才的传统策略包括：其一，提供设计人才事业发展所需资源，如资金投入、基础建设和人才培育等；其二，提供需求性政策，如为设计人才提供知识产权保护、创业税收减免等福利；其三，提供环境性政策，如提供人才发展所需的设计环境，健全公共服务与金融措施等。在此基础上，利用大数据、区块链等网络信息技术系统为身处不同城市的设计人才提供“云”设计资源、设计培训、设计研讨活动和设计项目机会等，由此可见，构筑以“人才资源聚集”为核心的城市网络生态链才是重中之重。

（三）以设计活动“活化”城市人文生态系统

设计活动需要具备一定的可持续性和自我成长能力。首先，真正的设计活动取得成效不是依靠某个超一线城市对周边城市实施帮扶，或者周边城市对一线城市的活动模式进行临摹效仿，而是要让关系网中的全部城市构成利益相关者，围绕共同目标形成多点联动，集合优势资源贡献力量。其次，以可持续性活动开展带动城市形成具有设计生命力的人文生态系统，还要关注活动对城市不同群体的辐射能力，这些活动不能只局限于设计领域相关人才聚集，要鼓励全民参与，拉动城市文化与经济发展。以深圳城市早期设计活动与城市成长的关系为例。深圳的早期设计活动仅限于平面设计范畴，此时的深圳没有雄厚的产业资本、绵长的历史文脉，更没有显赫的政治资源，然而设计活动集聚了一批有能力、有想法且不满足于传统城市文化类型的设计人才，逐渐形成设计产业链与文化集群链。如今，这些设计力量集聚，不仅改变着整个当代中国设计发展的方式与取向，也改变着生活在深圳这座城市中的人对于设计的认知与价值认同。值得注意的是，联合国教科文组织对于“设计之都”的评选标准，重点关注可持续设计活动以及设计展会举办的经验积累情况，由此可见，设计活动可以作为“活化”城市人文生态系统的关键力量。

（四）以中国优势产业布局创意城市网络

通过对国内 31 个省份战略性新兴产业布局情况的调研，对中国近几年发展迅猛的新产业、新业态、新模式进行筛查，发现特色产业集聚区域不断涌现，空间分布格局也逐步显现。首先，智能制造装备与机器人产业在各省份的普及率最高，通过设计赋能涌现出了一批代表中国制造水准和设计能力的品牌和产品。其次，新一代信息技术、通信科技产业和新能源汽车产业，从东部沿海地区已经逐步向内陆省份推广，为能源与生态可持续发展战略的国家布局奠定基础。最后，要关注两个潜力突出的新兴产业，分别是数字文化创意产业和智能无人机产业，虽然目前其占比较低，但对未来中国优势与特色产业强势品类化打造和科技强国战略意义重大。

根据中国优势产业的城市布局，从中发现 80% 以上的产业集中在中小型城市，以新能源汽车产业为例，如图 3 所示，除了北京、天津和广州等几座一线城市，国内的二线、三线城市以及相关城镇也在新能源汽车领域形成了自主产业链和品牌发展路径。在国际市场中，中国新能源汽车无论是技术层面还是制造水准都占据了发展先机，下一步需要夯实汽车的自主品牌基础和突出汽车的原创设计实力。由此推测，把中国优势产业作为多城联动的共同发展目标，以网络系统与地域联通双轨模式加强城市之间的合作与交流，共同推动优势产业设计研发与国际并轨进程，这种模式将打造“设计之都”的目标与中国本土经济、产业、设计需求进行深层次的绑定。

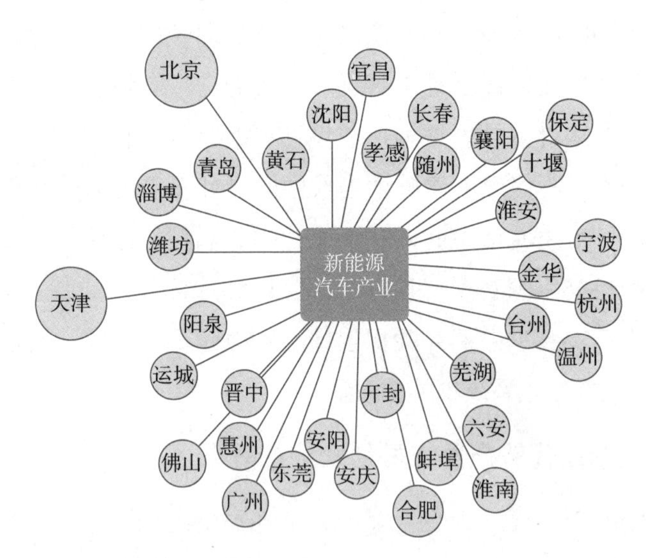

图 3　以新能源汽车产业为核心的创意城市网络生态系统

资料来源：笔者绘制。

以网络系统与地域联通双轨模式构筑的创意城市网络可以同时容纳跨省市城镇之间的资源整合、技术共享和人才联合培养等。以新能源汽车产业为例，未来中国创意城市网络将聚焦国内最具优势产业的国际输出力和影响力，以城市群模式加强省际合作、形成合力，为其他产业深度发展起到引领示范作用。统计新能源汽车领域的各省份发展数据，许多传统汽车制造省份正在积极转型，面对能源利用和制造标准的双重挑战，广东省、山东省、安徽省和江苏省近几年在新能源、智能网与汽车行业对接中抓住了发展机遇，接下来，借助创意城市网络生态系统的打造，将四省多个拥有新能源汽车产业的城市在品牌、设计、研究、政策、人才、技术、工艺标准等领域形成优势互补（如图 4 所示），这些城市将共同构建新能源汽车产业的良性生态，提升中国汽车产业的整体国际竞争力。

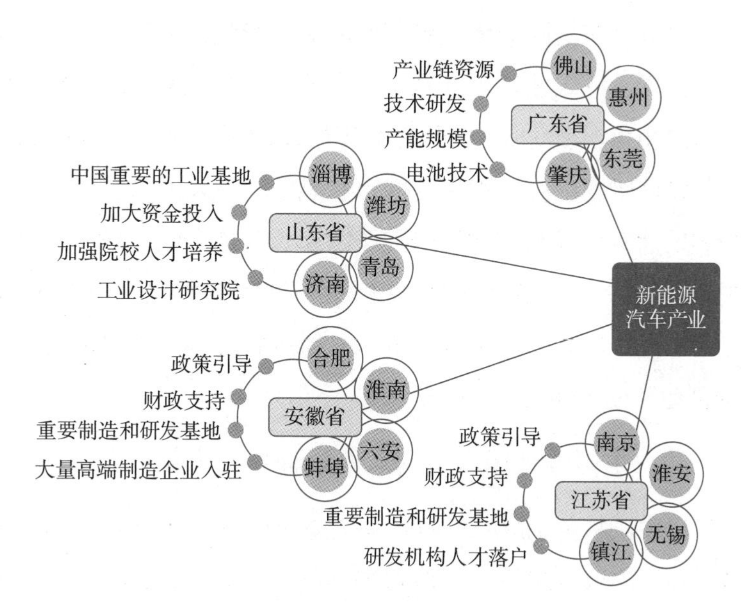

图 4　新能源汽车产业创意城市网络的构筑蓝图

资料来源：笔者绘制。

三、创意城市网络生态系统构筑的国家战略价值

以中小型城市构建的中国创意城市网络系统将成为中国设计的下一个发力点。然而，创意城市网络着眼于发展经济的同时，也要关注城市固有文化的多样化包容，在保护和传承城市原有文化的同时，尝试创建新文化。同时，以优势产业推动创意城市网络建设，一定程度上改变了以一线城市为中心的设计推广路径，将丰富城市设计“软实力”输出途径。此外，创意城市网络的作用还在于通过提高设计的认知度，实现设计研发机构在中小型城市的培育发展，促进政府、企业、院校与市民共同参与城市的愿景规划。

（一）实现中国设计战略与文化自信方略的强势输出

中国致力于建设世界一流的创意城市网络生态系统，而中国的设计发展目标需要与国家发展战略深度绑定，通过设计与文化强势输出中国优秀品牌。以创意城市网络促进民族文化自信的具体方略可以分为三个维度：

一是自主培育能够在全国乃至世界范围内造成影响力的设计人才，更为关键的是，为优秀设计人才提供发展、壮大的土壤和机遇。二是建设国际一流的设计园区和为国家发展战略建言献策的设计研发中心与相关设计协会。促使园区与设计研发中心以地域、城市和国家产业发展为己任，产出不负时代使命的设计实践成果和构建研究资源库。三是形成“尊重原创、鼓励创新”的设计生态，中国特色创意城市网络系统将以推进《中国制造2025》宏大计划为己任，用原创设计精神和自主创新能力实现“中国制造”转化为“中国创造”的宏伟目标。

（二）助力中国设计园区与国家级设计中心优化升级

第一，以中国特色创意城市网络系统提升中国设计园区的设计培育力，在以优势产业为实践的过程中，能够提高国家级工业设计中心与国家工业设计研究院等机构的设计研发实力，为企业提供覆盖全生命周期的系统性设计服务，提升企业“制造+服务”的双重能力；第二，设计“云”服务促进服务模式创新，推动多个城市设计机构与企业构建产业战略联盟，通过利益共享和风险共担机制，提高了设计成果转化的动力与活力；第三，以中国特色创意城市网络系统延伸了设计研发链条，将设计园区与设计中心的研发融入中国制造产业发展战略规划、产品研发、生产制造和商业运营全周期之中。据统计，截至2021年，国内以设计园区和设计中心驱动的专精特新“小巨人”企业总计12668家，这些企业的平均研发强度达到10.3%，高于上市企业1.8个百分点。

四、结语

从拉动中小型城市形成网络化资源互补聚集模式角度分析，联合国教科文组织的“全球创意城市网络”计划在中国推行，对设计城市格局更新与生态系统建设的价值和意义重大。需要关注的是，鼓励城市申请“设计之都”不能只停留在指标层次的工作落实上，而应当着眼于设计助力优势产业、园区、人才、教育等国家实力发展支撑型领域的长远实效性。如果只聚焦于少数大型城市举办重大设计活动和设施建设所取得的成就，会不断加深城市与城市、人文生态与产业系统之间的割裂程度。因此，中国特色创意城市网络系统的发展目标是“共生与共享”，将理想的城市生态系统比作一片森林，那么，作为城市的规划者、设计者和共创者，应当不断营造适于“设计植被”共生、互助的生态系统，而不是将国际化的“设计森林”直接植入中国城市之中。

参考文献

[1] 王晶. 对哈尔滨创建全球创意城市网络“设计之都”的研究:基于深圳经验[J]. 学理论,2022(8):80 – 82.

[2] 李晔. 城市设计 超越“好看”更关乎以人为本:访上海设计之都促进中心理事长张展[N]. 解放日报,2022 – 09 – 15.

[3] 韩毅. 首届重庆设计 100 论坛名家云集璧山脑力激荡献计城市:创建“设计之都” 建设“理想之城”[N]. 重庆日报,2023 – 08 – 24.

[4] 许平.“创意城市网络”与设计城市格局:关于中国“申都”城市的文化断想[J]. 装饰,2011, 12(224):24 – 27.

[5] 黄超. 健全服务型制造发展生态 促进“沈阳制造”提质增效和转型升级[N]. 沈阳日报,2022 – 08 – 25.

[6] 梁水兰,姜重阳. 城市群发展格局下卫星城市对外交通发展模式研究[M]//面向高质量发展的空间治理:2021 中国城市规划年会论文集. 北京:中国建筑工业出版社,2021:508 – 515.

[7] 胡闻曦. 结合 PMC 指数的中国设计之都政策文本量化研究[J]. 设计艺术研究, 2023,4(13):151 – 155.

[8] 冯玲,郑宇,王方. 全球创意城市网络:国内外“设计之都”发展态势[J]. 天津经济, 2022(6):3 – 10.

[9] 邱毅. 日本创意城市网络研究:以设计之都与手工艺及民间艺术之都为例[D]. 上海:上海外国语大学,2019.

山东城市设计软实力提升对策研究

——基于“创意城市网络”（UCCN）的经验

卢晓梦①

“设计之都”是联合国教科文组织创意城市网络的重要组成部分，主要强调设计在城市文化保护、产业发展以及创意城市建设中的突出作用。在创新经济发展的时代，各国都开始重视创意设计和创意城市的建设，实现文化保护与文化产业的双赢，这也是齐鲁大地近年来各大城市发展的重要方向。然而，山东在提升城市设计软实力的道路上，面临着设计产业基础相对薄弱，设计人才培养体系亟待完善，设计服务、行业产业发展尚显不足等一系列问题。因此，基于创意城市网络构建“设计之都”，并以此来提升城市设计软实力备受当下国内外诸多城市青睐。其主要原因是设计所具有的较强的嵌入性，能够更好地与其他行业、产业进行融合发展，并产生经济效益；另外，设计软实力也可以看作助力当下城市经济、社会、文化、环境等诸多层面可持续发展的重要战略要素之一。在此基础上，通过创意网络城市的成功经验和政策文本，分析山东在城市设计软实力发展中的现状以及现存问题，并进一步研究山东如何依托现有资源以提升省内城市设

① 山东工艺美术学院应用设计学院副院长、副教授。

计软实力、促进城市的可持续发展，具有重要的现实意义。

一、研究背景与现状

联合国经济和社会事务部发布的《2018 年版世界城镇化展望》报告显示，目前世界上有 55% 的人口居住在城市，这一比例预计到 2050 年将增加到 68%。[①] 在科技飞速发展的当代，具备较为完善的基础设施和较强的信息传播能力的城市势必在经济与社会发展中扮演着不可或缺的角色。而在工业革命以后，随着消费升级，消费者注重的不仅是商品本身，还包括了商品所带来的文化附加值。1997 年英国提出“创意产业”概念，并借此振兴持续低迷的经济，创意产业迅速成为仅次于金融服务业的第二大产业。由此包括中国、韩国、日本、美国在内的全球诸多国家都在追求文化创意产业的进一步发展，纷纷提出以文化为中心的产业政策。

随着我国“文化强国”战略的进一步实施，文化建设成为社会主义现代化建设的重要组成部分。创意设计产业是文化建设的关键驱动力，与国家竞争力息息相关。中央政府政策红利和人民高质量精神生活追求推动了娱乐性文化消费向知识性文化消费升级。各省份已发布创意设计产业政策，而“设计之都”作为“创意城市网络”重要组成部分，依据其经验提取的相关创意设计产业具有国际认可的代表性。创立于 2004 年的联合国教科文组织创意城市网络（UCCN）将创意视为可持续发展战略因素。截至 2022 年，该网络由 246 个城市参与，共同肩负着同一使命：使创意和文化产业成为地区发展战略的核心，并且积极开展国际合作。[②] 自 2005 年阿根廷的布宜诺斯艾利斯被评为首个“设计之都”开始截至 2013 年，中国已经有五座城市获得此项称号，分别是深圳（2008 年）、上海（2010 年）、北京（2012 年）、武汉（2017 年）、重庆（2023 年）。

---

① https://www.linkedin.com/pulse/68-world-population-projected-live-urban-areas-2050-says-satish-kumar.

② https://zh.unesco.org/creative-cities/content/%E5%85%B3%E4%BA%8E%E6%88%91%E4%BB%AC.

“设计之都”倡议利用设计创新，全面提升城市建设的各个方面，以提升城市的格调和面貌。“设计之都”评审的要素是全面理解和探索“设计之都”建设理论层面的指导。“设计之都”的评审要素表明申报城市需满足“支柱性设计行业、设计文化景观、设计科研机构、设计品牌活动、设计展会、设计与城市的结合、设计推动的创意产业”等七大方面。具体主要为“设计行业的规模”“由设计和建筑环境构成的文化景观内容，包括建筑、城市规划、公共场所、纪念碑、交通标志和信息系统等”“设计学校和设计研究中心的数量和规模”“当地或国内的可持续活动的创意设计师群体的数量和规模”“举办展览会，特别是设计展会和活动的经验”“为当地设计者和城市规划人员提供利用当地资源、城市环境和自然环境等活动的机会”“设计推动的创意产业，如建筑室内装饰、纺织品时装设计、珠宝装饰品设计、交互设计、城市设计和生态环保设计等的规模和内容”。通过上述评审要素可以了解到，“设计之都”不仅关注设计产业的发展，更重视设计在推动社会发展和进步方面所发挥的积极作用。因此，“设计之都”的发展不仅仅追求经济增长的目标，而是从城市系统的角度出发，更加注重社会公共、教育普及、空间优化、景观美学等领域的协同发展和综合提升。

通过研究国际和国内城市加入“设计之都”的经验发现，联合国教科文组织用于评选“设计之都”的 7 项设计标准描述较为笼统，覆盖面较大。为了便于接下来的对比分析，本文将联合国教科文组织用于评选“设计之都”的 7 项设计标准设定为一级指标并进行整理，并结合文献研究、“设计之都”的国内外城市申请表实例、创意城市设计指标，以及“设计之都”城市当前和未来的规划等方面，整理相关资料，最终总结并归纳出了 19 个二级指标，见表 1。

表 1 “设计之都”的 7 个一级指标和 19 个二级指标

一级指标	二级指标
设计行业的规模	指标 1：城市具有的特定的设计产业
	指标 2：城市具有以特定设计产业为主体的、多元化的设计产业体系
	指标 3：城市内行业及企业提供给设计类相关岗位的数量和机会
由设计和建筑环境构成的文化景观内容，包括建筑、城市规划、公共场所、纪念碑、交通标志和信息系统等	指标 4：设计被理解为城市发展的驱动力
	指标 5：设计元素与城市日常的可视化环境的融合程度
	指标 6：城市所具有的文化景观、文化基础设施
设计学校和设计研究中心的数量和规模	指标 7：城市各大学提供的设计类专业课程、学历学位教育、培训讲座等的数量、教育方向
	指标 8：城市内各大学与城市的创意设计产业保持的产学研合作关系的程度
	指标 9：共同推动设计产业发展的设计创意研究机构、投资方向、研究机构的数量
当地或国内的可持续活动的创意设计师群体的数量和规模	指标 10：可持续设计师人数
	指标 11：可持续设计团队规模
举办展览会，特别是设计展会和活动的经验	指标 12：城市内举办与设计相关主题的国际研讨会
	指标 13：城市内举办与设计相关主题的设计展览会
	指标 14：定期（月/年）举办设计博览会，设计行业的公司展示最新产品和服务
为当地设计者和城市规划人员提供利用当地资源、城市环境和自然环境等活动的机会	指标 15：设计资源利用机会
	指标 16：城市环境活动机会
	指标 17：自然环境活动机会
设计推动的创意产业	指标 18：设计推动创意产业的规模和发展情况
	指标 19：设计领域内容

二、结合文献研究与设计资源现状，挖掘山东城市设计特色

本文以“设计产业”为关键词，搜索山东省政府门户网站上登载的近 10 年（2013 年 8 月至 2023 年 8 月）的文本资料（新闻资讯类），共得

到30525条结果。在此基础上，结合前文列出的19个二级指标，总结山东近年来的城市设计相关产业发展现状与发展方向、取得的成绩等内容，并形成统计数据。本文通过数据进一步研判山东在城市设计领域发展建设内容和方向上是否科学合理、是否有理论价值和实际应用价值，并总结今后山东在城市设计领域发展的路径、方法策略，以及如何进一步提升设计软实力建设。

首先，使用Python第三方中文分词库，即jieba库来进行文本预处理，通过jieba分析进行词性标注，去除量词、助词以及时间等一些重要度相对较低的词汇，以及通过“哈工大停用词表数据集”进行去停用词。其次，使用预处理结果进行LDA建模，计算主题数在2～30时的困惑度和一致性值，基于困惑度和一致性确定最优主题数为18个（topic0～17）；并使用最优主题数建模，输出“主题—词”分布、“文本—主题”分布，生成LDAvis可视化图，如图1所示，显示数据为与主题topic14相关的前30个术语。

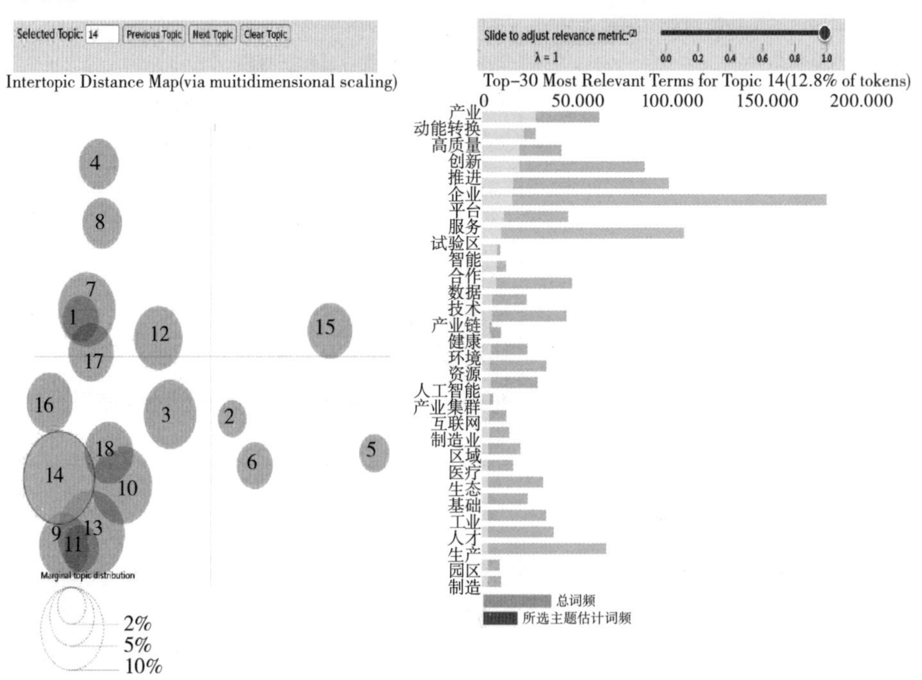

图1　LDAvis可视化图

受篇幅限制，本文仅列举部分示例进行说明。在 18 个主题内，选取 topic2、topic4、topic10、topic14、topic17 五个主题，通过回原文定位方式进行每组词汇的主题分析，并与上文提出的 19 个二级指标进行对接，见表 2。

表 2　主题与指标对照表

主题组 5（topic2）	主　题	对接指标
政府 服务 信息 数据 平台 推进 机构 群众 基础 企业 资源 需求 公共服务 电子 发布会 环境 参与 标准化 创新 市场	设立投资基金，建立完善的投融资机制；坚持以企业为主导、政府支持推动发展的原则	指标 1、指标 8
	鼓励支持烟台与韩国地方政府和民间开展文化艺术、体育竞技、娱乐演艺、旅游推介等活动，优化国际化的教育、医疗、居住、生活环境，产业合作紧密	指标 8、指标 16
主题组 1（topic4）	主　题	对接指标
专业 培训 技术 技能 人才队伍 行业 人力资源 参与 设计 工艺 教育 基础 高质量 艺术 政府 创新 企业 科技 人才培养 人才	成立山东省工业设计协会高等教育专业委员会，建立了山东省制造业设计培训基地，启动中国工业设计联合创新学院，开展多期“山东设计创新企业家人才培育工程高级研修班”	指标 7、指标 9
	在制造业与工业设计融合发展基础好的地区建设工业设计培训实训基地	指标 3
	国际工业设计名城十大工程、发布《烟台城市设计导则》，“网红”打卡地——烟台国际设计小镇	指标 15、指标 16
主题组 2（topic10）	主　题	对接指标
工业 老字号 企业 互联网行业 数据 平台 制造业 创新 推进 发布会 产业 智能服务 场景 需求 生产 资源 产品 高质量	烟台设计赋能产品“智能公厕”	指标 15、指标 18
	烟台举行世界设计大会、设立世界设计产业组织	指标 9、指标 12
	高端装备产业新能源汽车、海洋船舶、轨道交通、机械农业装备、机床机器人、能源环保等领域，平台建设，设计创新能力	指标 1、指标 2、指标 19
主题组 3（topic14）	主　题	对接指标
教育 学校 就业 学生 教师 培训 高校 教学 职业 就业 创业 职业教育 推进 技能 专业 服务 职业院校 机构 参与 技能人才 人才培养	2019 世界工业设计大会创立了中国工业设计联合创新大学，是大学与产业联合、教育与科研联合、科研与市场联合的创新型大学，是设计创新人才培养和产教融合的一次创新性突破	指标 7
	培养专业技能人才，推进高等教育内涵式高质量发展，深入实施高水平大学和高水平学科建设计划，加快“双一流”建设，推动省属高校实现突破	指标 8

续表

主题组 4（topic17）	主　题	对接指标
生产 农产品 企业 农民 推进 合作社 产品 市场 政府 服务 技术 标准化 产业 农村 行业 创业 群众 区域 培训 基础	《山东省"乡村记忆"工程技术导则》要求，组织开展第一批山东工程文化遗产项目的设计与实施，重点打造一批各具特色、美丽宜居的"乡村记忆"工程示范单位	无
	实施标志性产业链突破工程，深入推进"链长制"，促进产业链上下游紧密配套。推动先进制造业和现代服务业深度融合	指标 2、指标 18、指标 19

三、通过指标与数据对比研究，构建山东城市设计软实力发展模型

结合 UCCN"设计之都"评价标准以及 19 个二级指标，本文构建了城市设计软实力发展模型，如图 2 所示。

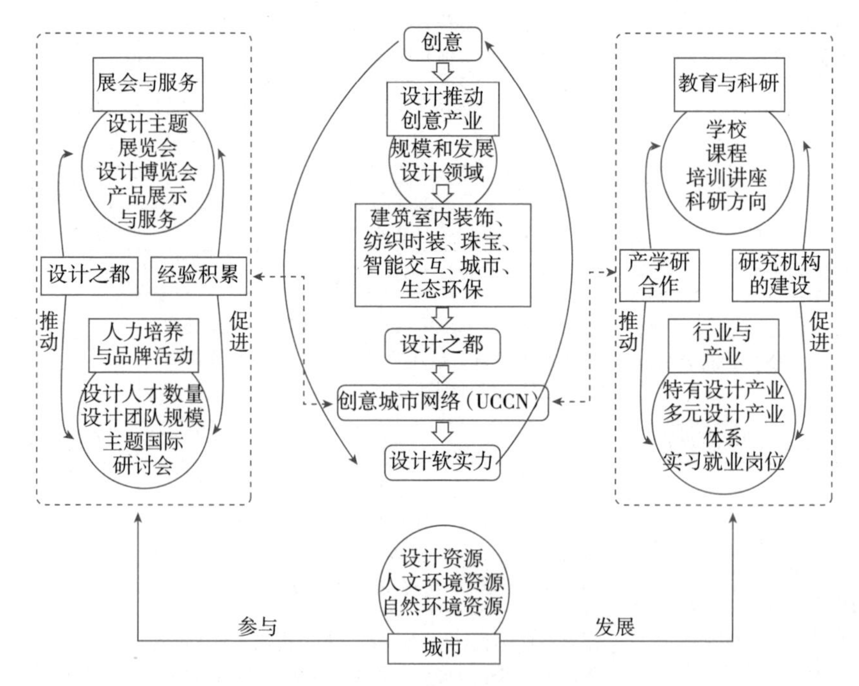

图 2　城市设计软实力发展模型

资料来源：笔者自绘。

依据模型，结合 UCCN 评价标准的一级指标，以及各“设计之都”在申请创意城市网络过程中的经验，本文将 19 个二级指标分别进行了解释说明，主要释义详见表 3。

表 3　指标与释义

一级指标	二级指标	释义
设计行业的规模	指标 1：城市具有的特定的设计产业	城市中已经具备一定的社会基础与行业优势，能够为城市经济发展有所贡献的特定的设计产业
	指标 2：城市具有以特定设计产业为主体的、多元化的设计产业体系	特定的设计产业与人民需求相关的其他设计类别，如建筑设计、时尚设计等的多元化体系程度
	指标 3：城市内行业及企业提供给设计类相关岗位的数量和机会	设计产业能为城市的中小学、高中提供设计交流的途径，以及为大学毕业生或求职者提供的工作实习机会，增加城市就业岗位的数量和机会是否足够支撑设计行业的发展
由设计和建筑环境构成的文化景观内容，包括建筑、城市规划、公共场所、纪念碑、交通标志和信息系统等	指标 4：设计被理解为城市发展的驱动力	设计在塑造城市形象、增加城市吸引力、促进经济发展和社会进步等方面起到的作用
	指标 5：设计元素与城市日常的可视化环境的融合程度	设计与建筑、城市规划、公共场所、纪念碑、交通标志和信息系统等方面的协调和互动，以及设计在城市各个领域中的应用程度和效果
	指标 6：城市所具有的文化景观、文化基础设施	城市中的历史建筑、景观设计、公共艺术品等文化景观的完整性和可持续性，以及博物馆、艺术馆、图书馆、剧院等的文化设施建设和发展情况
设计学校和设计研究中心的数量和规模	指标 7：城市各大学提供的设计类专业课程、学历学位教育、培训讲座等的数量、教育方向	各大学提供的设计类专业课程的数量和种类。各大学提供的学历学位教育（学士学位、硕士学位、博士学位）中相关设计专业的数量和质量
	指标 8：城市内各大学与城市的创意设计产业保持的产学研合作关系的程度	大学与设计公司、创意企业、创新中心等的合作项目数量，涵盖合作项目的广度和深度。包括课程合作、技术转移、科研合作等方面的程度
	指标 9：共同推动设计产业发展的设计创意研究机构、投资方向、研究机构的数量	设计学院、创意研究中心、设计咨询机构等机构推动设计创意研究的数量和活跃程度，以及与设计产业发展的关联和对产业发展的推动作用

续表

一级指标	二级指标	释义
当地或国内的可持续活动的创意设计师群体的数量和规模	指标 10：可持续设计师人数	城市中从事可持续活动的创意设计师的数量和比例，包括但不限于可持续活动的建筑设计师、产品设计师等
	指标 11：可持续设计团队规模	城市中可持续设计团队的规模和发展情况，包括但不限于可持续设计机构、可持续设计公司等，关注其从业人员数量和团队结构
举办展览会，特别是设计展会和活动的经验	指标 12：城市内举办与设计相关主题的国际研讨会	包括设计相关主题的国际研讨会的数量和参与的专业人士的规模，同时国际研讨会的前沿性、讲座演讲的专业性和讨论的深度，是否能吸引和促进设计领域内的专业人士和学者参与
	指标 13：城市内举办与设计相关主题的设计展览会	与设计相关主题的展览会的数量和展览面积，以及举办设计展览会的组织能力和影响力
	指标 14：定期（月/年）举办设计博览会，设计行业的公司展示最新产品和服务	城市定期举办设计博览会的频率和持续性，博览会上展示的产品和服务能否反映出设计之都在推动设计领域发展中的作用
为当地设计者和城市规划人员提供利用当地资源、城市环境和自然环境等活动的机会	指标 15：设计资源利用机会	对城市当地特色文化和历史遗产的挖掘与保护、当地材料和工艺的应用与创新、当地人才和社区参与设计活动等
	指标 16：城市环境活动机会	街头艺术展示与活动、城市规划与设计竞赛、城市更新与再生项目的参与等
	指标 17：自然环境活动机会	公共景观设计与建设、自然保护与可持续发展项目的参与、自然资源的利用与保护等
设计推动的创意产业	指标 18：设计推动创意产业的规模和发展情况	设计产业的经济贡献、从业人员数量和增长趋势、设计企业和机构数量等
	指标 19：设计领域内容	城市在不同设计领域的内容和创新性，包括但不限于建筑室内装饰、纺织品时装设计、珠宝装饰品设计、交互设计、城市设计和生态环保设计等方面

通过深入分析和对比 19 个二级指标，可以更全面地了解各个城市在设计方面的现状和潜力，以及与国际认可的创意城市的差距。这样的细化分析将为制定更加具体和有针对性的政策提供重要的参考。在下一步的研究中，将根据这些二级指标，结合山东省内各大城市现状进行更加细致的比

较和分析，探索如何创建“设计之都”和进一步提升设计软实力的有效途径。后续研究也将密切关注国内外创意城市网络的发展动态，不断优化和完善本文的相关指标体系，以更好地服务于山东省各城市未来的发展，以及设计软实力的整体提升。在此基础上，结合文本数据分析，今后可以持续将18个主题与19个二级指标进行对接，通过对接数据与模型，进一步找出山东城市设计软实力发展建设不足之处，以及结合创意城市网络的经验，找到今后的发展路径。

四、提升山东城市设计软实力的策略

在提出具体的提升山东城市设计软实力的相应策略之前，首先要明确此策略是在当前城市化进程加速、城市间竞争加剧的背景下提出的。为了提升山东各城市的整体形象和竞争力，实现可持续发展，需要重视城市设计软实力的提升。而此策略的目标是提高城市的美誉度和文化魅力，增强城市的凝聚力和活力，打造宜居宜业的城市环境，推动城市经济、社会和文化的全面发展。

因此，在本文研究结果的基础上，结合能够反映山东城市设计软实力发展现状的18个主题与19个二级指标，形成主题与涵盖指标分析表（见表4）。

表4　主题与涵盖指标分析表

组别	主题组类别	对应主题	涵盖指标
1	人才培养与品牌活动	topic 4、topic5	指标12、指标7
2	行业与产业	topic 8、topic10	指标1、指标2、指标9、指标12、指标15、指标18、指标19
3	教育与科研	topic 1、topic9、topic14	指标7、指标8、指标10
4	城市的设计资源、人文资源、自然资源	topic 0、topic3、topic6、topic16、topic17	指标2、指标15、指标16、指标18、指标19
5	展会与服务	topic 2、topic7、topic11、topic12、topic13、topic15	指标8、指标13、指标14、指标15

通过分析表4，在“人才培养与品牌活动”“行业与产业”“教育与科研”“城市的设计资源、人文资源、自然资源”“展会与服务”五个方面找

到目前山东城市设计软实力提升过程中的欠缺点，以及提升路径。

第一，在人才培养与品牌活动方面，主要表现为已有部分城市定期开展与设计相关的主题国际研讨会，以及在学校、课程、培训讲座、科研等方面着手进行发展；但在城市或区域设计人才数量、设计团队规模等方面仍有待提升，山东需要通过进一步加强教育和构建培训系统，提高城市设计人员的专业素质和能力。通过建立设计创新中心、吸引优秀设计团队和人才、举办城市设计竞赛、提升城市设计的品牌形象和知名度等方式和举措，促进展会、博览会、产品与服务的良性循环发展，进而提升城市设计软实力。

第二，在行业与产业方面，山东目前在设计规模和发展、建筑室内装饰、纺织时装、珠宝、智能交互、城市、生态环境等多个方面均有涵盖，设计领域较广，但正是由于涵盖的设计领域较广，致使城市设计软实力提升上的设计资源应用略显不足。另外，目前虽然山东在多元设计产业体系方面已经开始着手构建，但在特有设计产业发展上仍然未形成一定规模和特色；在实习与就业岗位的增加上仍然未能够满足市场需求。虽然山东现有一定数量的城市设计相关研究机构，但产学研合作的开展尚处于起步阶段，在促进教育与科研上收效甚微，而教育与科研相关机构的建设又是推动行业与产业发展的关键，目前尚未能形成良性循环。因此，山东在行业与产业发展方面，可以通过尝试推动城市规划和设计行业的发展，加强与国内外同行的交流与合作；引导和鼓励企业加强技术创新，培育具有国际竞争力的城市设计产业；发展绿色建筑和智能化城市设计，提高城市的可持续性和宜居性。

第三，在教育与科研方面，虽然山东目前在设计相关高校、课程改革与建设、培训讲座、科研方向、科研机构建设等方面均有建树，但仍然尚显薄弱，其培养的设计人才数量仍然有待增加，而增加的设计人才数量、设计团队规模则需要行业与产业、展会与服务等方面进行协同配合；只有增加设计主题国际研讨会、设计主题展览会、设计博览会，扶持多元设计体系的构建进而形成一批批设计类相关企业，拓宽行业与产业发展面，才能进一步增加实习就业岗位，满足山东设计领域的产学研合作需求，进而推动教育与科研全面发展。另外，可以通过政策扶持，加大资金投入，加强高校和科研机构在城市设计领域的学科建设和研究。鼓励企业与高校合作，共同培养城市设计人才。引进国际先进的城市设计理念和方法，结合山东本地实际情况进行创新发展。

第四，在城市资源方面，山东需要从设计资源、人文资源、自然资源三个方面着手。将传统元素与现代设计融合，借助先进的科技手段，充分挖掘和整合城市现有设计资源；合理利用土地资源，优化城市空间布局，提高城市的设计品质；保护和传承城市的历史文化，加强文化设施建设，丰富市民的文化生活。营造具有特色的城市景观，提升城市的形象和魅力。发挥山东作为孔孟之乡的文化优势，以弘扬传统文化为目标，通过设计提升城市文化软实力；遵循自然规律，充分利用山东各城市的自然资源，提高城市的生态效益。另外，推广山东全境绿色出行，在倡导低碳生活、建设生态宜居城市的基础上，合理规划城市绿地系统，将自然元素融入城市设计，提升城市的品质和吸引力。

第五，在展会与服务方面，山东会定期开设全国或全球范围的设计主题展览会、博览会；但目前山东在各类展会与服务的基础上，并未很好地与人才培养、品牌建设、产学研合作、特有设计产业构建进行有机结合，缺少设计资源、人文资源的二次整合。因此，需要进一步利用会展等平台，展示山东城市设计的优秀成果和理念，加强与国内外的交流与合作。发展城市设计咨询服务，为企业和政府提供专业的设计建议。通过优质的服务，提升山东城市设计的知名度和影响力。

只有结合上述问题及分析，才能找到山东城市设计软实力全面提升的发展路径，为城市的繁荣和发展提供强大的支持和保障。在山东城市设计软实力策略的具体实施方式上，主要可以从以下几个方面着手。

（一）加强政策引导、注重城市规划，完善管理机制

在加强政策引导方面，政府应出台相关政策，支持城市设计软实力策略的实施。建立跨部门协同工作机制，统筹规划资金、土地等资源，为城

市设计提供必要的保障。进一步加强城市之间的合作与交流，通过分享经验、资源共享和协同发展等方式，持续推动城市设计软实力的提升。同时，在设计与创意发展相关层面，山东还可以加强城市管理的法治化和规范化，制定更加严格的城市管理条例，提高城市管理的水平和效率。在加强城市规划和建筑设计方面，由于城市规划和建筑设计是城市设计软实力提升的关键，需要更加注重城市规划和建筑设计的整体性和协调性，突出城市的个性和特色。同时，山东还可以注重建筑设计的环保和节能，推广绿色建筑和可再生能源的使用，提高城市的可持续发展能力。

（二）增强城市创意产业发展活力

创意产业的发展是提升城市设计软实力的核心。通过优化创意产业的政策环境、加强人才培养和引进、加大金融扶持力度等措施，推动创意产业的发展。可以引进和培养具有国际视野和创新思维的设计人才和团队。加强与国内外知名设计机构的合作与交流，提升山东城市设计的整体水平。此外，山东还可以将创意产业与旅游业、文化产业等其他产业融合发展，通过举办创意设计展览、艺术节等活动，吸引更多的游客和投资者。另外，还可以利用国内外市场的环境变化，把自主发展与对外开放结合起来。使各种创意设计行业能够进行广泛的国际合作和技术引进，从而逐步引导具有自主知识产权的产品和服务蓬勃发展。但需要注意的是，在推进城市创意产业全面发展的同时，需要进行有效的创意产业分类，可以依托数字化信息，设计与创意相关的数据等进行城市创意产业分类，根据创意产业的不同类别的特点有的放矢，最大化创意产业的发展动力和发展路径，形成良性循环。

（三）推进数字化和智能化城市建设

数字化和智能化是未来城市发展的趋势。加强数字化和智能化城市建设。通过建设数字化城市管理平台、智慧交通系统、智能安防系统等措施，提高城市的治理能力和服务水平。同时，还可以鼓励企业和市民参与数字化和智能化城市建设，推广数字化服务和产品，提高城市的信息化水平。

另外，搭建数字化服务平台，通过全域的数据调研和统计，将城市文化、创意产业、创意设计等内容数字化，并形成相关数据，建立以城市设计软实力为核心的数据化体系，可以有效进行实时数据监控，也可以进一步发挥各级政府部门的主导作用，在为政策制定和实施提供数据支撑的同时，培养可以对城市设计软实力提升状况的持续关注与相关信息实时掌握、评估的能力。

（四）营造宜居宜业的城市环境

宜居宜业的城市环境是城市设计软实力提升的重要因素。山东应注重城市环境的营造和改善，根据城市的历史、文化、自然环境等特点，打造特色城市空间，例如通过打造具有地方特色的公共空间、建筑、雕塑等方式，提升城市形象。另外，可以通过加强城市绿化、公共设施建设等措施，提高城市的宜居性和舒适度。同时，山东还可以鼓励市民参与城市环境的维护和改善活动，提高市民对城市的归属感和认同感。

（五）加强校企合作与公众参与，构建评估与反馈机制

要大力开展与创意设计相关的教育活动，鼓励创意设计企业、协会或其他非营利性机构与学校合作，共同培育或新建相关特色学校和院系，在不同层次的学校中进行文化创意、创意设计、创意产业等相关知识的传授和能力的培养，形成层次化教育。为提升城市设计软实力进行多元化、多层次的人才培养，充分利用教育层次化，形成新型人才培养模式。进一步强化企业合作，鼓励企业与高校、研究机构等开展合作，推动产学研一体化发展。通过企业孵化器、创新园区等方式，为企业提供良好的发展环境和政策支持。同时，推动公众参与，加强公众宣传教育，提高市民对城市设计的认知度和参与度。鼓励市民参与城市规划及设计活动，以提升市民对城市的归属感。举办市民论坛、听证会等活动，充分听取市民的意见和建议，推动城市设计的民主化和科学化。另外，构建评估与反馈机制也较为重要。建立城市设计绩效评估体系，对策略实施的效果进行定期评估和反馈。针对评估结果，及时调整和完善策略内容，才能确保策略的有效实

施，确保山东城市设计软实力的稳固提升。

五、结语

本文通过对山东城市设计软实力进行研究，构建了城市设计软实力模型，并形成了提升与发展路径。在现代城市化进程中，城市设计软实力已成为城市文化软实力发展与提升的重要组成部分，也是文化软实力的关键组成部分。提升城市设计软实力对于推动城市可持续发展至关重要。通过运用城市文化资源，建立以提升设计软实力为中心的城市文化网络，可以有效推动城市的可持续发展。对于山东城市而言，通过实施提升对策与探索发展路径，可以整体提高山东城市设计软实力的水平，促进城市可持续发展和提升城市综合竞争力。本文的结论可以为山东城市的未来发展提供有益的参考和借鉴。

参考文献

[1]陈寅．创意影响力:2013 中国深圳设计之都报告[M]．深圳:深圳报业集团出版社,2013.

[2]胡闻曦,王军,秦梦丽．基于文本分析的创意设计产业政策量化比较研究:以中国设计之都为例(2006—2021)[J]．艺术设计研究,2022(4):68 – 74.

[3]吴持中．上海:建设世界一流“设计之都”[J]．中华建设,2022(3):20.

[4]王晶．对哈尔滨创建全球创意城市网络“设计之都”的研究:基于深圳经验[J]．学理论,2022(8):80 – 82.

[5]冯玲,郑宇,王方．全球创意城市网络:国内外“设计之都”发展态势[J]．天津经济,2022(6):3 – 10.

[6]胡闻曦．结合 PMC 指数的中国设计之都政策文本量化研究[J]．设计艺术研究,2023,13(4):151 – 155.

服务设计视角下创意人群与城市创新空间交互发展研究
——基于济南579空间调查数据的分析

李红梅 解晓美[①]

一、引言

创意人群从大众创新潮流中产生，不断发展成为我国创新创意的中坚力量，习近平总书记在党的十九大报告中明确提出“建设知识型、技能型、创新型劳动者大军”，这进一步凸显了创新、创意人才在产业、城市和国家发展中的核心驱动力作用[②]。现如今，许多城市已经认识到创意人群的重要性，并且通过推行新政策、建立城市创新空间等吸引创意人群聚集。而城市创意空间作为吸引创意人群聚集的基本动力，也是承载城市创新文化服务，以及价值导向活动的空间载体，目前其仍落后于创意人群的需求，由于过于迎合创意群体，追逐新的消费特点，强调颜值、时尚的设计感和功能的新潮感，所以展现出来的娱乐属性是大于文化性能的，文化识别能力

① 李红梅，济南大学美术学院环境艺术设计系主任、副教授、硕士生导师；解晓美，济南大学美术学院硕士研究生。

② 李海东，唐沿源，熊恒庆．创意阶层研究的知识图谱可视化分析[J]．江西科技师范大学学报，2020(1)：65－79.

较弱，价值导向模糊，具体表现在导视界面、入口路径、空间组合序列等空间服务设计的缺乏上。鉴于此，本文结合对济南579百工集文化创意空间的调研数据分析，从服务设计的角度，系统捕捉创意人群的核心需要，分析群体需求数据，根据对使用人群的服务触点分析和场景更新化等因素进行拆解重组，从而尝试探索形成精准定位的城市创新空间服务设计的策略，为创意人群的学习生活和就业提供空间，以及对城市创新文化发展提供系统化的设计策略。

二、研究基础与背景

（一）研究基础

1. 有关创意人群特征的研究

在理查德·佛罗里达（2010）的《创意阶层的崛起》一书中，从人力资本角度出发，提出了创意阶层理论，首次梳理了创新型经济中重要的人力因素。究其本质，创意人群就是不断创造新方式的群体。展现创意阶层的聚集是创新经济时代发展的重要推动力。所以在创新时代，这些有创新、创造能力的人群已经成为炙手可热的新兴群体，并产生了巨大的经济价值，获得了大量的社会关注①。由于我国的历史和社会体制的影响，阶层分析较为敏感，因此国内对创意阶层的提及甚少②，但当下我国众多学者研究探索倾向于创意人群，并且他们形成了具有中国特色的创新特征。创意人群是我国实现新型城镇化转型的核心推动力，党和国家也高度重视创意人群的发展需求。作为创意群体，他们具有思维活跃、创新力强，以及对潮流的敏感和对时代的精准把握等特点，已成为社会实现、文化自信、文化传承、文化创新及文化共荣的主力军。而创意人群也在不断探索时代的可能性，如通过可持续发展理念，更新或改造老建筑空间。为文化自信和传承注入

---

① 蒋阳，张京祥，张嘉颖．创意人群与空间互动的场域：对城市创新空间本质解读[J]．城市发展研究，2022，29(9)：100－107，117.

② 张紫霄．创意经济时代中国创意阶层的特征初探[J]．经济师，2017(9)：177－178，180.

新的活力。因此创意群体具有文化性、多元性、创新性等特征，并且具有对创新空间的多元性进行创造性完善的能力。当前，科技的迅速发展促使网络世界更加多元，使得创意人群享受虚拟世界带来的美好和便捷的同时会出现过于沉浸虚拟而无法自拔、自身发展停滞不前等情况。所以，应促使创意人群富有活力，激发他们的兴趣，使其积极参与社会创新创意活动，从而进一步促进创新型经济的发展。创意人群活跃的思维以及对世界多元化的看法，通过各种方式表现出来，展现出创意文化的发展潜力。创意人群具有前瞻性、多元化以及文化继承性等，不仅对创新型经济至关重要，同时对传统文化产业也具有重要的作用。当前，城市对于创意人群的政策支持可以展现出创意群体的核心地位，同时也在不断探究群体更大的魅力。

2. 有关城市创新空间的研究

随着城市发展的创新转型，城市创新空间作为创意人群表达创意的主要载体也在不断发展。城市创新空间作为一种新的城市空间类型，其实是城市创新型转变下，以人力资本为核心，进行学习、生活以及再创造等技术与知识的生成聚集活动的空间，并产生一定经济活动的场所①。在空间形态和组织上，展现出一些新的特征，如将开放式、多元共享的理念运用到空间组织上，更受到创意人群的青睐。城市创新空间根据不同的标准，分类也不一样。本文主要沿用两大类型，一是基于知识型创新的创新空间；二是基于技术型创新的产业型创新空间。它们都以创新研发、学习交流为主导，以创新知识活动为主要内容，在空间形态和组织上，也展现出一些新的特征。据调查，以往学者对创新的空间研究多聚焦于科创小镇以及创新产业园，以群体需求为核心进行产业创新空间的建设。如那慕晗、边博文（2022）以杭州未来科技城为例，概述创新生态系统理论的架构和逻辑，通过空间治理方式的精细化、要素配置的交互，以及人文化三类的空间特征，推导出一系列优化对策，探索适用于创新产业空间的科学化规划道路。

① 唐爽，张京祥．城市创新空间及其规划实践的研究进展与展望[J]．上海城市规划，2022(3)：87－93.

随着创意人群对文化和时代理念等的不断探索，其更倾向于多元文化开放式空间，城市创新空间也多贴近于具有历史交汇意义的文化内涵区域，如多元潮流聚集地、历史街区、文化创意园等①。如王梦琪（2018）对创意街区多元化价值表达与空间活力研究中，肯定了创意街区对城市创新空间的重要性，结合文化空间、业态行为等相关的活力提升策略，对空间活力要素综合分析，进一步创新文化街区。由此可见，城市创新空间建设易于吸引创意人群聚集。需要关注人群核心需求以及重视人群主导性，关注创新精神与文化的重视等，进一步完善城市创新空间。当然，城市创意空间建设也需得到政府的支持，由此空间类型的实践成果也逐步丰富，对城市发展创新型经济起到了推动性的作用②。

3. 有关服务设计的研究

20 世纪 80 年代肖斯塔克在管理与营销层面提出服务设计的概念，指出通过系统的服务流程管理来提高服务效率和利润率。1991 年比尔・霍林斯夫妇将服务设计引入设计学领域。Polaine、Lovlie 和 Reason 在服务设计原理的基础上，将理论与实践联系起来。2004 年，伯吉特・玛格成立了第一个服务设计的行业协会即全球服务设计联盟。2005 年，美国设计公司 IDEO 也将其纳入了该公司的设计范围，并为客户提供横跨产品、服务与空间三大领域的设计服务③。2014 年，Correa、Sergio 发文阐述博物馆和文化环境中的服务设计成果。2023 年，Strokosch、Kirsty、Osborne 和 Stephen 结合实证研究公共环境中的服务设计。由此看出，国外学者将服务设计引入公共文化空间也经历了从管理学到设计学，从图书馆、博物馆等传统公共文化空间到城市公共环境，从理论研究到设计实践验证的过程，这样的经历也同样适用于我国。据研究，我国学者多聚焦图书馆、美术馆、博物馆等传统公共文化空间的服务设计，如徐越人（2014）、朱荀在等（2018）基于用户

① 那慕晗，边博文．基于创新生态系统理论的创新区规划路径研究：以杭州未来科技城为例[J]．城市规划，2022，46(4)：7－20，53.

② 王梦琪．创意街区多元价值表达与空间活力研究[D]．合肥：合肥工业大学，2018.

③ 高颖，许晓峰．服务设计：当代设计的新理念[C]//设计学研究(2015)．北京：人民出版社，2016：170－180.

行为、服务路径和模型检测的方式来研究图书馆服务设计。其他学者如董光芹、易盼盼、史岩芬等分别从公共文化空间服务设计的多元类型、多元评价及价值共创等方面展开研究。

当然，还有专家学者强调服务设计中“人”（服务接受者/提供者）的重要性。如王也、辛怡佳（2023）提出系统与服务是当前设计实践研究的热点，强调人的思想与情感需求影响着空间系统的塑造和感知，指出以功能为目标的传统设计实践与各要素之间产生了协作但与整体不协调。而徐延章（2021）从用户体验出发、结合人工智能等新技术，构建智媒时代公共文化服务蓝图，结合新技术进行用户画像、资源建设、服务交互、信息设计和感知体验等公共文化服务蓝图智慧支持设计。

综上，无论是服务设计转向创新公共文化空间的发展历程，还是服务设计强调以“人”的需求为主体的设计本源，以及结合时代大背景的智慧服务设计研究，都为本文从城市创新公共文化空间服务设计源流、服务主体及时代背景的认知上奠定了坚实的基础。本文基于对创意群体需求的城市创新空间服务设计的研究，是对城市创新空间所孕育的创新精神价值塑造和城市文化传承的有益探索。

（二）研究背景

1. 概况分析

济南579百工集文化艺术园地处济南市历城区华龙路579号，改造前是济南市东部最大的旧货和建材交易市场，也是历城区最大的零工集散地，总建筑面积约8万平方米。紧邻CBD中心商务区，周边有居民区和学校，交通便利。改造项目计划共分三期来完成，第一期规划约3万平方米，历时近两年的优化升级，除宠物花鸟水族市场保留外，其他建筑都经过内外重塑，主体建筑由红砖建造的老厂房构成，加上裸露的旋转楼梯及重型机车，具有强烈的年代感。园区空间划分为餐饮、娱乐、办公、美术馆、公园等多主题，涵盖了手工木作、剑道、健身、戏剧、音乐、舞蹈等多种活动形式。成了济南创意人群聚集的网红打卡地，也会集了设计师、画家及各类运动如机车、飞盘、滑板、游泳、篮球、橄榄球等爱好者，为他们提供相应的场地和配套设施，旨在满足不同圈层文化及个性群体的需求，是潮流文化汇集地，也是济南首次在发展本土文化的基础上尝试打造亚文化特征。为了推动创新产业发展战略，济南于2020年发布了《关于在新旧动能转换中做大做强文化产业的若干政策措施》，提出“鼓励建设集合文创商店、特色书店等多种业态的消费集聚地”，并给予一定的补贴。并且在园区内也有实际的政策扶持，如在园区建立工作室，四年内租金免费等一系列优惠待遇吸引创意人群聚集。但目前579百工集文化园区也存在着一定的问题，如空间组织不明确、导视基础设施亟须完善等，需要进一步的探索和改造。

2. 困境及影响

本文依据服务设计理论确立了对579百工集文创中心的导视系统、公共艺术、空间功能及文化特征等方面的调研问卷选项，见表1。选择年龄在18～25岁的创意群体进行满意度问卷调研。通过问卷调查发现，该创意群体由78.2%的在校生、5%的自由职业者、10.9%的普通职业者、2%的政府机关人员和专业人员及1%的普通工人组成。其中，有85.3%和87.3%的受访者对园区的公共艺术及复合空间功能持满意态度。有36.3%的受访者对579百工集文创空间导视系统持积极印象，但35.3%的受访者对其持有一般态度，32.4%的受访者对该空间所表现的文化特征持一般态度，并没有特别强烈的印象。其中4.9%认为难以发现其导视系统。另有67.6%的受访者表示希望该空间能满足其休闲娱乐的需求，28.4%的受访者希望能满足学习的需求，2.9%的人希望能满足其工作的需求，1%的人选择除以上三点之外的其他需求。由此看出，尽管该文创空间有新潮的复合性功能，能满足创意人群的休闲娱乐需求，但是难以满足人群就业、学习在内的多样性需求。同时，该空间强调亚文化特征，虽涉及运动、餐饮、娱乐等多类空间，但是界限模糊，缺乏系统性设计，难以精确服务创意群体，也直接影响了人群的多样性选择，使空间功能直接缺乏系统性连接，空间分布与文化价值出现不匹配的现象，从而缺少体验感，影响游客对579百工集文创空间的整体评价与感知，也会对该空间的管理造成一定的影响。

表1　济南579百工集文创空间服务设计调研

问题	选项	回答人数	占比/%
579 百工集入口空间标识系统识别性	极易识别	55	27.5
	易识别	61	30.4
	一般	78	39.2
	难识别	6	2.9
	极难识别	0	0
579 百工集出口空间标识系统识别性	极易识别	45	22.5
	易识别	65	32.5
	一般	82	41.0
	难识别	4	2
	极难识别	4	2
579 百工集空间导视系统识别性	极易识别	73	36.3
	易识别	45	22.5
	一般	70	35.3
	难识别	10	4.9
	极难识别	2	1
579 百工集空间内文化系统的识别性	极易识别	45	22.5
	易识别	73	36.3
	一般	65	32.4
	难识别	13	6.9
	极难识别	4	2.0
579 百工集出口空间价值导向系统需求	休闲娱乐	135	67.5
	工作	6	3
	学习	57	28.5
	其他	2	1
空间内公共艺术系统的关注度	高关注度	171	85.3
	低关注度	29	14.7
空间的复合功能系统的关注度	高关注度	175	87.3
	低关注度	25	12.7
调研空间的服务系统反馈	完善	133	66.7
	欠缺	67	33.3

三、济南 579 百工集文创空间服务系统影响因素分析

（一）服务触点分析

在分析问卷满意度及深入访谈两种调研数据的基础上，结合用户在进入空间前、进入空间时及离开空间的体验路线，将 579 百工集看作由入口、主要界面、室内空间等构成的空间服务系统（见图 1）。其中，具备不同功能的空间比如特色餐饮、文创商店、美术馆、特色咖啡店等也构成了整个服务系统的子系统。同样，每一个服务子系统也都由出入口、主要界面、服务功能、服务反馈等包含物理触点、人际触点及数字触点的元素组成。为了增强创意人群的体验感，了解 579 百工集各服务触点的分布情况，着重研究各服务触点创意人群与空间的交互性设计。按照用户进入空间前、进入空间时及离开空间后的使用阶段初步确立用户目标，通过行为描述来分析 579 百工集不同使用阶段的服务触点状况，具体框架如下：①进入空间前：首先，用户有获取空间基本信息和初步制定行程的行为需求，需要通过空间网站、App、微信小程序及网络社群等数字服务触点对 579 百工集文创空间有初步的了解。其次，用户希望有识别性较强的文创入口空间。需要有文化特征鲜明的入口、导视、空间界面及相应的服务设施等物理服务触点设计。最后，配有能提供咨询服务或者青年志愿者服务的人际服务触点才能形成进入空间前的服务体系。②进入空间时：用户有观看导览图、寻找特色文化空间的需求，有空间功能明确、文化氛围强、娱乐性强的空间需求，也有参与互动体验和文化消费的需求。与之相匹配的物理服务触点是有序的空间组织，配备完善的休息和服务设施，并能提供人员服务。能够查阅电子导览图、文创产品的线上网购、游戏及展览数字服务触点。③离开空间后：用户有对空间内评价、反馈及售后的需求。有描述寻找出口、乘坐交通工具及网络分享的需求。空间内有标识出口、特征鲜明的导视系统的物理触点，可进行交通服务满意度回访的人际服务触点，以及有能获取 579 百工集空间实时信息的创意网站或者微信公众号等数字服务触

点。由分析可见，济南579百工集文创空间各使用阶段的服务触点相互独立，呈现不均匀分布，存在彼此之间缺乏联系、系统性不足、交通组织不明确、文化属性不强、用户需求得不到满足等一系列问题。本文基于服务触点分析研究，直面服务痛点，提出更加系统化、整体化的空间创新完善策略。

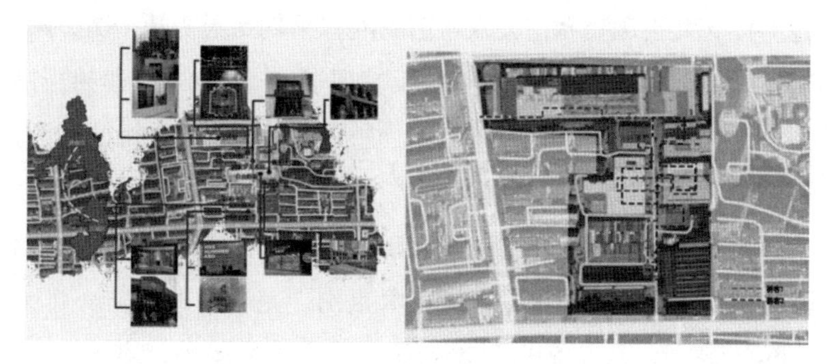

图1　579百工集区域动线图

资料来源：笔者绘制。

（二）服务痛点研究

为了精确捕捉579百工集空间中影响年轻用户服务体验的具体环境要素，结合系统耦合数据及用户体验旅程图，分析创意人群对空间不同使用阶段中的目标和行为需求特点，找到每个使用阶段所对应的服务痛点，有针对性地提出改进措施。从整个创意人群体验旅程表可以看出（见表2），导视系统、公共设施、空间功能和反馈服务这4项服务对用户体验偏好影响显著。分析可见，用户在进行选择时，复合型空间功能和完善的公共设施对用户吸引力较大。但是，在不同的空间使用阶段，服务痛点也较为突出。痛点一：园区入口空间的辨识率不高是亟须解决的问题。公共设施功能设计较为单一，文化识别性弱，缺乏多视角、数字化的功能设计。痛点二：园区空间的秩序感和多元化复合型功能的空间也存在亟须解决的问题。有序的空间设计引导性强，具有的多感官复合型功能可以满足青年用户多样化体验需求。秩序感强、具有复合功能的空间不仅可以提升空间的品质和舒适度，对用户的价值引导影响也较大。而当前空间的秩序感往往在设计中被利益相关者忽视，一定程度上也反映了579百工集的现状，大量空间娱乐功能突出，商业价值远远大于文化价值，导致很多年轻用户无法深度体会其他精神价值，结果往往是走马观花，回头率低。痛点三：园区空间的可反馈服务渠道不畅通。研究发现，尽管设立线上与线下两种形式来宣传园区活动，但有关反馈问题或者咨询信息难以及时搜寻、查阅或反馈。线上数据表明，579 百工集微信公众号活动内容平均 5 天更新一次，阅读量有限，可选择功能单一，寻找线上有效反馈渠道有一定难度。与服务痛点相对应的是机会点的出现。机会点一：在进入空间前，设立特征鲜明的空间标识，有意识拓展空间的服务边界，突出园区的文化特征，加强多元化合作提升用户游览体验。机会点二：在园区空间，拓展多元空间功能化，打造合理的空间秩序，突出园区公共艺术氛围，完善公共设施。机会点三：提高空间可反馈性，设立问题反馈专区，强化售后服务，增设信息查询装置，采用线上线下多元化反馈渠道。综上，空间的服务痛点也是空间发展的机会点，针对性提出相应的解决措施，有助于为空间可持续发展提出优化策略。

表 2　创意人群旅程图

使用阶段	用户目标	行为描述	服务触点			服务痛点	机会点
			物理触点	人际触点	数字触点		
进入空间前	·快速找到入口 ·文化识别性强 ·入口标识鲜明	·获取信息 ·制定行程	·入口 ·导视系统 ·空间界面 ·服务设施	·提供咨询服务 ·青年志愿者服务	·文化空间网站 ·微信公众号 ·媒体报道 ·网络社群	·标识不明 ·位置盲区 ·入口辨识率不高 ·文化识别性弱	·设立空间标识 ·拓展服务边界 ·增强文化特征 ·加强多元合作
进入空间时	·空间功能明确 ·文化氛围强 ·娱乐性强	·观看导览图 ·找寻文化空间 ·参与互动体验 ·参与文化消费	·导视系统 ·空间组织 ·休憩设施 ·服务设施	·前台服务人员 ·青年志愿者服务 ·安保人员服务 ·商家（青年）	·电子导览图 ·线上网购 ·线上游戏 ·线上展览	·空间效率低 ·空间设施欠完善 ·空间序列不合理 ·空间功能单一 ·价值导向性弱	·空间功能多元化 ·空间序列合理 ·室内空间设计 ·园区公共艺术氛围强

续表

使用阶段	用户目标	行为描述	服务触点			服务痛点	机会点
			物理触点	人际触点	数字触点		
离开空间后	·反馈问题 ·售后服务	·寻找出口 ·乘交通工具 ·网络分享	·出口标识 ·导视系统	·交通服务 ·满意度回访	·创意网站 ·微信公众号	·无法反馈问题 ·无法了解周边 ·无法找到出口	·设立问题反馈专区 ·强化售后服务 ·增设信息查询装置

四、579 百工集文创空间服务设计优化策略研究

本文结合创意人群体验流程，发现服务痛点，找到服务机会点，在借鉴国际经验的基础上，系统性提出 579 百工集文创空间的服务设计策略。

（一）进入空间前的可及性

系统化多视角标识导向设计、文化服务设施及流线设计等，从仰视、平视及俯视视角采用智能化、模块化设计。进入空间前，对于入口的标识化设计可增加主题导向性，与空间内形成整体化。并且设置系统化的多角度标识导向设计，可以使人群全方位了解空间内的变化及交通线路。通过智能化、模块化的设计，利用科技大屏，使人群可自行了解内部设计点和互动点。同时在入口处设置文化服务点及安排志愿者，并发放宣传单页、进行讲解等；如果人群流量过多，也可通过线上 App，进行预约和查看空间内部信息等，提前了解空间情况。对于宣传品的变化及空间的信息更新，都需要随着空间内的设计变化而变化。入口处的信息交流及标识设计是吸引创意人群进入空间的重要起点，也是创新空间建设的重要因素。

（二）进入空间时的可体验性

多元化复合空间形态、视听环境、光环境、界面及展陈设计、色彩、装饰与自然景观等多感官体验场景设计，“五感六觉”的沉浸式空间设计，对年轻人的参观兴趣及价值观有引导性。增加互动性创新设计，引发创意

人群兴趣及思考等，通过后续系列时新性设计，与热门IP联合进行创新互动。同时利用IP进行优秀文化传播以及创新。例如《我在故宫修文物》《国家宝藏》等优秀文化纪录片，通过线上文化传播加大空间的宣传力度，促进文化不断创新及传承。当然，更需要创意人群的主导性和互动性。如在空间中设计创新装置交通线路，设置印章打卡活动等。例如，济南大明湖景区，在黑虎泉、超然楼等著名景点都设置了印章打卡处，游客在游览美丽风光时购买纪念卡并盖章，一方面是对景点的留念，另一方面促进了类似的互动设计创新。综上，在创新空间中，不仅在公共环境中增加多元互动设计，在闭合的空间中也要具有体验场景设计，并且需要室内外系统化、有连接的设计。设计风格与主题通过设置间隔日期进行更新，增加人群的新鲜感。

（三）离开空间后的可反馈性

多样化反馈渠道设计，线上线下信息的交流融通。通过多样化的反馈渠道设计，加强创新空间的反馈性，通过线下设立反馈区以及反馈人员，不仅可以反馈创新空间设计上的不足和活动中产生的问题，以及创业人群的需要，还可以让用户的创意和主导活动进行交流和反馈。线下反馈区的建立，一定程度上提升了创意人群对于创新空间的可行主导性和多元创新性，增加人群对于空间的黏合度。线上反馈途径需要多元化，可以利用微博、公众号、抖音等App平台，也可建立579百工集创新文化空间App，设置反馈平台以及意见箱等，让创意人群有更方便的反馈渠道。同时，579百工集文化空间线上线下的交流信息等，也可通过专属的App进行获取。在离开空间后，人群能够实时在线上了解空间的创新情况，并且可以在上面发表意见，进行交流和互动。这样利用智能化网络，有效筛选创意人群的想法和需求，为创新空间建设和提高人群聚集找到高效解决办法。通过多元有效的信息交换，建设更美好的城市。

五、结语

服务设计视域下基于创意人群需求偏好对济南579百工集城市创新空间进行研究，提高579百工集文化空间服务创意人群的能力，是目前济南市创新空间重要的发展途径之一。本文基于服务设计的方法和工具来分析创意人群对于579百工集城市创新空间的需求，系统化分析城市创新空间的服务痛点，梳理创意人群聚集与城市创新空间的交互关系，进一步为城市创新空间可持续发展提出优化策略，增强创意人群与空间的匹配度，希望通过创意人群的精准需求分析，为城市创新空间可持续发展提供新的思路，引发更多的思考。

城市存量绿地更新中游憩境域的设计探索

——以我校为中心的三个案例设计

吕桂菊[①]

城乡绿地作为城市重要的基础设施之一，对于不断提升城市宜居水平具有不可替代的重要作用。

2022 年 3 月 1 日起正式施行的《济南市绿化条例》明确立法宗旨，“为提升泉城生态环境，加快推进国土绿化，推动绿化事业高质量发展，促进生态文明建设”，注重生态、景观和文化的和谐统一，突出泉城的地域特点，并结合城市更新和植被更新等措施，提高城市绿化品质。当下，如何把握城市绿色高质量发展的时代趋势，不断适应人民群众对高品质美好生活的向往，深入探索城乡绿地的内涵式发展与高品质使用及价值转化，已成为济南市城乡存量绿地发展的重要机遇和挑战。

① 山东工艺美术学院建筑与景观设计学院教授、硕士生导师，研究方向为中国古典园林现代演绎、现代景观规划设计、乡村空间更新与发展模式。

一、城市存量绿地更新的概念与相关文献研究

（一）存量绿地更新的概念

土地管理中增量用地和存量用地的概念是从资产资源管理术语中引入而来，两者在土地建设状态和产权性质上有所区别。增量用地，也就是新的建设用地，是通过农业用地和闲置土地的征用而产生的，既包括已经被城乡建设所占据和利用的土地，又包括那些没有被利用，或者没有充分利用、不合理、产量低的土地。本文认为，现有绿地是指已在使用和已建成但尚未充分使用的绿地，主要包括：公园绿地、广场绿地、附属绿地和区域绿地。本文重点关注与市民日常休闲游憩关系最为密切的公园绿地、广场绿地和附属绿地。

在城市更新的背景下，本着“尊重自然、顺应自然、保护自然”以及“天人合一、人与天调”的生态文明理念，着眼于长远规划、整体规划、特色塑造、生态修复、人与自然双赢，妥善处理当前与未来的关系，遵循城市绿色发展的内在规律，传承和发扬城市绿地特色，实现“可持续、整体、特色、生态、双赢”的目标。

（二）相关文献研究

国内外学者对城市绿地的再利用研究始于 1969 年麦克哈格在 *Design with Nature* 一书中所提出的“系统地利用生态学的方法来规划绿地”这一发展理念。自此，绿地更新问题开始备受理论界的高度关注和重视，成为诸多学者关注的热点，并取得了较多研究成果。南京林业大学和金陵科技学院的刘源和王浩等提出（“四化”）的更新思想，将孤立变为体系，将一元变为多元，将平凡变为独特，由落后变为先进，以创建现代山水园林城市、高效城市为目的，对自然与人文环境进行全方位调节，使都市的生态环境品质与都市风貌得到全方位的提升。虞金龙、施惠珠、吴筱怡指出，绿色空间的更新对提升城市的软实力、塑造地方精神具有重要的作用，探寻多样化的生态活性和艺术性的城市绿色空间，是新时期城市绿色空间更新的

需要，寻找人与自然、社会、艺术和谐共生的理想形态，是其更新的最终目的。苏州大学周婷、代梦蝶、胡炜、孙向丽（2021）提出“可持续性发展、特色性发展、生态性发展”是城市公园绿地有机更新的发展目标。这为本文的研究开拓了思路，提供了参考。

二、城市存量绿地更新的现实问题与需求机制

（一）城市存量绿化现状问题

伴随城市的发展，城市存量绿地使用主体和使用诉求均发生了改变。加之内部元素杂陈、设施老化严重、城市建设对绿地占用造成的破坏等，各处绿地及绿化环境均确有必要进行改造、更新与提升。城市存量绿地亟待改善的问题突出表现在以下几个方面：

可视性不高：城市绿地虽然具有连续性，但是由于缺少视觉上的呼应，缺少贯穿的空间，从而影响了绿地的可视性。可用性不高：现有的绿地大多是封闭的，缺少活动和娱乐设施，不能满足人们的需要。可识性不高：由于其内在要素和设施陈旧破败，缺少特色和可识性，使得既有绿地不能与周围环境相适应。

在这样的情况下，我们开始了对现有城市绿色空间的改造，尝试着在一定的总量条件下，从微观上挖掘空间潜能，提升空间绿色、品质和文化。通过一系列花园式口袋公园、校园改造等绿化工程，提升城市绿色空间的质量服务能力以及街道的整体风貌与识别度。

（二）城市存量绿地更新的需求机制

1. 城市生态环境持续改善的需求

既有绿地的更新与拆建不同，不能一味追求空间资源的价值最大化，而要以已有绿地的生态效益为前提，以可持续、健康的发展为基本约束。在更新改造的过程中，要注意保护和调整现存植被。随着人们对“城市，使生活更美好”的认识水平的提高，我们必须遵循节约资源与保护环境这

一根本政策，持续改进空间资源环境与基础设施，以满足人们对美好生态环境的需求，让济南天更蓝、水更清、地更绿，人与自然相融。

2. 市民使用层面的需求动力

通过对已有城市绿色改造工程的实践，可以看出，在改造后的区域中，面向公众的绿色空间是一种全新的、最优的绿色空间，它对整个地区的能量活化产生了“乘积效应”。今后，要从社会经济效益、建设维护成本、生态环境效益等方面对奖励方式进行适时适度的微调，以确保在更多的城市更新项目中向公众开放。

3. 区域发展层面的经济推动

随着城市化进程的推进，旧城区的吸引力日渐减弱，其发展动力也随之减弱，因此，在区域发展层面，既有绿色空间的再生利用将对区域经济产生积极的促进效应。城市绿色空间是人们感知最直观的物质空间，是更贴近居民生活需要的高质量绿色空间，是活化市中心城区的重要推动力。

三、城市存量绿地更新中游憩境域的实现方法

（一）游憩境域的解读

我国的传统园林艺术主张寓情于景、境由心生。王绍增在解读《园冶》时，指出物我混一的“入境式”与主客分离的“图面式”，是传统中西园林设计和思维方法的根本区别。阴帅可、杜雁也将《园冶》的设计思维归纳为“以境启心、以境论景、因境成景、景境互融”。杨锐更提出以“境”作为构建中国风景园林学的元概念，并阐述了“境”的四个基本特征：整体涌现性、动态性、开放性和复杂性。

游憩境域是园林基本术语，即具有良好游览、休憩、意境和生态的环境，这是对景观设计的确切描述。随着人们对环境品质要求的提高，绿地更新迫在眉睫，中国园林设计有三大智慧，分别是：从整体上，天人合一，师法自然；从文化上，通过外在物质环境表达诗画主题的意境含蕴；从使用上，通过框景、漏景、堆景等造景手法打造丰富的游观体验。继承创新

中国传统园林师法自然、诗画成境和游观体验的设计智慧是解决中国绿地更新的有效途径，概括起来便是游憩境域。具体来解读，那就是以功能问题介入，满足游览和休憩的高品质需求；以场所意境为主题，营建诗意场景沉浸式体验空间；以自然修复为底色，提升绿色和谐家园的生态价值。因此游憩境域的绿地更新强调以人为中心，为人提供新服务，彰显美好生活体验，并通过新服务场景的构建，激活绿地内在功能与活力，从而形成自然生态性、地域专属性和高端定制性的特点。

（二）游憩境域的实现方法

1. 加强存量绿地的系统性和连通性

以城市绿地为基础，构建社区内的户外游憩活动网络，并将其串联起来，构建跨尺度的绿色开放空间网络。针对我国既有绿地资源紧缺的现状，在更新过程中，要注重保护土地功能的复合性，挖掘既有土地的兼容性，并在城市更新进程中，通过土地置换、搬迁等方式，逐步实现既有土地的“公园化”，从而最大限度地增强已有绿地的连通性，进一步完善城市绿色开放空间体系结构。

2. 因地制宜保护存量绿地自然底色

“自然”是城市自然生态系统的延伸，它承载着自然万物的生长，也是体现城市的多样化栖息地和生物多样性的生态系统。在过去的一些城市绿化项目中，经常会出现大规模的拆迁和建设，将遗址的原始环境和肌理彻底抹杀，抛弃了原始地方的人文记忆，切断了地方的精神传承，让人对原始地方的记忆变得模糊不清。但是，在既有绿色空间的更新改造过程中，应充分考虑到景观是一种对各类复杂的城市活动进行有效组织的形式，“人”和“人”的关系应转化为“人”与“人”的“融合”和“互动”。当今的城市更新，更应该注意保持地方的自然背景和人文记忆，对其进行适度的微更新，并根据实际情况，实现设计的合理性和超前性，以存量空间的生态化、公园化转型为切入点，以“点—线—面”为主线，反向推进一个区域乃至全城市的生态化、公园化转型。

3. 重构区域个性，增强存量绿地吸引力

地方吸引力是人们去往该地的根本原因，在城市绿色空间的更新过程中，将场地人文历史、生态多样性、生活向往、艺术分享等地方功能有机地融合起来，通过对地方脉络的梳理，重建地域特色，重塑生活和艺术的美感，使城市绿地得以重建和重获新生，才能真正实现对现有绿地的可达性和对城市精神的认同。要保持城市绿色空间的文脉肌理，不要把场地填得满满当当，而是留有互动的余地，让地方有文化融合的可能。此外，还可以将艺术表现融入绿地的改造当中，绿化的艺术环境可以提高人们的品位，相比于室内艺术展和画展，都市绿色的公共园林艺术更贴近人们的日常生活。希望通过富有创意的“文化素描”，让城市和人们一起营造出一种空间艺术，使人们融入艺术之中，营造出一种艺术化的社会行为，向公众传达美感。

4. 渗透柔化边界，体现城市烟火味

能够让人记忆深刻的地方，就是最能打动人的地方。生活气息与市井气息的交融，可以让一个城市的绿色空间体现出该城市的价值追求。城市绿化不仅仅是为了满足生态的需要，它还是生活的舞台和表演场所。每一个元素都包含着人类，他们在这个空间里扮演着演员和观众的角色，为整个城市注入了活力，实现场所与精神的融合。生活味是指人情味、泥土味以及各种各样的生活气息，使设计更贴近广大市民的需求，比如，在城市绿地体系中融入文化艺术服务元素，体现出对人的关怀与教化，以文化艺术来陶冶人，让城市绿地成为一种身临其境的体验空间。设计上，运用灵活的边界处理技术，创造了一个完整的、开放的、全面的、和谐的城市绿色空间。将人的要素融入绿色边界，提高人的参与度，让边界“活起来”，增强已有绿色空间的吸引力，促进社会交往与集聚，只有人类的参与，才能体现出既有绿色空间的再利用价值。

四、城市存量绿地更新中游憩境域的落地实践

（一）文化与自然共享——紫薇路口袋公园更新实践

1. 更新动机

项目位于济南市长清区长清大学城大学路与紫薇路交叉口，场地面积约1500平方米（见图1）。周边交通极为便利，南侧为大学路，西侧为紫薇路。设计场地南为银座购物广场，商业繁华，西南侧为济南国际园博园，西北侧为长清大学城，人流量大，东侧紧靠山东女子学院。位于交通枢纽处的大学城街角绿地自然承担着人群休憩、景观形象、生态环境优化等景观功能，同时也有一定的大学路与紫薇路的场地记忆。通过对学生调研和人群访谈，总结场地存在以下问题：原有场地景观环境混乱、景观特色不够突出、场地记忆性弱、使用率不高等。场地植被茂密，长势较好，在设计中应充分考虑应用。口袋公园设计应把握场地空间问题和人群使用需求，应用城市口袋公园设计原则和方法，注重融入场地空间记忆，尊重场地文化，发挥路口街角空间的景观特色。该设计通过设计形式和材料，在充分考虑人群使用的条件下，对场所精神进行强化；在把控环境整体景观协调性的同时，突出口袋公园景观特色；注重场地交通便捷通达性与可游性相结合，提升景观游步道的行走体验和观景体验。

图1　公园现状图

资料来源：笔者拍摄。

2. 更新设计

（1）红砖组合，充分展现主题

将朴实无华不加雕饰的红砖进行不同砌筑组合，使其掩映在绿丛中，将“红砖的故事”娓娓道来。“红砖的故事”口袋公园以红砖景墙为主，游

憩并重，共同塑造街角口袋公园（见图2）。东侧红砖景墙以传统景窗和圆形景观门组合而成，通过传统园林的框景手法，使得口袋公园达到可游、可观的园林审美意趣。东侧景墙同样依靠大面积的竹林做漏景处理；北侧景墙结合原有场地铺装和植被条件，场地原有两棵大型腊梅树，将屏风元素融入其中。寒冬腊梅红墙——“为有暗香来”诉说着“红砖的故事”。

图2 公园建成图
资料来源：笔者拍摄。

（2）多样步道，丰富空间体验

两个主入口，一条红砖主道路连通大学路与紫薇路，在满足交通通达性的同时关联红砖支路，可游可用。主路宽2.5米，关联公园中心广场空间；支路宽1米，关联中心广场与红砖树池广场和大学路。多样的游步道串联富有变化的景观空间节点，以小见大，将小空间做精致，力求步移景异。

（3）保留植物，生态景观提升

场地原有植物长势较好，种类齐全，大部分乔木都有十几年树龄，竹林茂密、灌木葱郁。通过倚树做广场、倚竹做景墙、倚梅做漏窗、倚荫做坐凳、倚花做园路，充分将硬性景观与软性条件相结合。本着绿色的原则，注重场地绿色养护和生态性景观提升，尽量减少新硬质铺装，在原有大乔木基础上适当补充植物组团，将茂密的黄杨绿篱、小龙柏绿篱做适当优化和修剪；同时做好腊梅、大叶女贞、火棘、红叶石楠、淡竹的养护工作。

（二）文化与游憩共生——山东工艺美术学院中心景观区更新实践

1. 更新动机

项目是山东工艺美术学院景观轴线序列的尾声，东临民艺馆、孙长林博物馆，西邻体育场，北至产教融合基地，南侧连接弧形广场行政办公楼，面积约 4 万平方米。场地北侧地表杂乱，植被混乱，中部区域的高绿地率、高乔木覆盖率、高郁闭度，以及高树木密度，使得人的可达性和舒适性都很差，不存在较好景观。南部区域的交通、绿化、节点三者之间用地边界不清晰，出入口空间较为隐蔽，开放度较低，利用率较低（见图 3）。虽然周边人流较大，但是根据热力值水平，空间活力不突出。通过对空间结构、学生问卷、教师访谈进行综合分析后，我们认为场地的核心问题就是游憩境域的全面提升和优化。

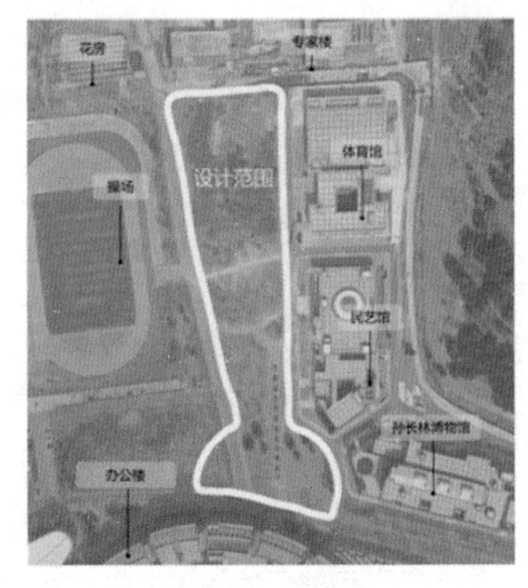

图 3　更新前鸟瞰

资料来源：笔者绘制。

2. 更新设计

（1）有机组合步道，实现空间礼仪性与趣味性

校园景观轴线从南向北依次为，学校南门（正门）、喷泉水池、鲁班锁以及本项目所在位置。鲁班锁通过核心位置、景观形象、尺度比例等因素成为景观高潮，本项目位置紧挨着鲁班锁，是轴线的最后一个序列，自然绿色与礼仪空间是场地之义，同时需要解决师生们游览散步的迫切需求。因此更新设计将人行道纳入整体设计，以道路为骨架，以规整式为主要布局形式，形成以圆形和方形为主的空间形态，增加游览线路 2000 米，设置 2 米和 1.5 米两种宽度规格，学生们时而行走在礼仪性较强的圆形步道，时

而穿梭在趣味性较强的弧形与线性步道（见图4、图5）。

图4 更新后鸟瞰

资料来源：笔者拍摄。

图5 更新后实景照片

资料来源：笔者拍摄。

（2）优化植物群落，实现空间生态性与丰富性

更新项目中极具挑战性的工作就是现场情况复杂，需要做足调研工作，在施工现场因地制宜实时指导，中轴线的项目便是如此。我们的第一步工作就是摸清植物名录，按照植物名称、规格大小、长势状况、种植位置、苗木数量等信息进行详细摸排，然后根据整体景观层次划分三大植物景观区域，最后对长势不好的苗木进行砍伐；对长势不错，但是空间视线杂乱的苗木进行移栽，按照功能需要和生态群落需要进行部分苗木的补栽，从而形成空间多样、季相丰富、具有生态效益的植物景观。

（3）凸显文化特色，塑造多样化主题的场景空间

从空间叙事角度出发，塑造多样化主题场景空间。匠心广场：同心圆为主要场地布局形式，内化“匠心独运”同心筑梦之意，外与弧形广场环形建筑相呼应，做到校园整体景观形式相统一。笔者认为“物无不怀仁”，中国传统造物思想传达着人与“天道”的关系，由中华工艺科技活字印刷术演变而来的耐候钢板字体，色彩与民艺馆相协调，上嵌文字和传统民艺装饰纹饰，形成室外民艺展示空间。工笃于精，以“为人民而设计”为使命，基于传统纹样样式所形成的景观构筑物精巧回环，切合主题为“为人民而设计”的精益求精的匠人精神（见图6）。

图6　节点设计图

资料来源：笔者绘制。

（4）丰富休憩类型，满足学生多样的空间需求

环境质量的优劣在一定程度上可以考察其能否高质量满足使用者多样的功能需求。微观上，从小型空间入手，将各种景观空间有机地融合在一起，通过小规模的干预来维持空间的模式与次序，突出各种活动空间的合理性与联系性。为满足学生留憩、学习、交流的需要，通过方形置石的加入，丰富了场地与人的互动关系，满足此处的沟通活动需要。方形景观置石，给学生们提供了一个多元化活动的空间，提高了学生与校园景观环境的交流度。

（三）文化与游憩共融——徐志摩文化山体公园更新实践

1. 更新动机

项目是以“徐志摩诗歌创作历程”为线索的徐志摩文化山体公园更新设计，位于济南长清大学城东北部的北大山南麓，西邻山东工艺美术学院，

攀登时长约为20分钟（见图7）。场地总体利用率不高，室内设施功能单一，缺少与游人的互动，让游人丧失了参与的欲望，景观无法让观众充分融入其中，人和人、人和自然之间缺少了联系，不方便进行沟通和互动。全园线路缺少文化公园应具备的文化价值要素，诗意栖居意境的人文艺术氛围也并未完全体现，仅是一座健身休闲的山体公园。通过实地勘探、问卷调查以及综合分析后，我们认为场地的核心问题是游憩境域的空间联系与文化氛围营建。

第一阶段：留学期间的志摩

时期：英国剑桥大学留学阶段
代表作品：《再别康桥》
时期特点：积极开朗、生动活跃

第二阶段：回国后的志摩

时期：回国不久
代表作品：《偶然》
时期特点：浪漫爱情、人生感叹

第三阶段：新月派创立初期的志摩

时期：新月社创办前期
代表作品：《拜献》
时期特点：坚强意志、人道关怀

第四阶段：最后的志摩

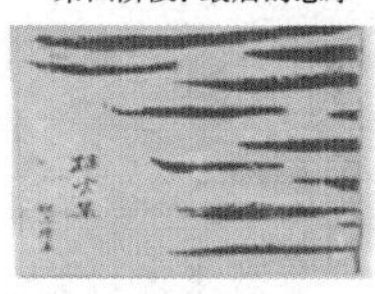

时期：新月社创办后期
代表作品：《秋月》
时期特点：磊落洒脱、闲适自在

图7 徐志摩诗歌创作的四个阶段

资料来源：笔者绘制。

2. 更新设计

（1）提取创作情感，赋予空间叙事性与场所感

我们将徐志摩的诗歌创作分为四个时期，同时对应所划分出的四个节点空间与四段游路，将每段时期的创作特点融入所对应的节点空间与游路中，使得整条路线带有强烈的故事性、叙事性与场所感（见图8、图9）。

图8 志摩纪念园结合《再别康桥》

资料来源：笔者绘制。

图9 苍翠园结合《偶然》

资料来源：笔者绘制。

（2）诗歌贯穿园路，创建诗中有画的登山步道

结合徐志摩诗词形成整条脉络导向，每一步、每一站都是对徐志摩各

阶段作品的呈现，当处于节点时让人真切感受到不同时期徐志摩想要表达的感情，并将民国色彩融入整个徐志摩公园当中，形成诗中有画、耐人寻味的山体公园景观。与此同时，沿路埋下悬疑的种子，不禁让人联想这个阶段的徐志摩为何如此？答案我们留在山顶的景观装置上，攀登至顶见分晓后，一切豁然开朗（见图10、图11和图12）。

图10 揽胜台结合《拜献》
资料来源：笔者绘制。

图11 屹云廊结合《秋月》
资料来源：笔者绘制。

图12 丰富的空间层次
资料来源：笔者绘制。

（3）锈板承载记忆，搭建宜动宜静的空间架构

山体公园的各个面积都不大，在有限的空间内，如何营造出丰富的空间层次，是一个难题。我们选择锈板与石墙作为营造空间的材料，锈板加工后易弯折，间接性的围合划分空间形态，它的灵动轻薄结合石墙的朴实敦厚，使得空间亲切自由。锈板经过机械加工后，孔洞形成漏景、框景等，弯折形成一体化的桌椅形象，满足游客可观、可游、可憩的需求。

（4）结合山体本色，保障材料耐久性与持续性

方案在场地文化主题的营造之余，也兼顾生态发展。山体公园的开发侧重点应是景观升级化，减少对于原有山体的开采与破坏，因此，设计范围主要集中在旧有人工废弃空间的基础上加以更新。锈板不仅具备前文中所提及的营造空间功能，其高强度、耐腐蚀、美观大方的材料优势，在这类存量绿地中发挥着耐久性与可持续性作用。

五、结语

以品质提升为目标的存量绿地空间转型与更新应针对区域的具体特征，基于游憩境域的设计理念，从加强存量绿地的系统性和连通性、因地制宜保护存量绿地自然底色、重构区域个性增强存量绿地吸引力、渗透柔化边

界体现城市烟火味等方面提出更新方法，以多元化的更新手段取代单一化的改造方式，将单个地块更新改造置于城市整体优化调整的大背景下，以可持续设计的理念为人们提供优质长久的景观服务。通过调研济南城市存量绿地所发现的问题，进行空间分析和梳理，保证场地内外的通达性，并注重其与周边区域的联动发展，强化游憩境域的迭代提升，在城市更新过程中分时段、分片区逐步实现城市存量绿地更新建设目标，重新塑造满足公众不同功能需求的空间。

参考文献

[1]冯姗姗,胡曾庆,李玲,等. 全生命周期视角下的闲置地转型绿地:进展及思考[J]. 现代城市研究,2021(6):93－101.

[2]李云燕,赵万民,朱猛,等. 我国新时期旧城更新困境、思路与基本框架思考[J]. 城市发展研究,2020,27(1):57－66.

[3]黄铎,黎斯斯,韦慧杰,等. 国土空间生态产品价值定义与实现模式研究[J]. 城市发展研究,2022,29(5):52－58.

[4]钱凡. 存量背景下上海城市绿地更新改造设计探究[J]. 中国园林,2021,12(1):41－45.

[5]胡诗雨,王中德,何佳栖."公园城市"理念下的城市绿地更新研究:以宜宾市兴文县古宋河两岸为例[J]. 华中建筑,2023,7(10):90－95.

[6]刘源,王浩,黄静,等. 城市绿地系统有机更新"四化"法研究[J]. 浙江林学院学报,2010,27(5):739－744.

[7]虞金龙,施惠珠,吴筱怡. 城市绿地更新中场所精神的思考:以上海北外滩滨江绿地为例[J]. 中国园林,2022,38(10):38－43.

[8]周婷,代梦蝶,胡炜,等. 基于城市公园绿地有机更新理论的城市公园更新策略:以无锡公花园为例[J]. 华中建筑,2021,9(10):87－90.

[9]张其邦,马武定. 空间—时间—度:城市更新的基本问题研究[J]. 城市发展研究,2006(4):46－52.

绿色建筑的叙事情感及设计方法建构

高云庭[①]

一、何以筑境：可持续、情感、叙事

萌动于20世纪中叶的绿色建筑经历了不断深化、复杂化的流变发展过程，大致分为生态性、绿色化、狭义可持续、广义可持续四个阶段。在吸纳了生态学、环境科学、传统自然哲学等多方面科学成果和认知理念之后，绿色建筑的概念初步形成于20世纪末期，并迅速进入了一个快速发展阶段，绿色建筑受到越来越多的关注，其设计理论和建筑实践都日趋成熟。源自可持续理念"自然—社会—人"整体平衡、协调发展的观念，已经成为绿色建筑设计的三个复合维度。绿色建筑以诗意栖居为最高人居理想，从自然观念、社会属性、人情表征三个方面，追求完满的建筑意义和环境价值。自然观念包括随境所宜、少费少污、补偿调节、师法自然四项内容，建筑不仅要尽可能地顺应自然地域环境，减少对自然资源的消耗，减少污染物的排放，保护自然环境，还应当遵循自然环境规律，具有修复周边环境和

① 东南大学艺术学院博士研究生，广东白云学院环境设计研究院院长，研究方向为设计学理论、可持续设计。

调节自然生态的功能价值。社会属性包括人性基本关怀、人伦道德责任、综合经济利益、表扬特色文化、教育引导作用五项内容，以关怀人的生理心理为起点，兼顾社会群体性的建筑环境，应是尽可能照顾到多数人身心利益和福祉的可持续设计。在节约总体成本的同时创造经济效益，在城市现代化的同时不妨碍地域、传统、民族文化的表现与传承，在给予人健康舒适的活动空间的同时传递正确积极的生态文明价值理念。人情表征包括美观的形态、心理的愉悦、情感的寄寓、高远的体认四项内容，让绿色建筑设计的指针始终指向人，让环境生态与生态社会的钟摆回落到人身上，展现人性之情感、高扬生活之光芒、营造心灵之港湾，是建筑生态环境最后的价值属性。自然、社会、人三个方面是复杂的辩证关系，自然具有基础性和某种规定性，社会规则和人的审美取向，都源于自然的状态和自然与人之间的连接、赋予、获得关系。人和社会维度的设计必须基于自然维度之上，唯有自然维度的要求满足之后，才能在这些策略上叠加满足社会和人需求的设计策略，保证建筑环境性的优先地位是三者出现矛盾或冲突时的唯一解决途径。

自然、社会、人三个方面内容的不断明确、充实与拓展，已经昭示了绿色建筑从新生事物之特殊角色走向普通性、一般性、普及化、大众化的发展趋势，自然性和人文性的完整表达是产生有意义的绿色建筑艺术的必要前提。情感属性，也即人情表征的范畴，其复杂性和广泛的覆盖程度，使之不可避免地发展并显化成为促进绿色建筑向着普通建筑发展的一个主要方面。情感性从既独立又关联自然的人本身的角度出发，是不同于生态文化的另一个着力点，它的质与量基于符合自然属性、追求自然审美、表现自然文化内涵，满足社会属性、追求社会审美、表现社会文化内涵的艺术性设计内容。情感性涉及环境和谐、人文生态、社会发展的功能实现，是设计策略与手法中潜在的软质因素，以转化、承载、含藏、触发、连接的方式存在着。在绿色设计中用艺术的手法使建筑赋有情感，一直是有效的建筑创作及空间营造方法，这是绿色建筑设计从产生的那一刻起就要开始考虑的发展性要素，在早期的绿色建筑形式——生土建筑、覆土建筑、地域气候性建筑、节能建筑、有机建筑、低碳建筑、环境友好型建筑、生态建筑等形态中都有明显的反映，在东南亚、北欧、中美洲、非洲北部、中国、中东、俄罗斯、北极地区都可以看到各种各样的精彩建筑实例。传统绿色建筑情感的丰富展现，致使即便是技术主义一派的建筑史学家们也不可否认这一发展事实。情感创造和体验的实现具有层次性与渐生性，在融注与传递两个方向上都是持续与渐进的过程，由初级的身心怡悦，深入到归属、归宿安妥，再升华到心性打开，三种意味的情感属性层层展开，依托着空间实体、文化符号、物理要素构成的技术性空间场域①②，既具有各自的独立品位，又相互关联支持，呈现出不同的审美内容，也表现出不同的情感精神及诉求（见图 1）。作为绿色建筑设计目标的高级表现范式、物化的文明内容形态，生态与人文功能的情感化艺术正在越来越多地呈现出动态性、场景性、关联性、象征性空间形态特征。

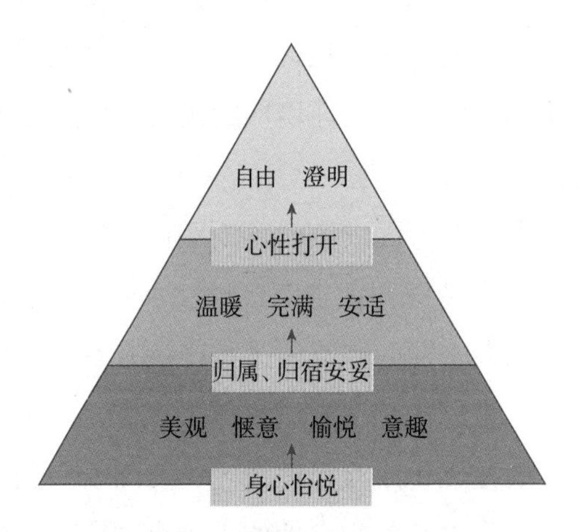

图 1　人情表征的内容关系

资料来源：笔者自绘。

产生于文学领域的叙事艺术是现代设计中的一种重要表现手法，是建筑艺术中情感价值的创构与传递方式，即通过“讲述”将情感含义散播到建筑空间中并感染在场者。会说故事的空间，借助身体移动、时间流变、

---

① 闵天怡. 生物气候建筑叙事[J]. 西部人居环境学刊,2017,32(6):51 - 57.

② 陈俊璋,汤强,陈以乐,等. 基于空间句法理论的建筑叙事空间记忆研究:以华南农业大学五山宿舍为例[J]. 美与时代(城市版),2022(2):6 - 10.

符码语言三个物理和精神动态维度，铺开、组织、集结、编排着有意义的故事。叙事方法向各领域设计的融合已是近年来的一个热点议题[1][2][3]，它可以包含空间情节、空间言说、动态意义等方面的丰富内容和复合手法，目前在绿色建筑情感化设计领域，意义及形式的叙事性表现手法尚未得到广泛的运用，抑或在恰巧、被动的运用中，并未引起相应的关注，一定程度上也没有很好地展开文化功能之语言属性。叙事理论并不是完全与绿色建筑无关的纯然独立事物，叙事建筑的理念、方法、元素与绿色策略和空间情感维度之间存在多层的深度关联性，情感产生于形象产生和故事发生的过程[4]，叙事框架的调整、情感要素的挑选、叙事内容的安排、故事背景的配合互位于其中[5]。生态化情感设计策略与叙事设计手法存在很多的共通领域，并且存在大量潜在的有待挖掘的艺术表现手法，设计者也常常会不自觉地运用到一些叙事设计手法。情感叙事必须在空间中发生，凭借着空间、时间、记忆塑造出形象感、画面感的“讲述”效应，动态的横向空间关联与静态的层深思维关联即两度空间中的叙事生成[6]。其一，基于叙述艺术的故事逻辑，将叙事节点按照时间序列性和事件因果律效应连接起来，形成有限空间中的情节，是动态的叙述手法。其二，基于情节艺术的故事逻辑，叙事节点意义的空间同时性和事件偶合律效应[7]，会促使人的感知勾连起关联想象，在无限的意向空间中，自主地创生出一段故事或产生意义叠现，是静态的叙述手法。绿色建筑艺术会派生出许多动态和静态叙事元素，以及相结合的运用方法与艺术效果，这也必将形成绿色建筑的独特魅

---

① 褚英男，孙菁芬，陈晓娟，等．叙事性设计方法在可持续建筑中的应用[J]．装饰，2021(9)：12－17.

② 侍非，高才驰，孟璐，等．空间叙事方法缘起及在城市研究中的应用[J]．国际城市规划，2014，29(6)：99－103，125.

③ 祁尧，张博．人工智能参与博物馆展览叙事的应用研究[J]．创意设计源，2022，80(2)：22－26.

④ 马修·波泰格，杰米·普灵顿．景观叙事：讲故事的设计实践[M]．张楠，等，译．北京：中国建筑工业出版社，2015：6.

⑤ 刘皆谊，杨陈婷．运用空间叙事营造场景的地下空间研究[J]．地下空间与工程学报，2020，16(3)：647－655.

⑥ 郑嘉．建筑叙事性设计探索：伯纳德·屈米设计作品解读[J]．设计，2017(18)：96－97.

⑦ 龙迪勇．空间叙事学[M]．北京：生活·读书·新知三联书店，2015：149.

力。情感叙事产生于情感和叙事之间的相互作用与彼此关系，对空间广度的占有和空间场力是叙事艺术效果的两个主要判断标准，场所及情景中信息传递所引起的交互体验和情感的共鸣，是绿色建筑的重要情感化途径。

二、物形之意境：四种情感叙事资源特征

绿色建筑本体和设计手法承载着情感属性，通过技术、形式、材质、符号、自然元素等艺术媒介，建筑与设计所固有的情感特质分属于“形”“物”“意”“境”四个方面，呈现在物与意、形与境之中、之间、之外。形之情感即感官愉悦，基于视觉快感而产生情感作用的美观形态。在形式这一基本性的承载与表现向度上，设计生成的造型、选取的材料和技术、表达的地域性都能在一定程度上赋有情感性。人工造型表现为有规律、高效能的几何型与无装饰的自然型两种美；生态材料可产生形式上的多种变化，并在质地、纹理的单一或组合结构上形成复杂样式；先进技术、一般技术、普适技术可以表现乡土、地域、传统、现代、时尚、前卫等几乎所有类型的时代美感和多种文化美感①；顺应气候、宣扬本地文化、挖掘传统的建筑即是具有地域美的绿色建筑。这四种建筑形式的表象性、审美性、文化性等使之具备了叙事的基本能力，这些形式不是固态的简单呈现，而是有着塑造、替代、诠释、阐发连续意义的生成力量。针对一个绿色建筑的形式创作，丰富的艺术形态方案存在着叙事结构与节点设定的多种可能性，绿色建筑的情感性形式是一种较为理想的叙述性艺术资源。伊甸园项目巧妙地运用蜂窝状六边形结构创造出穹顶的造型，形态上让人联想到昆虫的复眼、水中的气泡，又给人梦幻的美感，整个建筑依附于南向峭壁，栖息在山堆上接受太阳的光照，平面上完全保留了崎岖地面的初始地貌形态，道路和水系向四面八方曲折蜿蜒，这些表现手法消泯了建筑的空间束缚，很容易让人感觉已置身于大自然中，伊甸园建筑项目是对大自然有机形态的极致模仿，是建筑展现自然美的典范之作（见图2）。巴厘岛绿色学校采用当地木材和竹材，以及当地的竹结构工艺建造

---

① 高云庭．生生之境：可持续建筑的审美形态研究[J]．创意设计源，2020，71（5）：24－27.

而成，并且借用了本土的热带建筑语汇形式，将当地的各种传统资源与生态设计要求很好地结合起来，建筑组建完成后即成为一个具有审美意味的文化符号，许多游客和艺术家慕名而来，只为欣赏这座散发着巴厘岛风情的竹制建筑（见图3）。

图2　伊甸园项目

资料来源：http：//www. lvshedesign. com/archives/4104. html.

图3　巴厘岛绿色学校

资料来源：http：//www. archdaily. com/81585/the－green－school－pt－bambu/.

绿色建筑形式的载体即绿色材料，它们本身及其所构成的特殊建筑形态都具有情感意义。物之情感即具有怀旧意味的情感寄寓，在物质这一基础性的承载与表现向度上，旧建筑或年代久远的建筑、业主或使用者参与设计和建造的建筑、小面积或微型空间、具有独特价值或含义的生态材料都能在一定程度上赋有情感性。老旧建筑具有时间感、历史感，是许多事件发生的场所，并保存着居住者或使用者的个人情感、历时记忆，还可能具有乡土风情，老建筑的情感属性较为复杂，它本身就是故事，并且时时刻刻都在讲述着故事[①]；业主或使用者投入心血、精力、时间参与构想、设计并亲自动手建造的建筑，是个人精神寄托的空间，是思想意识融注的环境，是保藏生命情感的场域；面积、体量较小的建筑空间具有围合感、包被性、领有感，这种小众性与特殊性是专属情感和私密性产生的有效来源；有些生态材料，如竹、素混凝土、废弃农作物等，具有特殊的文化意义、审美属性，或寄托着主人的偏好，都是制造一段故事的良好元素。这四种建筑物态的现实性、功能性、承载性等使之具备一定的叙事能力。老建筑、自建房、意义材料能够承载和叙述故事的能力较强，小空间的叙事性相对较弱，适用域相对较窄，需要在设计过程中有意识地注入更多的故事性或环境意义。都灵文化商业中心是一个改造项目，原来的林格托会议中心是当地的地标建筑，建筑立面保持了原初的样式，楼顶的试车跑道也被完好地保留下来，在中间的玻璃会议室和小型博物馆内可对它一览无遗。这座建筑综合体是休闲生活和交流的理想场所，身在其中会不自觉地回忆起建筑的往事和它所承载的城市历史，它无时无刻不进行着文化传播（见图4）。“手提箱”住宅是一个长方形的折叠式住宅，极小的环境重叠并诠释了居住与生活的许多意图，私密性、包被感、自适感是恰到好处的，让人从心理上能自主性地把握工作、交谈、休息等行为活动，最小的资源占用，为居家生活和办公营造了一份适宜、温馨的人情意味，让在这个空间中的人能感受到环境事物中聚集的自我情感（见图5）。

形式与物质材料创生的是对建筑的感知和环境体验，即意与境的情感价值。意之情感即环境亲宜的心理怡愉，在建筑提供的空间环境感知向度上，绿色建筑的形式、材料、空间构造等所形成的适用方便、新鲜奇异、

---

① 彭朋，方海．内在的秩序：论历史街区空间研究的三个维度［J］．创意设计源，2021，76（4）：11－15.

图 4　都灵文化商业中心

资料来源：http：//www. rpbw. com/project/62/lingotto – factory – conversion/.

图 5　“手提箱”住宅

资料来源：http：//www. doc88. com/p –904857055261. html.

模糊不定、心理动势和力量感，都在一定程度上赋有情感性，它们是基于但不同于物质材料形式本体情感属性的感受性体验。在使用功能维度上的合用、舒适、无障碍，使空间环境给予人行为便利的心理审美感受；轻松、惬意的空间品质形象与氛围带给人身体与心理的舒适感；日益迭代的新技术、新结构、新形式、新材料是创造情感意象的新元素，它们的组构将会带来意外又合乎想象的新颖、奇异、玩味空间感受；某些新型轻质材料、半透明材料、生态复构空间、层叠分隔结构会带有虚幻感或神秘感；大体量的建筑自带压迫感，摄人心魄的情绪触发引导人看到人之本质力量的对象化，起伏变化、由物及己的情感体验最终在精神升华与自我认同中完成一段审美历程。这五种感知体验的内在性、非物质性、主体参与性、情节虚构性等使之具备意义创构和讲述故事的叙事能力。新奇感、未知感、力量感三种感知体验的叙事性较强，便利、舒适这两种心理感受的利用，则需有效的叙事内容强化其意义和讲述效果。上海世博会意大利馆的主结构采用了发光混凝土，这是一种透光水泥材料，其基质具有 20% 的透光率，园区中的人可以看到建筑内部的动态，馆内参观者越是靠近外墙体，其轮廓越是被清晰地映射出来，形态变化着的人影在大面的灰色发光墙体上不停地游动，远远望去，好似在观看一幕光影剧，人们在探索这一种奇特的建筑现象时，也是一段愉悦的情绪体验（见图 6）。马德里卡伊莎中心博物馆入口广场旁的临近建筑外立面打造了一个巨型植物墙，丰富的植物品种

图 6　上海世博会意大利馆

资料来源：http：//www. italcementigroup. com/ENG/Research + and + Innovation/Innovative + Products/i. light/i. light. htm.

使之已成为一个垂直花园，亲见者一定会被它所吸引，并为它的体量和复杂度感到震撼，似乎可以听到、感觉到植物墙的呼吸，最初的感官冲击会自然地转向心理冲击，在一段情绪适应后，逐渐沉浸于精神和情感的愉悦之中（见图7）。

图7 马德里卡伊莎中心博物馆入口广场

资料来源：PHILIP JODIDIO. Green：architecture now！［M］. Hong Kong：Taschen，2009.

建筑整体环境的情感体验是一个动态过程，亦是建筑体验的最后阶段和最高层次，境之情感即融合自然的生命体验，在趋向精神层面的环境体验向度上，绿色建筑的本体、空间及其环境，都可以通过精心设计而创生情感体验能量场，使人在从接触到沉浸的不同深度中产生不同的精神情感。环境的要素与气氛会给人以感染力，让人觉察到某种内容和信息的传递，给予人最初的环境情感印象；在这个持续的过程中，会感受到、意识到与环境的链接，体验与环境的对话及整体关系；优秀的情感设计能够营造和谐的环境氛围，进一步将人带向环境情感认知的深处，赋予人释然和归属的心理体认；最高级的环境体验即是超越物理空间精神，触及存在的自然状态，唤起心灵升华的意境审美感受①。绿色建筑是源于自然理念、基于自然情感的建筑，整体环境体验的自然性、感召性、境界性、超越性等，使之与生俱来地富有启发性的叙述能力和感染效力，情感饱满的四个阶段的感知效应是建筑叙事可资运用的极佳资源，但想要获得良好的效果并非易事，需要设计主体的强大创作能力，也寄希望于受众主体的思想感受力。建筑内部空间用于调节温湿的水池，若砌成不规则、自然样态的弧形边缘，在一旁堆砌具有野趣意味的乱石，池底铺上圆滑的鹅卵石，水面上支起几根清瘦的竹子，竹孔中流出的清清水流，滴落到大而宽厚的石墩上，这样的环境立刻会活跃生动起来，这种情感化的生态设计，提供给人的便是一个动态的观赏、体会、玩味过程（见图8）。伦敦的大使馆花园遗产改造建筑项目既考虑了活动空间的绿化环境，也考虑了为小动物提供生态栖息地，意欲打造一个完整的自然活动园地，综合运用了大面积的水域、水中散种的植物、长短高矮的亲水栈桥、整体性的地面植物和草坪，这个方案在钢筋混凝土的建筑环境间创造了一处观景、游憩、亲近自然、理解自然的场所，为城市生活留住了绿意，自然气息的环境透露出几分慢生活风格的自

图8　设计师齐小勇创作的室内水域景观

资料来源：http：//www.a963.com/news/2006－05/7066.shtml.

---

① 宗白华．美学散步[M]．上海:上海人民出版社,2012:68.

然时尚感，各种环境要素很自然地形成了自然对人的邀请，每时每刻都在诉说着人与自然相和谐的故事（见图9）。

图9　伦敦的大使馆花园遗产改造建筑项目

资料来源：http：//www. designboom. com/architecture/glass – bottomed – sky – pool – embassy – gardens – legacy – buildings – london – hal – architects – arup – 08 – 20 – 2015/.

三、身、情、心：叙事情感的两重层构

绿色化的适用功能和形象化的情感表达是绿色建筑物质和精神的互渗内容，空间环境形态所呈现的是人的生活方式、精神性格和审美观念等，它们都直接存在于空间体验和环境感受的关系构建中，这便是情感之于可持续建筑的特质约定[①]。建筑空间的完整性场景诠释，是通过主题、结构、节奏、手法、气氛等一系列叙述元素创造而成的，它们共同服务于建筑故事的展开，推动叙事情节的发展[②]。叙述艺术的动态横向空间关联与情节艺术的静态层深思维关联，依托一或多中心结构、路径组织的空间叙事方式与手段而完成。主要空间作为大中心，制约了空间路径的走向，其他次要

① 高云庭．觉筑生生：可持续建筑的人文之道[M]．南京：东南大学出版社，2021：125.

② 杜欣阳，许传宏．空间重构：遗址博物馆展览空间叙事性设计策略[J]．设计，2021，34（23）：117－119.

空间作为小中心，则确定了空间路径的大致线型。空间路径的线性特征同样也影响着中心节点的集中、连接、分散、转折、嵌套、过渡等布置与安排①②。绿色建筑的情感叙事也自然地存在着相应的结构关系，空间上存在单线叙事、多线叙事、三维叙事的形式，包括节点串连式、并行平铺式、主次放射式、复合嵌套式、融合互动式等③。这些叙事模式使人在“身”“情”“心”三个层面上接收、感知和体会到叙事艺术的情节魅力和故事感染力。“身”即人对建筑的直接物理感知，“情”即人对建筑空间的心理投射和情绪反应，“心”即人对空间环境心灵层面的精神体验。在意义彰显、故事创构、情节展开等一系列过程中，身、情、心是三个相互层叠的感知通路与载体，其各方面的结果是互通的，并往往会相互融合，形成整体的空间环境意象。情感叙事效用的生成需要通过接收者的“本能”“经验”“觉思”三个身、情、心层面的情感体认机制来发挥作用。本能机制指涉和依靠的是欲望的、尚美的判识功能维度，是人的深层认识的作用机制；经验机制指涉和依靠的是行为的、认知的判识功能维度，是生活的阅历见识塑造的作用机制；觉思机制指涉和依靠的是意识的、价值的判识功能维度，是主体能动性积极完善的作用机制。三者所对应的本质需求、认知结构、审美高度是叙事艺术作用层次结构关系形成的基础。

建筑情感向度的形、物、意、境之绿色叙事资源，融合于空间叙事的动态结构中。美观形态、情感寄寓、心理怡愉、生命体验作用在身、情、心三个接收层面，并同时表现出三组意义特质，一是美观、惬意、愉悦、意趣；二是完满、温暖、安适；三是自由、澄明、超越。它们并不孤立存在，而是基于身、情、心的互通性形成相互连接、相互塑造的效果，贯穿在从建筑叙事到体验情景的艺术展现过程中，与本能、经验、觉思体认机制之间存在一种于框定中动态对位的关系，通过三个作用机制触发情感的关联与发生。依据三层面的内涵和三机制的运作规律，沿着建筑生态、人

---

① 胡婷婷，丁念念，梁晶．实体书店的叙事结构探析[J]．室内设计与装修，2022(11)：122－123.

② 张振，李待宾，舒靖瑶．参与式博物馆空间叙事设计[J]．建筑经济，2022，43(S1)：468－471.

③ 凌世德，陈志聪．时间—存在：建筑叙事的建构思考[J]．城市建筑，2020，17(1)：140－143.

文生态、情感生态的建构脉络，从建筑的物象、艺理、意涵达至对身体与精神的环境关照，叙事艺术的情感作用对位与效果显现应分为三个层次（见图10）。第一层次是由身体及内在感知的感受体验，其叙事艺术的指向可定性为：绿色建筑在生态、技术、地域传统等方面可呈现出美观的形式和宜人的空间环境，给予我们视觉美感和心理畅怡的惬意感受，幽默、趣味、虚幻、神秘、震撼的意趣空间环境赋予我们情绪上的愉悦、心理上的快感，此为身心怡悦的情感叙事性表达。第二层次是由审美认知生发情感认同的心理体验，其叙事艺术的指向可定性为：绿色建筑以许多方式寄寓人的情感，给人一种“回家”的感觉，让我们在归属感中体验到了温暖、安适、自在，自然向空间环境的介入则帮助人认识到自我存在是地球自然整体之中的一个部分，在人之于自然的归隅感中体验到了生命的完整和圆满，此为归属、归宿安妥的情感叙事性表达。第三层次是基于物理信息、心理信息加工的心境体验，其叙事艺术的指向可定性为：绿色建筑的自然气息和品性能够不断地涤荡我们的心灵，给予人自由、澄明的空间环境之最高生命体验，这应当是完全相异于以往的精神的敞开和性情的解放，对生命情感的重新体认让我们的心感应、通达并体验到某种带有神圣色彩的崇高和澄明的境界，昭示和彰显人超然洒脱的畅神之境，此为心性打开的情感叙事性表达。

情感叙事在三个层次上的绿色艺术创作与情感价值生成基于不同的承载与传达方式，从叙事对位情感的作用结构转向对应的情感媒介和通路结构，同样存在身、情、心三个层面的递阶关系。与身体层面关联的叙事，主要通过建筑的物质和非物质的外在形态，这是一种实在性承载与表达，运用的是形象通道，即借助具体的建筑形态与空间形象，引起人的生理体验和心理体验，让人在空间环境的各种叙事中感受到丰富的艺术审美感情。与心理层面关联的叙事，主要通过建筑形态带给人的心理情感，这是一种虚拟性承载与表达，运用的是语言通道，即借助有形的建筑符号和无形的空间语言，这种传递既形成外在表征感知，也引发内在的精神理解，让人得以体验到更为完整的情感世界。与精神层面关联的叙事，主要通过建筑、

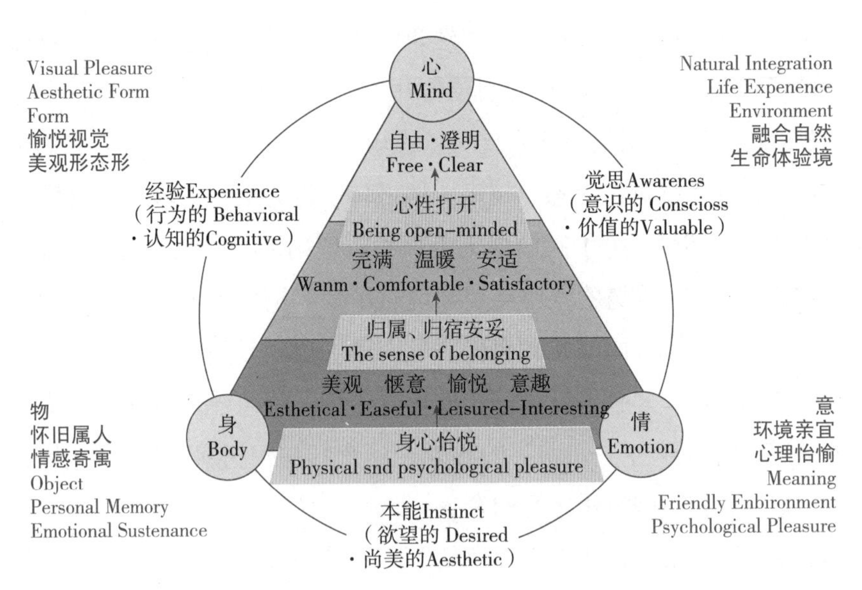

图 10 情感叙事要素的作用结构

资料来源：笔者自绘。

空间、环境整体所带给人的生命体验，这是一种亦虚亦实的综合性承载与表达，运用的是感觉通道，即借助建筑形象与建筑语言所形成的空间觉知与环境体悟，这种传递让人不断地接近生命完整的状态，并唤起诗意栖居的理想，在自我存在的重新体认中进入高维度的情感境界（见图 11）。身、情、心三个层面从外在形式之“实”，到心理情感之“虚”，再到生命体验之“真”，由外至内地从感观表象到精神体悟，由浅至深地从身心体验到心性世界，在本能、经验、觉思三个情感体认机制上相应而显，层层深入地把人从外化形象逐渐带入空间语言的含义之中。绿色建筑的情感叙述要素和情感发生层面与向度共同形成了情感叙事的两个结构层次。绿色建筑的情感叙事体验和感受方式可谓多源流、多形态、多效度，主要的叙事节点组合起多维度的情感要素，意义、情节、故事等在人的接收与认知系统中组织律动、叠构变化、生成发展，演绎着独立或静态、连续或动态的空间情感。

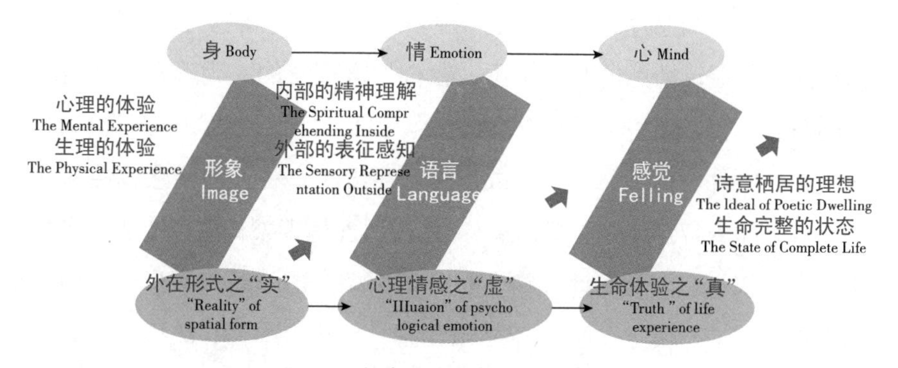

图 11　叙事艺术的情感递阶层次

资料来源：笔者自绘。

四、叙情于技艺：情感策略的叙事路径

绿色建筑情感叙事的建构依托于多个主体，设计人员是叙事编排与外化的主体；建筑本体是叙事承载与生发的主体；建筑使用者是叙事发生与达成的主体，三者共同构成叙事的主体系统①。设计者与接受者、建筑与故事、手法与内容之间都存在情感联系，这种连接是显在的，也是潜在的，必须通过建筑空间环境让设计者与接受者达成某种情感共鸣，才能实现情感的完整传递。对情感表达的目的、过程、效果的设定与把控，由针对三个主体的叙事设计内容及情感效力决定，涉及叙事方式、情感元素、传播媒介等。从生态与人文的物质、精神等层面深入挖掘绿色建筑的情感叙事属性，并整合到现有的设计方法与普适策略中，借助设计调研方式与分析工具探寻表达情感的艺术资源、空间结构、故事模式及叙述能力，并开发、整合、探索可能的创构与设计手法②③。这些具体的设计做法应当以聚焦"人的绿色活动"为逻辑起点，以历史、文化、伦理等"人文生态要素"为

① 陆邵明．当代建筑叙事学的本体建构：叙事视野下的空间特征、方法及其对创新教育的启示[J]．建筑学报，2010(4)：1－7.

② 高新民，胡子政．叙事研究的形而上学之维[J]．华中师范大学学报(人文社会科学版)，2018，57(4)：70－85.

③ 金姆·赖斯，王思怡．在博物馆中讲故事：博物馆叙事的新方向[J]．东南文化，2020(5)：186－190.

逻辑起点，以“概念性故事”的整合性表达为逻辑起点①。各种可持续性人为活动是绿色建筑情感的基本来源，融合生态理念的文明形态定义着绿色建筑的情感内容，应将不同的叙事媒介作为切入点，从各类情感视角着眼，运用概念、事件、情节、场景、故事等叙事要素，将人的情感属性和人文生态的各方面内容合理地编织起来②。用叙述性框架架构整个情感性文化内容是基本的叙事起点和设计理路，充分调用综合的建筑叙事形式，包括动态的视觉、听觉、嗅觉、触觉等感知元素，历史、事件、故事、场景、人物的重现与回顾③④，历时、多维度、关联性、潜藏性记忆的激活，象征、明喻、隐喻的建筑符号等⑤⑥，基于生态功能及形式的逻辑关联，以明确的视觉形象、具有象征意义的形态、可感知的环境要素，实现对建筑空间环境的整体描绘。

建筑叙事是将具象的空间与创作主题或思想情感联系起来的一种建筑创作和分析方法⑦。以生态可持续为本底的建筑情感叙事有三个重点关注方向：一是注重和谐环境生态的“自然性叙事”；二是注重绿色社会特征的“生活性叙事”；三是注重传统建筑情感的“建筑性叙事”。处理好建筑与自然环境的关系，抓住环境中具有感知性和体验价值的自然元素，从人的身心感受性和环境功能角度出发，围绕自然线索展开叙事，才能为人营造舒适、方便的建筑空间，绿色、生态的环境氛围，以及亲近、感受、融合自然的环境体验。厘清绿色社会在建筑上的可持续特征反映，从复杂的日常现象中析出人作为个体、群体的各种文化属性，基于生态社会功能及价值

---

① 褚英男，孙菁芬，陈晓娟，等．叙事性设计方法在可持续建筑中的应用[J]．装饰，2021(9)：12－17.

② 何修传，夏敏燕．空间叙事：博物馆展示主题的意义建构与话语体验[J]．艺术百家，2022，38(1)：178－184.

③ 拉里·布鲁克斯．故事工程[M]．刘在良，译．北京：中国人民大学出版社，2014：115.

④ 汤强，陈俊璋，陈以乐，等．历史建筑叙事空间记忆及其研究方法探析——以华南农业大学五山宿舍地段为例[J]．美与时代(城市版)，2022(3)：4－6.

⑤ 李子牧．叙事思维下的建筑设计与表达[J]．美与时代(城市版)，2022(3)：16－18.

⑥ 江依娜．中国当代景观设计“空间叙事”中的文化身份书写[J]．四川戏剧，2019(10)：53－56.

⑦ 曹国媛，曾克明．行动·组构·还原：建筑叙事视域下丹尼尔·李伯斯金的设计实践解析[J]．美术观察，2021(1)：79－80.

意义探索叙事材料，才能为人的活动、行为提供赋有情感意象的环境平台和场景条件，营造建筑的适用性体验与文化性体验。传统建筑的许多情感品质与叙事设计手法，可以为绿色建筑设计所继承和沿用，发挥历史传统文化可持续性叙事空间创构的工具作用①，运用当代叙事艺术形式展现传统建筑寄寓的情感，才能为人营造关照人的心理情感的建筑环境，从历史融合的维度给予人更为完整的情感体验。栖居之所即存在于自然性、生活性、建筑性叙事情景之中，设计中必须时刻围绕三个面向的内容展开和推进情感组织和叙事编排。情感丰盈的绿色建筑是一种边界模糊的诗意空间，为了保障空间质感体验和整体氛围体验的情感价值实现，需要一系列必要的先导性和指引性分析与锚定，并基于此组合和选择创设出交互的情境，传达出准确深刻的意义性内容的具体方法策略。

其一，形质选择、表意利用两种材料选用策略，规定着建筑的物质基础，其叙事能力源于材料的质感、色彩、文化性、情感联系等特征。Tenara茶室采用了一种透光率可达40%的新型环保面料②，薄膜上的小圆状物好像一个个小细胞，建筑形态能随环境温度变化而变化，进入这个空间就好似进入了一个生命有机体，感觉自己是寄居在一个好心肠的人的怀抱中

图12　Tenara茶室

资料来源：托马斯·卡尔马丁.TENARA.建筑织物［J］.世界建筑，2009（10）：114.

① 宋晔皓，孙菁芬.面向可持续未来的尚村竹篷乡堂实践——一次村民参与的公共场所营造［J］.建筑学报，2018(12)：36－43.

② LEE S. Aesthetics of sustainable architecture［M］. Rotterdam：010 Publishers，2011：182.

（见图 12）。日本的高柳町社区中心将和纸作为墙面材料，和纸在日本传统观念中代表着有效和舒适，扁条状的纸屏颇具日本建筑的传统感，配合着静谧的光影效果，讲述着日本人安静、内敛的文化气质[1]（见图 13）。

图 13　日本的高柳町社区中心

资料来源：http：//kkaa. co. jp/works/architecture/takayanagi – community – center/.

其二，自然光、自然风、水体、植物、声音五种自然元素策略，是创造环境自然性和空间动感的有效手法。古鲁图书馆中庭的光影投射到墙壁、柱身、地面、水面，形成奇特的蒙太奇光影效果和视觉虚幻，在层次感和秩序演变中，让人感受到时间的定向、时光的流动、宁静的智慧（见图 14）。韩国的安·德穆鲁梅斯特时装店将内部与外部空间定义为一种融合的绿色洞穴，整个建筑充满生气和活力，郁郁葱葱、生机盎然，一次购物经历，也是一次体验自然意趣的奇妙之旅（见图 15）。

其三，被动式技术、主动式技术、适宜技术、高技术、低技术五种技术策略，既可新奇也可传统，适于提供多样的空间情感节点。延安枣园绿色住区结合了传统技术和现代技术，运用传统的窑洞造型，很好地保留了当地人的生活、生产方式，使人一眼便可感知到陕北乡民的文化特色和生活状态（见图 16）。科罗拉多州公寓的南立面安装了大面积的太阳能电池板，并与市政电网相连接，多余的电力可以卖给国家电网，这些光电板同

① LEE S. Aesthetics of sustainable architecture[M]. Rotterdam:010 Publishers,2011:180 – 181.

图 14　古鲁图书馆中庭

资料来源：陆邵明．让自然说点什么：空间情节的生成策略［J］．新建筑，2007（3）：16－21.

图 15　安·德穆鲁梅斯特时装店

资料来源：http：//www. e－architect. co. uk/korea/ann－demeulemeester－shop－seoul.

时也是遮阳设施。住户每次路过看见光电板，就会猜想它可能正在为自己赚钱（见图 17）。

图 16　延安枣园绿色住区

资料来源：马丽萍，王竹．从“红色”革命到“绿色”革命：枣园绿色生态窑居的可持续发展之路［J］．中华民居，2009（2）：26－29.

图 17　科罗拉多州公寓

资料来源：Archdaily http：//www. archdaily. com/89665/colorado－court－brooks－scarpa/.

其四，自立化、可适化、集约化、开放化四种空间构造策略，通常起到框定故事结构和辅助架构情节的作用。南加州建筑学院的活动会议室能够在上下前后四个方向上伸缩，具有 24 种布局形式，为建筑提供多种叙事场景（见图 18）。智利的一个酒水小亭“美丽都”是一个开放式的小建筑，美丽都“quincho”在当地方言里的意思是用于做饭和吃饭的室外空间①，建筑从山腰伸向半空中，人们可以在信步中自由把握乘风或小歇的方式，充分地领略天空下、大地上流向太平洋的河流和连绵的山谷景观（见图 19）。

图 18　南加州建筑学院的活动会议室

资料来源：罗伯特·克罗恩伯格．可适性：回应变化的建筑［M］．朱蓉，译．武汉：华中科技大学出版社，2012.

其五，造型表现、色彩表现两种形式表现策略，具有极大的自由度，色彩设计的成本几乎为零，两者是具有灵活性的次级或补充性手段。香水森林方案由外而内采用了中国陶瓷的线条形式，纵横的陶瓷线型与垂向的植物相互交错，空间没有明确的限制，似乎正在融入自然，让人可以领略到崇尚自然的传统中国园林意味②（见图 20）。基辅的一座木质住宅，用暖色的灯光配合室内木头的颜色，强化了室内温暖感，让人联想到俄罗斯、

---

① CONTRERAS C，CORTESE T. Asadera y mirador[J]. Arq，2003，2(1)：64.

② PHILIP J. Green：Architecture now！［M］. Hong Kong：Taschen，2009：102－105.

图 19　美丽都“quincho”酒水小亭

资料来源：CONTRERAS C，CORTESE T. Asadera y mirador［J］. Arq，2003，2（1）：64.

北欧等地的居室气氛，展现的是一幕屋外大雪纷纷、屋内暖和舒适的生活场景（见图 21）。

图 20　香水森林方案

资料来源：http：//www. archello. com/en/project/perfumed - jungle.

其六，内部陈饰、周边环境营造两种环境布置策略，多数情况下用于丰

图 21 基辅木质住宅

资料来源：idzoom http：//www. idzoom. com/portal. php? mod = view&aid = 43791.

富叙事要素和安排叙事场景。马赛港口的一家杂货店用天然织物作简单的遮阳①，少许的阳光间续地投射下来，薄纱随微风轻轻摆动变换着光线，使整个空间显得多姿多彩，给人以情绪的撩拨，让人感受到生动、愉悦的气氛（见图 22）。流浪狗牌台灯由海地的失业工匠手工制作，这些生产手艺是代代相传的，每一台美观的灯具，都是在讲述一段来自另一个国度的故事（见图 23）。

图 22 马赛港口的一家杂货店

资料来源：HEYBROEK V. Textile in architectuur ［D］. Delft：Delft University of Technology，2014.

① HEYBROEK V. Textile in architectuur[D]. Delft:Delft University of Technology,2014:15.

图 23　流浪狗牌台灯

资料来源：http：//straydogdesigns. com/lighting. html.

其七，传扬文化、传达情感、“绿”经济三种旧屋再用策略，无须设计便已是故事，旧建筑也是易于加工的天然叙事文本。纽伦堡纳粹党国会大厦改建项目用长条形的钢结构横向贯穿建筑，寓意着一把尖刀刺向纳粹的心脏、纳粹意志的瓦解，在这座纪念馆中行走，会让人回想起纳粹和“二

图 24　纽伦堡纳粹党国会大厦改建项目

资料来源：https：//site. douban. com/widget/notes/18204504/note/481497554/.

战”的往事（见图24）。龚滩古镇的搬迁改造项目采用原来的建设方式和当地传统的工匠技艺，保护了原始村落的风貌，游客在这个古镇中可以感受到淳朴的民俗民风，又好像行走在另一个时空中的原始古镇（见图25）。

图25　龚滩古镇的搬迁改造项目

资料来源：http：//mycq. qq. com/t－400521－1. htm.

情感叙事的设计策略可总括为三种类型，即“质地与材料性能”的材料方法策略，是结合材料物态、质感及表达样式的叙事方法；“生态技艺与环境策略”的技术方法策略，是结合生态技术构件及环境形态的叙事方法；“空间组织与形态适应”的形式方法策略，是结合文化、功能、生态等要素创作空间原型的叙事方法。三组设计方法策略基于整体性耦合关系用于情感叙事。设计中应当基于绿色资源，充分考虑场所体验、场景文化、社会文化特征和媒介的变化、发展和交互形式的可能性，尽量避免新兴技术、异域文化符号、特殊情感符号对场所叙事性的弱化或负面影响，并发挥倒叙、预叙、插叙艺术手法较高的灵活性和独特性[①②]深入探寻情感叙事设计的策略优势与方法创新。人的绿色活动、人文生态要素、概念性故事三个逻辑起点，自然性叙事、生活性叙事、建筑性叙事三个重点关注方向，质地与材料性能、生态技艺与环境策略、空间组织与形态适应三组方法策略

---

① 刘明睿，仝晖，李磊．叙事性设计在当代纪念性建筑中的应用研究［J］．华中建筑，2021，39（5）：5－9.

② 李女仙．当代展示设计的空间叙事建构［J］．美术学报，2014（2）：100－103.

即构成了绿色建筑情感叙事艺术的实践路径（见图26）。基于绿色建筑的情感本位，详细梳理叙事设计关键要素和线索，深入挖掘设计文本叙事结构和应用模式，广泛探索具体设计策略和实现路径，并通过融合绿色技术美学的艺术手法，创构赋有讲述能力的情感建筑。

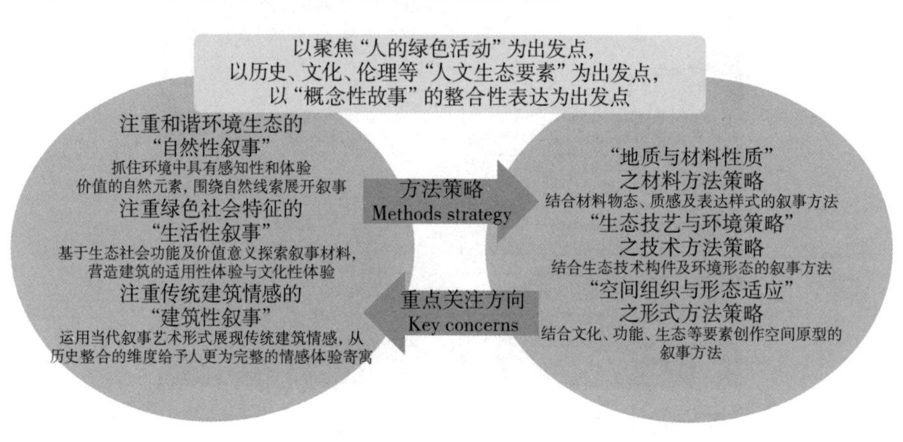

图26 情感叙事的设计理路

资料来源：笔者自绘。

五、结语

作为承载媒介与延展信息的绿色建筑，其物态形式、意义属性，以及目前的设计策略和手法中，潜藏着许多目前暂未被充分开发运用的叙事艺术方法。情感叙事是一种场所精神，也是一种修辞手法①，尚属于较为新兴的设计思维与方法，作为一股发展中的绿色建筑艺术势力，在设计实践过程中正逐渐体现出强大的生命力，并正在受到越来越多人的关注。从“人—自然—社会”到“可持续—情感—叙事”的维度拓展，由“物—理—意”通往“身—情—心”的创构过程理路，是绿色建筑情感叙事的设计基点、关注方向、方法策略运用步骤间潜在的两条平行的状态变化轨迹。以生态、功能为底层思维之出发点，着眼于使用者动态感受，从各情感域中叙事设计的关切点和逻辑形态展开，关注叙事设计的工具性和启发性，探索凝结

① 陆邵明．建筑叙事学的缘起[J]．同济大学学报(社会科学版)，2012，23(5)：25－31.

多维度信息意义的环境营造，使建筑能够准确有效地表达、传递故事性与情节性空间语义。叙事艺术借助技术性、材料性、形式性拓展了绿色建筑情感的表现空间和外延特征，将有形与无形的可表达、可感知、可体验、可解释要素接入和整合到叙述性设计方法中，将记忆、历史、文化、思辨等落实到空间环境的表达中，这是未来绿色建筑设计的一类重要情感组构方法，亦是推动建筑可持续化深化发展的重要力量。

参考文献

[1] 宋晔皓. 欧美生态建筑理论发展概述[J]. 世界建筑,1998(1):56 - 60.

[2] 刘先觉,等. 生态建筑学[M]. 北京:中国建筑工业出版社,2009.

[3] 朱馥艺,刘先觉. 生态原点:气候建筑[J]. 新建筑,2000(3):69 - 71.

[4] 褚冬竹. 可持续建筑:设计生成与评价一体化机制[M]. 北京:科学出版社,2015.

[5] 陆邵明. 空间·记忆·重构:既有建筑改造设计探索——以上海交通大学学生宿舍为例[J]. 建筑学报,2017(2):57 - 62.

[6] 阿尔诺·施吕特,亚当·雷萨尼克,韩冬辰. 基于下一代可持续建筑的协同系统设计[J]. 建筑学报,2017(3):107 - 109.

[7] 朱小雷. 建成环境主观评价方法研究[M]. 南京:东南大学出版社,2005.

[8] JÁN LEGÉNY, PAEK R, OBERFRANCOVA L. Critical thinking in teaching sustainable architecture[J]. World Transactions on Engineering and Technology Education, 2019,17(2):127 - 133.

[9] MAZUCH R. Salutogenic and biophilic design as therapeutic approaches to sustainable architecture[J]. Architectural Design, 2017, 87(2):42 - 47.

[10] GINé - GARRIGA R, FLORES - BAQUERO Ó, de PALENCIA A J F, et al. Monitoring sanitation and hygiene in the 2030 Agenda for Sustainable Development: A review through the lens of human rights[J]. Science of the Total Environment, 2017(580):1108 - 1119.

[11] MARTEK I, HOSSEINI M R, SHRESTHA A, et al. The sustainability narrative in contemporary architecture: Falling short of building a sustainable future[J]. Sustainability, 2018, 10(4):981.

从设计之都到艺术城市：空间临界、空间使命与系统性公共空间策略

陈 确[①]

一、引言

可持续城市已成为重要的时代发展诉求，同时，城市公共空间发展滞后、类型单调，限制了城市可持续发展的内在动力。以“设计之都”为代表的创意城市网络能否对标解决城市的可持续发展和文明永续的问题，也缺乏检验和审思。依托创意经济和文化产业激发城市活力、营造城市品牌，是城市发展和转型的热门模式之一，尤其在当今激烈的城市竞争格局背景下，加入创意城市网络成为一条提升城市知名度和软实力的“捷径”。因此，需重思创意城市网络的设立初衷，并反思和回顾至今达成的效果和涌现的问题。

当前的相关研究主要分三类：第一类是对联合国教科文组织的“创意城市网络”项目的总体研究和反思；第二类是对该项目下设的七大分类的

① 山东工艺美术学院设计策略研究中心副教授，中央美术学院博士，中央美术学院中国公共艺术研究中心研究员。

具体单项研究和对已入选的模范城市的研究；第三类是以申报为诉求，为本地政府提供咨询策略。曲华丽、何金廖（2023）通过聚类分析、社会网络分析等方法，考察了全球创意城市的类型与空间分布特征、区域多样性以及创意城市网络的结构特征。研究发现：全球创意城市因受到历史文化和地理邻近等因素的影响表现出很强的区域聚类现象。全球国家大致可分为四种类型：音乐媒体艺术类国家（以欧洲和加勒比海国家为主）、文学创意类国家（以印欧语系国家为主）、手工艺与民间艺术类创意国家（以古丝绸之路国家为主）、设计创意及美食类国家（以亚洲国家为主）。中国创意城市数量较多，但网络中的度中心性有待进一步提升，这主要由于中国的创意城市存在较为严重的同质化现象，缺少多样化创意发展战略①。许平（2011）认为，全球创意城市网络基本可以理解为联合国教科文组织推出的一项城市动员计划，也是在世界城市之间搭起的一个交流平台……一定程度上改变了以发达国家与商业都会城市为中心的世界城市关系版图，将更为丰富的城市文化呈现于世界②。邱毅（2019）通过对神户、名古屋、金泽三座城市的研究，探讨了“设计之都”和“手工艺及民间艺术之都”在日本的落地情况③。陈艳玲（2022）认为顺德作为世界上第一个成功申报“美食之都”的县级城市，自有独到经验④。唐思慈（2022）分析了奥地利林茨从钢铁之都转型成为媒体艺术之都的历史发展路径，从文化品牌建设、活动体系构筑、宣传手段配置三个层面提出媒体艺术之都的品牌建设策略，为我们提供了经验借鉴⑤。马心怡（2022）通过对世界“美食之都”成都的历史文化的追寻和当代文化的研究，总结了成都建设创意城市的发展历

---

① 曲华丽，何金廖．全球创意城市的区域多样性与网络结构特征［J］．世界地理研究，2023，32（2）：36－47.

② 许平．“创意城市网络”与设计城市格局：关于中国“申都”城市的文化断想［J］．装饰，2011（12）：16－20.

③ 邱毅．日本创意城市网络研究［D］．上海：上海外国语大学，2019.

④ 陈艳玲．顺德建设“世界美食之都”路径研究：基于创意城市视角［J］．广东轻工职业技术学院学报，2022，21（3）：21－29.

⑤ 唐思慈．迈向媒体艺术之都——林茨创意城市的品牌建设路径探究［J］．艺术与设计（理论），2022，2（6）：38－40.

程以及政府在其中发挥的引领推动作用①。早在2011年，张京成就认为北京文化创意产业显著增强了北京的自主创新能力，有力促进了北京产业结构升级和经济增长方式的转变，呼吁北京申报创意城市网络（如今已经成功入选）。祝嘉（2022）认为苏州要想建设成为具有江南文化特色的“设计之都”，就必须充分挖掘苏州的文化基因，从丰富的手工业资源、苏州园林以及江南文化中汲取“设计之都”建设的文化内核②。冯玲、郑宇、王方（2022）重点梳理了国内成功申报“设计之都”的北京、上海、深圳和武汉等城市的设计产业发展态势和政策动态，为天津申报“设计之都”和设计产业发展提供思路借鉴③。此外，王晶（2022）基于深圳经验，为哈尔滨申报创意城市网络“设计之都”出谋划策；崔利民、赵璐（2021）研究潮州如何加入创意城市网络；杭州已经于2012年入选了“手工艺与民间艺术之都”，如今借文创设计产业和互联网创意产业的勃兴，杭州又对申报“设计之都”充满了兴趣。

上述案例给我们的启示是，文化积淀的发酵和自身特色的全球贡献是入选创意城市网络的关键，这也是联合国教科文组织设立创意城市网络项目的初衷。因此，应防止跟风性申报和功利性申报，以垂直深度扎实推进自身特色资源梳理和挖掘，以水平广度可持续地设计和营造在地文化资源。但同时，创意城市网络以空间生产为本质，以生活方式和经济文明新形态为诉求目标，但空间形式过于单一化，缺乏新类型空间的创建研发和系统性公共空间策略。

二、反思使命：“创意城市网络”的“空间生产”本质

2015年9月25—27日，举世瞩目的“联合国可持续发展峰会”在纽约联合国总部召开。会议开幕当天通过了一份由193个会员国共同达成的成果

① 马心怡．成都市创意城市建设的路径研究[J]．产业创新研究，2022(15)：34－36.

② 祝嘉．苏州建设“设计之都”的机遇与选择[J]．文化产业，2022(31)：154－156.

③ 冯玲，郑宇，王方．全球创意城市网络：国内外“设计之都”发展态势[J]．天津经济，2022(6)：3－10.

文件，即《改变我们的世界——2030年可持续发展议程》（*Transforming our World*:*The 2030 Agenda for Sustainable Development*）。该议程包括17项可持续发展目标和169项具体目标，一般简称为联合国可持续发展目标（Sustainable Development Goals，SDGs），在2000—2015年千年发展目标（MDGs）到期后继续指导2015—2030年的全球发展工作①，旨在从2015年到2030年以综合方式彻底解决社会、经济和环境三个维度的发展问题，转向可持续发展道路。中国高度重视此次峰会，并将从各方面推动可持续发展议程的实质进展。

SDGs的第11项是：建设包容、安全、有风险抵御能力和可持续的城市及人类住区。具体目标（Target）11.7提出：到2030年，向所有人，特别是妇女、儿童、老年人和残疾人，普遍提供安全、包容、便利、绿色的公共空间。该目标承认公共空间对实现可持续发展的重要性②。

城市在社会发展进程中起着枢纽作用。城市在最佳状态运行时，人们在社会稳定和经济方面的要求容易得到满足。然而，城市发展的过程中仍然存在着许多挑战，其中包括以何种方式在创造就业机会和繁荣的同时，不造成土地匮乏和资源紧缺。城市常面临的挑战包括拥堵、缺乏资金提供基本服务、住房短缺和基础设施的不完善。城市面临的挑战可通过不断繁荣和发展，同时提高资源的利用及减少污染和贫困的方式解决。

2016年10月21日，联合国住房和可持续城市发展大会在厄瓜多尔基多闭幕，与会代表通过了《新城市议程》（*New Urban Agenda*）。这个新框架规定应该如何规划和管理城市，才能把促进可持续城市化的工作做到最好。“我们分析讨论了当前城市面对的挑战，就未来20年的共同路线图达成一致。”人居三大会秘书长兼联合国人类住区规划署（UN－Habitat）执行主任克洛斯在闭幕会议上发言。克洛斯称，这份文件应该被视为《2030年可

---

① 百度百科．联合国可持续发展目标[EB/OL]．[2024－03－16]．https://baike.baidu.com/item/%E8%81%94%E5%90%88%E5%9B%BD%E5%8F%AF%E6%8C%81%E7%BB%AD%E5%8F%91%E5%B1%95%E7%9B%AE%E6%A0%87/18661268.

② 联合国人居署．可持续发展目标 | SDG11.7 公共空间[EB/OL]．[2024－03－16]．https://mp.weixin.qq.com/s/67K4zdaSYAQMyXO8ierg1Q.

持续发展议程》（2030 Agenda）的延伸。《新城市议程》进一步强调了这个概念是“一份承诺，我们将共同担负起责任……指引城市化世界的发展方向。”①

创立于 2004 年的联合国教科文组织创意城市网络，致力于加强将创意视为经济、社会、文化和环境层面可持续发展的战略因素的城市之间的国际合作。通过加入网络，成员城市致力于分享最佳实践，建立旨在支持文化和创意产业的合作伙伴关系，加强对文化生活的参与，并且将文化纳入城市发展规划之中。这个由来自 80 余个国家的 295 个成员城市组成的网络，将文化和创意作为城市发展的核心，为交流、合作提供了一个全球性平台，助力探索更有前景的可持续发展途径。其共同使命是以《改变我们的世界——2030 年可持续发展议程》和《新城市议程》为基准，将创意和文化产业置于地区发展规划的核心，同时积极开展国际合作。

创意城市网络的目标有：

（1）加强将创意视为可持续发展战略因素的城市间的国际合作；

（2）着重通过公私部门和民间团体的合作伙伴关系，激发并强化成员城市引导的视创意为城市发展重要组成部分的各类举措；

（3）加强文化活动、产品和服务的创建、制作、传播和宣传；

（4）建立创意和创新枢纽，拓宽文化领域创意者和专业人士的机遇；

（5）改善人们对文化生活的获取和参与，促进人们对文化产品和服务的享有；

（6）将文化与创意充分纳入地方发展战略和规划中。

行动领域：

（1）分享经验、知识和最佳实践；

（2）与公私部门和民间团体相关联的试点项目、合作伙伴关系与倡议；

（3）专业类与艺术类交流项目和网络；

（4）关于创意城市经验的考察、研究和评估；

---

① UN - Habitat. 人居三大会通过《新城市议程》[EB/OL]. [2024 - 03 - 16]. https://unhabitat.org/cn/news/15 - 4yue - 2019/renjusandahuitongguoxinchengshiyicheng.

（5）针对可持续发展的政策和措施；

（6）传播与公众意识提升活动。

如今我们有必要重申创意城市网络的目标、使命和行动领域，并对标联合国可持续发展目标，以起到校准和反思的作用。正如联合国教科文组织文化助理总干事埃内斯托·奥托内所言，文化和创意已成为促进地方层面人类发展的重要力量，能够帮助人类掌控自己的发展并激发可以推动包容性可持续增长的创新；文化的多面性能够使创意城市提升其创造力，并为城市发展的各个方面带来好处。

创意城市网络包括文学之都、电影之都、设计之都、音乐之都、媒体艺术之都、民间艺术之都、烹饪美食之都等 7 个领域，各领域每年评选一次，其中“设计之都”的科技创新含量最高，申请竞争最为激烈[①]。多样性的创意城市需要多样性的空间支持，文化创意尤其需要公共空间的载体，创意城市网络需要大量的公共空间支撑，其 7 个领域涉及大量的空间类型，事实上既需要类型化，也需要融合。创意城市网络进一步需要升维为艺术城市，进路就是将艺术与公共空间捏合。

这一方面需要多样性空间，需要“空间正义”的价值支撑；另一方面，现有的空间策略，满足不了城市发展的需求，需要多样性的、系统性的公共空间策略。

研析公共空间必须追溯“空间正义”的概念。空间正义作为一种思想可以追溯到 18—19 世纪的空想社会主义时期，傅立叶的“法郎吉”和欧文的“共产村”，就在努力体现“空间正义”原则。但是，西方学术界有关空间正义的讨论却是与社会科学“空间转向”和新社会运动特别是空间正义运动大约同时进行的。空间正义的部分思想或内涵，已经嵌入领地正义、环境正义、不正义的城市化、地区公平等相关概念中，但是直到近十几年才作为专门的术语被学者们讨论。

最早公开使用“空间正义”概念的英文文献是戈登·H. 皮里（Gordon

① 冯玲，郑宇，王方．全球创意城市网络：国内外“设计之都”发展态势[J]．天津经济，2022(6)：3 – 10.

H. Pirie）发表的《论空间正义》（*On Spatial Justice*）（1983）。他在“社会正义”“领地的社会正义”等概念基础上，论述了“空间正义”概念化的可能性。尽管皮里对空间的理解束缚了空间正义的含义，但他为后来者的研究奠定了基础①。

进入21世纪后，空间正义概念兴起，越来越多的学者加入讨论，“这场讨论中，最耀眼的当数洛杉矶学派。都市研究后现代取向的洛杉矶学派以卡斯特和哈维等学者的理论为基础，挑战了基于工业资本主义城市的芝加哥学派的理论。芝加哥学派以自然生态过程类比城市过程，认为在有限的空间资源内，人为追求最大化生存空间而展开争夺，城市空间的扩张和分化是激烈竞争和适当选择的结果。它忽视了政治、经济、社会和文化的因素对城市空间的影响和作用”②。

结合西方学界的理论进展，曹现强等（2011）将“空间正义”的具体内涵概括为：

（1）具有社会价值的资源和机会在空间的合理分配是公正的。

（2）空间政治组织对弱势群体的剥夺应当减少到最低的限度。

（3）避免对贫困阶层的空间剥夺和弱势群体的空间边缘化。

（4）保障公民和群体平等地参与有关空间生产和分配的机会，增强弱势群体意见表达的能力。

（5）尊重不同空间的多样文化，消除空间的文化歧视和压制。

（6）任何容忍、鼓励甚至合法化针对特定空间群体的社会和系统性暴力是不正义的。

（7）环境正义要求保护不同空间群体的环境公正③。

尽管“空间正义”是在对西方资本主义城市空间中的不正义问题的讨论中形成和发展起来的，但是作为一种批判空间视角下的正义讨论，它可以在所有的空间范围内进行观察、分析和应用。这种空间洞察力有助于把削减空间不公和追求空间正义融入寻求更大范围正义的社会行动中。空间

---

①②③ 曹现强，张福磊．空间正义：形成、内涵及意义[J]．城市发展研究，2011，18(4)：125－129.

正义在很多相关议题上也有同样的解释力，比如社会排斥、居住隔离、公共空间、环境治理、公共服务、城市贫困、城市更新、城市遗产保护以及城市化过程中的空间问题等。这对中国的城市化有重大启示，因为，城市化进程也是空间生产和资源分配的过程，城市化进程中的不公现象必然牵涉社会和谐。

哈贝马斯提到公共领域的结构化转型，影响了学术界。哈贝马斯、汉娜·阿伦塔和理查德·桑内特成为公共领域研究的三位重要学者，影响了我们对“公共空间”的定义和认知。

随着世界进入数字化智能时代，公共空间的定义与理解又出现了新的变化。虚拟网络空间不可避免地冲击了“公共空间”。这使得创意城市网络下设的七大领域，都需要硅基空间和碳基空间的联合支撑，这是创意城市的新样态。

因此，创意城市网络的本质是“空间生产”。

三、匮乏与超越：系统性的公共空间策略

当前的城市公共空间更多呈现割裂和孤立状态，要么类型化严重，要么公共性不强或者模糊不清。这对公共空间的发展是一个机会也是挑战。事实上，城市急需大量的系统性公共空间，未来城市必然是超融体的城市，这为公共空间的样态提供了方向性启示。通过多样性、系统性的公共空间建设去“诊治”匮乏，“治愈”现有问题，是一条值得研究的路径。

那么，什么是系统设计，简略地说就是整体大于局部之和，设计要素要考虑有机关系。

系统（ System）一词来源于古希腊，是由部分组成整体的意思。古希腊哲学家把世界看成由水、火、土、气四种元素组成的系统，中国古代则提出金、木、水、火、土的“五行”说。无论东西方都是将世界看成一个系统。虽然各种系统千差万别，但它们都有一个共同的特征。首先每一个系统都包含许多子系统，子系统则由一些更小的分系统组成，后者又包含一些更小的小系统。其次构成一个系统的许多子系统和更小的小系统之间

相互联系、相互制约，为了一个共同目标结成一个系统整体。而这个系统整体又从属于一个更大的系统。我们可以给“系统”下一个定义：由相互作用和相互依存的若干组成部分结合而成的具有特定功能的有机整体。

按照贝塔郎菲的观点，任何系统都是一个有机的整体，它不是各个部分的机械组合或简单相加，系统的整体功能是各要素在孤立状态下所没有的新质。他用亚里士多德的“整体大于部分之和”的名言来说明系统的整体性，反对那种认为要素好整体性能就一定好的观点。同时，他还认为，系统中各要素不是孤立地存在，而是每个要素在系统中都处于一定的位置，并起着特定的作用。要素之间相互关联，构成了一个不可分割的整体。要素是整体中的要素，如将要素从整体中分割出去，它将失去要素的作用。[①] 现代设计的环境已发生了巨大的变化，影响设计的因素更为复杂，以往那种凭借设计师的直觉和经验开展设计的方法受到了很大的挑战。“系统设计是合理设计、开发和运用系统的思想和方法论，是将对象看作由多重因素交织构成的一个系统，并以此为基点展开创意”。在系统开发过程或整个系统生命周期中，系统分析着重回答“干什么”的问题，而系统设计则主要解决“怎么干”的问题。

系统性公共空间策略离不开系统设计，其中的一个案例就是城市家具设计。

虽然称之为家具，但纵观城市家具历史，其往往代表着冰冷与森严，是一种“权力物”。命运多舛的旺多姆纪念柱就是一个典型代表。古罗马的城市家具和中世纪的城市家具，都十分强调符号象征意义。前者宏大、庄严、仪式感强，后者宗教色彩浓烈。

现代城市家具走向了另一个极端，就是过分的功能性，仪式感和氛围感弱化了。当代生活不遑多让，一个个小区、一栋栋居民楼，市民被装到了一个个格子里，互联网对人类生活的统治加剧了邻里文化的丧失。广场生活、街道生活、邻里生活，频繁的面对面的碰撞、偶发、对接、交流，

---

① 科普中国网．系统设计[EB/OL].[2024－03－16].http://www－kepuchina－cn－443.webvpn.sxu.edu.cn/article/articleinfo?business_type=100&classify=0&ar_id=359683.

似乎成为奢侈品。笔者认为，在互联网安全性堪忧的情形下，线下的市民交流生活似乎又有了新的意义。

古希腊时期的城市家具虽以符号意义的雕塑为主，但它们布局灵活、主题鲜明，主旨就是为广场生活和公共性的民主生活服务；诸多神坛、雕像和微小型建筑，丰富了广场和市集的层次，为人们的演讲和辩论活动营造了空间氛围。

刘易斯·芒福德对古希腊城市生活大加赞赏。

强调有机规划和人本主义，芒福德当然也是典型的“以城喻人”的高手。他有一段经典的言论，“城市的主要功能就是化力为形，化权能为文化，化朽物为活灵灵的艺术造型，化生物繁衍为社会创新”。以及，“贮存文化、流传文化和创造文化，这大约就是城市的三个基本使命了”。要实现这样的使命，离不开知识生成与人际交流——将公共生活的作用发挥到极致！

今天，我们依然难以看到“以城为家”的现象，除非在计划经济时代和乌托邦。这不是一种价值判断，而是一种想象。

今天的城市美学依然倾向于整齐划一。小社区、高密度、差异性、随机性、胡同弄堂、偶发碰撞，虽然更具生动性和生长价值，但不便于管理。整齐规划会产生巨大的生活成本、治理成本和社会成本，以及逐渐失去城市性格。这正是简·雅各布斯对大城市的控诉。我国在建设特大城市和城市群的战略实践中，建议参考这样的学术声音。

同时，如今的城市家具注重科技和绿色，但需要从“器”的层面跳出，多多思考“道”——这一切的努力是为了营造怎样的人居哲学？

城市家具能否在氛围感的公共交流、烟火气的市民生活和价值凝聚的主体归属方面达到平衡呢？

城市家具承担市民教育和开拓“第三空间”的责任。城市家具有助于建立集体（学校、企业）、家庭之外的“第三课堂”。在集体生活、私人生活之外，延展、拉大市民的“第三生活”。“日常”与“场所”理论，成为后现代以来的空间批判理论主流，就是警惕空间政治经济学绑架下的现代生活，又希望激发传统城市的活力；以此催生出诸多社会创新行动、社会设计实践和公共艺术。

因此，我们提出第一种公共空间策略：临时性。“海克曼庭院的临时课堂”是个很好的案例。

1990 年，经过改造，传统的海克曼庭院（Heckmann Hoefer）成了混合住区，内庭院转变成为集工艺品销售、艺术、餐饮和儿童游乐等功能于一体的城市庭院。它很快成为热闹的市民活动场所。海克曼庭院内有一个“实验性户外课堂”，学生将自己带来的可拆卸“遮阳座椅”相互围合形成“教室”。课后同学们可以直接在“教室”外的“公共区域”自由活动。课堂吸引了周围更多的孩童加入，一起活动，成为一道景观。可见，由于临时性城市家具的介入，课堂教学和社区公共活动的界限消失了，城市公共空间的属性和特征变得模糊，增进了公共生活的多元化。

这其实接近爱德华·W. 索亚（1996）提出的“第三空间”，是“他者化”的异质空间。它不是实体空间，而是一种“策略”空间。第三空间的生活质量和活跃系数可以作为城市生活质量的核心评定标准。社交、艺术要与购物争夺第三空间。

只要人类无法摆脱肉身的藩篱，就离不开人机工程学，就离不开物理体验，就离不开呼与吸，就离不开衣食住行和各种感官触摸。城市家具的新使命，除了服务与审美，还要高密度、多层次地开拓创造“第三空间”，发扬“第三生活”。

第二种公共空间策略：通融性。

对公共价值的探索正在泯灭城市家具与公共艺术的边界。如同一块芝士比萨，拉大美学价值的城市家具，就与艺术品丝丝入扣了。我们也可以这样理解，城市家具就是“公共设计”，问题在于，设计与艺术的界限已经模糊。

但远不止于此，从托马斯·赫斯维克到比亚克·英厄尔斯，从藤本壮介到石上纯也，在他们的作品中，我们经常读出“四不像”的气质（见图 1）。笔者认为未来城市的物质形态会迈向“通融”的方向。融合的极致是通达，通达的极致是通融。凯文·凯利用蜂巢思维比喻人类的协作组织能产生惊人的群体智慧。当协作到极点，是否“类别”就消失了？因此，第二种公共空间策略就是以“四不像”为特征的通融性。

图1　藤本壮介设计的蛇形画廊

资料来源：https：//www. zxart. cn/News/194/67906. html.

第三种公共空间策略：综合性。

公共设施、艺术、建筑、交通，等等，能否融合为一个超级有机体？演化出新的业态和生态？换一个思路，如果在火星上建一座新城市，我们还会沿用地球上的建城思路吗？

在西班牙的塞维利亚，设计师于尔根·迈耶－赫尔曼的“都市阳伞”项目像一个天外来客。它是一个巨大的荫蔽空间，地下是考古遗址展示，地面是农贸集市，再之上是餐饮酒吧和顶层观光露台（见图2）。

“都市阳伞是当今世界上最大的伞状木结构构筑物，通过几根立柱支撑起横跨整个广场的巨型屋顶，形成开阔的城市灰空间，为市民活动提供庇护和艺术化的场所标志。”①

这个庞然大物，令人惊愕，也令人略感不适。它的前身是长期处于荒废状态的恩卡纳西广场 。笔者想到了九龙城寨，想到了《头号玩家》，想到

---

①　腾讯新闻．城市家具：当代城市精神的“棱堡”［EB/OL］．［2024－03－17］．https：//new. qq. com/rain/a/20211028A02WDV00.

图 2　塞维利亚恩卡纳西广场上的巨型阳伞

资料来源：https：//travel. qunar. com/p－oi7640981－doushiyangsan。

了喷着绿光的杂乱电子线头、荒蛮异物和市井生活并置的赛博景观。但现在它是崭新的。

“都市阳伞”提供了一种思路，以复合性、模糊性和统一性去建立生活方式，打破孤立思考的范式。

但它更多停留在“形”的维度，如果加入系统和生产关系呢？

通融与综合，离不开物理空间的行动。但是“虚空”是基于数智技术孵化出的无限可能的生活方式。

以荷兰阿姆斯特丹的“区块链社区”为例，似乎全方位实现了可持续的自给自足，名副其实的乌托邦社区。这个系统本身就是艺术，就是建筑，就是生活，就是城市。①②

第四种公共空间策略笔者总结为“虚空性”。此外，森系、多孔、未完成、同时性、“三无”空间等也都是公共空间策略，共同构成了非典型的公共空间系统。

总之，空间的本质，是赋予生活以松弛，尤其要针对现代生活和年轻

---

① Lee King 公共青年社区典范——THE COMMONS［EB/OL］.［2024－03－17］. https://www. xiaohongshu. com/explore/64aa7255000000000350090e6? m_source=pwa.

② LSID 地点空间．打造新型社区商业模式三要点［EB/OL］.［2024－03－17］. https://www. xiaohongshu. com/explore/63623995000000000601fcbf? m_source=pwa.

群体塑造新型公共空间，培育都市生活新场景和文旅发展新动能，以及进一步将公共空间与政治、经济、文化相融合，形成大社会美育的策源地。

四、展望未来人居：公共空间导向的艺术城市

从艺术化的生活方式到艺术性的人格建立，这是更高级的城市生活形态，也是“设计之都”最终的落脚点——为了更美好的人类生活。

那么，以系统性和城市综合体为导向的公共空间，决定了艺术城市的空间基础，是城市艺术诞生的载体。

先有体系，再有系统；体系是概念构建的基础，更强调内容；系统，尤其是复杂系统，已经是一个哲学概念，具备涌现与稳定的张力、哲学与科学的辩证关系等特征。艺术都市显然是一个复杂系统，一个多维度理解的事物。它的构建和落地也需要辩证地分析和推进，在此之前，它首先得是一个体系，体系意味着完整，意味着本体、价值观和方法论的完整。

体系，是指若干有关事物或意识相互联系而构成的一个有特定功能的有机整体：如工业体系、思想体系、作战体系等。自然界的体系遵循自然的法则，而人类社会的体系则要复杂得多。影响这个体系的因素除人性的自然发展之外，还有人类社会对自身认识的发展。大体系里含有无穷无尽的小体系，小体系里含有无尽无量的、可以无穷深入的更小的体系。

可见，不管是什么体系，它需要指标——“翔实的内容”“顺畅的逻辑”“支撑的价值”和“运转的导则”，还可以再加上“可扩展的希望”。笔者之所以认为将艺术都市打造成了体系，是因为已经回答了上述的问题，建立了逻辑自证、观点主张和价值取向，有历史逻辑，有文化动机，有文献谱系，有理论支撑，有法理依据，有现实基础，有实操导则，有案例推演，有现实观照。可以学术，可以战术，可以阳春白雪，可以经世致用。

而且它不封闭、不自满，坚持多元开放和发展性，保持先进性。中国人传统的“桃花源理想”和“悠闲”的人居环境品位，在这个体系中可以融汇。中国人当代的“乡愁”情结和通过“青山绿水”降压的渴望，在这个体系中也可寻觅。西方有机主义和极简主义生活方式可以有，西方的高

度发达的经济体与高品质的生活的方式并行不悖也可以有。纽约公园的草坪上摆上了茶席和禅修馆生意兴隆，是他们精神渴求解救的信号。

“艺术都市体系”当然不是讨巧和玩弄“神秘”。艺术都市体系希望在无比坚实的现实论证基础上，用高维的精神引领所有热爱和渴望生活的人们去探寻世界和生活的真谛，用穿越打败时间。

从空间政治经济学角度来说，艺术都市体系符合“空间正义”和权利正当；从现实国家法律政策层面看，艺术都市体系也具备了法理正义和时代趋向。从现实效应来看，艺术都市体系亟须验明正身。在列斐伏尔看来，“没有生产出自己空间的社会主义，就不可能是真正的社会主义。现实存在的社会主义城市化必须区别于资本主义‘千城一面’的城市空间，而不断地进行千差万别的日常生活革命”①，“软城市”基础上的艺术都市体系，其种种特性、路径、层次、方式和气质，使城市走出当下的同质化困局，建立一种生长的、模糊的、动态的、多孔性、弹性的、温暖的、友善的、传承的和充满了多样性、可能性、安全感和幸福感的城市成为可能。

五、结语

以设计之都为代表的创意城市网络七大领域离不开现代公共空间的支持，创意城市必然意味着公共空间的高度发达。艺术城市是人居文明的高级形态，公共空间作为艺术的重要场地是艺术城市的“骨骼”。因此，提出系统性的公共空间策略，重点阐释了“临时性”“通融性”“综合性”和“虚空性”四种公共空间策略，塑造艺术城市的同时，可以弥合、治愈“设计之都”的现实问题，推进城市可持续发展，回应创意城市的终极使命。

---

① 刘怀玉，鲁宝．从日常生活哲学家到后现代都市社会理论家：列斐伏尔在中国的传播、批评、运用与可能的生产[J]．理论探讨，2018(1)：77.

空间共享理念下的城市微更新治理创新探析

——基于上海、巴黎实践的观察比较

周广坤[①]

一、引言

在国家层面政策文件中，均明确了创新城市治理方式，鼓励多元主体（企业和市民）通过各种方式参与到城市建设和管理中来，真正实现城市共治共管、共建共享。经过近年来的城市更新实践，共享已经成为贯穿政府、企业、市民各个层面的城市建设及管理理念。这是一种基于“合作”的空间治理模式，共享赋予空间使用的多样性、弹性和动态性，也成为融合社会关系、缓解城市更新空间资本化带来的阶层隔离难题、建构社区共同体的有效方式。

伴随着城市发展方式的转变，我国的城市更新出现了多种转型路径，其中以育维和提升小尺度建成环境为核心的微更新具有重要示范意义和实践价值。城市微更新是人民城市理念的具体实践，以满足人民美好生活需要为目标，以营建高质量、高品质的美好家园为载体，以培育“人民城市

① 山东工艺美术学院副教授，注册城乡规划师。

人民建”的社会基层治理能力为过程。城市更新实践中具有示范意义的“微”路径创新不断涌现，但深层性的障碍仍长期伴随，“人的城镇化”仍任重道远。因此，以共享的理念研究优化城市微更新的治理机制和实施路径就显得十分迫切和必要。

本文从共享的研究动态角度入手，解释了空间共享的特征内涵和嬗变逻辑，对城市微更新中的瓶颈和阻碍进行了深入分析，将空间共享作为对空间生产理论的校正，建立了“权利—效益—治理”以及空间四位一体的理论模型，对城市微更新的空间生产过程进行了解析和演绎，采用国际视野对上海、巴黎等国际一线城市的微更新实践进行了深入考察，分析了一些共性的经验和教训，最后以空间共享为核心价值导向，提出了切合城市微更新未来实践的治理创新策略，对城市更新行动在全国范围内的大力推广与复制具有一定意义。

二、空间共享的研究动态和嬗变逻辑

共享，一般可以理解为人类基于一定的社群关系联合彼此，以某种约定俗成的规则共同使用资源、生产与建造、分配成果，以在客观环境中生存乃至追求更舒适存活状态的合作行为。新兴的共享城市概念也扎根于此，它不仅仅将共享解释为一种利润驱动的经济活动（共享经济），还将其解释为一种嵌入城市环境的社会、文化和政治活动，从而表示了共享经济与城市可持续发展的融合。

共享理念在人们日常工作生活中均得到广泛应用和实践，包括信息共享、知识共享、技术共享、文化共享等多种形式，甚至被赋予“供给侧结构性改革转型”的期望。而城市空间是共享经济的沃土，因为邻近的好处促进了互动和思想的快速传播。事实上，城市空间是解决和协商有关共享实践问题的中心舞台，城市空间共享可以通过改变地方层面的消费和生产系统来促进可持续发展。用 McLaren 和 Agyeman 的话说：“城市空间的性质使分享成为可能，也是必要的，我们越是分享，就越能——至少在理论上——通过减少不平等、增加社会资本和优化资源利用来增强公正的可持续性。”

空间共享的特征内涵表现为：①空间共享是以空间权利的共享为基础的，是对空间权利的重新调整和利用，其中空间的使用权和开发权是空间共享的主要对象，并通过土地性质、建筑功能和开发强度等指标来进行管控和治理；②空间共享是对低效资源的高效利用，共享以低成本投入产生更多空间收益，通过共享使得空间拥有者与使用者之间产生交换，使原本被有限使用的空间得到了更充分的利用，发挥了更大的空间价值；③空间共享的治理方式呈现扁平化和引导性的特征，它将分散的使用者和供给者整合于一个共同的集体利益网络，体现了一种更为自发的秩序和合作。空间共享构建了一种开放的价值交换体系，让不同角色以积极参与者的身份加入到扁平化的社会经济共同体中，从而提升了系统的活力和资源的使用效率。

空间共享是对空间生产理论的校正，是在总结过往城镇化发展的经验教训基础上提出的新型城镇化发展理念。1974 年列斐伏尔在《空间的生产》中进一步提出了“空间生产”概念，指出城市空间是资本扩张和积累的重要据点，通过全球性城镇化发展进程生产剩余价值。在这个过程中，资本主义带来的城市化不断地改造着人们的日常生活和社会空间，人们作为“社群”的集体利益——保持长久以来形成的日常生活和社交网络的权利，受到了严重的漠视和霸权式重组。资本强势积累和过度积累导致了一系列城镇化发展问题：大量的重复性建设和资源浪费、巨大的土地财政债务风险、突出的社会公平正义问题等。新型城镇化道路成为历史和现实发展的必然选择，空间生产目的由追逐资本积累转向满足人民空间使用需求。以空间共享为核心价值而开展的空间生产开始成为新时代国家发展的重要战略理念，通过空间生产实践全面促进社会公平正义，实现人民真正共享空间的目标。

三、城市微更新及治理的瓶颈与阻碍

在尺度上，与增量时代形成的大规模拆除重建的更新方式不同，微更新是面对社区尺度、地块尺度和建筑尺度的小规模更新，与公民业主的利益关联紧密；在程度上，微更新通常指向有机、渐进、逐步的实施过程，通过公共空间的环境提升、建筑局部拆建和功能置换、基础设施的完善整治、文化资源的保护活化等低强度、低干预的方式进行更新。在功能上，微更新强调社区生活需求和日常化实践，有别于长期开展的一般性城市净化和美化运动，通过系统化、专业化设计促进公共日常生活空间的形成。最终实现维持城市空间肌理与社会脉络基本不变前提下的品质及综合效益的提升。

城市微更新的目标在于以适度的空间改造措施，解决环境品质、民生保障、社会公平等多元诉求，实现社区活力及社会治理水平的提升。城市微更新的主体具有多元化的特征，小尺度空间的背后是多种多样的相关联产权主体，需要充分调动产权主体积极参与到微更新行动中来；城市微更新的过程是一个频繁互动沟通、长效协作共治的进程，着力于消除或补偿负外部效应，规范多元主体利益交换方式和途径，促进形成城市更新共建共治共享的现代化治理体系。

（一）“静止”与“更新”之间的矛盾

存量时代下城市微更新本质上就是空间权利的再调整和再分配的过程，主要是指对土地财产权的分配和调整。在增量时代下，土地产权的配置与管控实际上由《城乡规划法》与《土地管理法》授权政府通过制定空间规划、核发规划许可的方式借由土地用途管控制度来行使。可以一次性地对土地的用地性质、建筑用途、开发容量、空间形态进行管控和约束，同时，将一定数量的土地使用权出让给市场主体进行初始的城市建设，在弥补巨大建设资金缺口的同时，也提高了土地资源的配置效率，符合当时我国的国情和社会阶段需求。

然而，这种“静止”“垄断性”“一次性”的空间权利安排却为存量时代社区更新带来了严重阻碍。一方面，任何细微的空间权利调整都会产生较大的制度成本。增量时代形成的规划治理制度不具有管理土地利用改变用途的能力，无法对其已经分配的空间权利进行再调整，也无法对已分配空间权利的负外部性建立修正补偿机制。当原始的制度安排制约了人们的发展愿景和美好向往时，则会产生更多的难以解决的纷争，矛盾和纠纷产生了巨大的制度成本。另一方面，增量时代下对城市空间权利的初始界定是粗糙的、模糊的，如果将这些模糊的产权遗留在公共领域就会造成资源的扭曲和浪费。例如，城市空间环境具有模糊的业主群体，城市空间环境既涉及公共空间环境，也涉及私人空间环境。以城市街道空间为例，街道内的道路、人行道、标志系统、绿化带等属于共有产权，其产权主体是广大市民，而影响街道风格的建筑立面则属于私有产权，其产权主体是房屋业主。难以清楚地界定共有产权与私有产权，使得在城市规划过程中始终存在着公共利益与私人利益之间的博弈与协调。

（二）"增值"与"公益"之间的矛盾

增量时代的城市开发项目中资本循环流动的目的是尽可能多地俘获地块自身的"租差"，为获取更多利润或租差，资本的代表（开发商等）经常与某些管理部门结成"增长联盟"，借用城市开发的名义进行以经济效益为主导的房地产开发，通过"建设性摧毁"引发反反复复的城市重建，引导"消费型社会"的出现。穷人、弱势群体和在政治权利上被边缘化的那些人总是首当其冲且受到最严重的影响，城市的公共利益被忽视，带来了诸多空间的负外部性效益。

在城市微更新中，这种粗暴的空间"增值"逻辑依然存在，通过空间物化，转化为商品，获得交换价值。例如，将社区中的公共文化空间商业物化，大量商业功能占据、植入社区公共文化空间和设施，实现资本增值。社区公民的日常生活及其日常所需的公共文化空间被纳入了资本的逻辑，居民对社区公共文化空间使用价值的需求与资本对交换价值追求的矛盾加剧，日常生活空间成为"一个异化不断产生又不断被克服，能量无穷的、永恒轮回的存在论世界"，用于抵抗资本主义城市化带来的不平等和社会冲突。这极易导致传统日常生活对激增的社会消费不适应、难以承受，诱发空间使用者身份的置换，引发社区精神衰落、社区空间正义丧失。

（三）"规训"与"日常"之间的矛盾

增量时代的城市管理主要通过采用一系列监管机制，包括法律、税收、禁令、政策和其他正式文件，以规范城市开发。按照福柯“微观权力”理论和观点，“管理者”是典型的“权利规训者”，他们希望通过某个计划去确定、要求、允许、支配和控制他人的时空路径耦合能力，而且可以被设想成禁止、阻止和限制这类路径耦合的能力，即对空间的控制。权力无处不在，权力也同样不能与日常实践的领域相分离，身体是与权力发生作用与反作用的理论和物理边界，身体产生空间，空间定义着身体。因此，在“权力—知识关系”的理论框架下，权力关系就是空间关系，“每种权力关系背后都有服务于统治技术的特定工具性空间”。

然而，社区公民的日常生活实践并不总是符合支配权力者的规训要求，反而正是大量“反规训”的非正规日常交往、非正规经营活动的存在，才创造了社区日常生活实践的价值、自发生长的动力和旺盛的生命力。非正规日常交往、非正规经营活动却在空间上不断地投影形成非正规符号空间，包括违章搭建、置物霸占等挤压公共空间为私人空间，室外茶座、坝坝舞场等侵占的室外空间，游动摊贩的临时占位空间等。非正规符号空间虽然受到不遵守“规训”、损毁市容环境的批评，但对居民的低消费需求、增加就业机会、凝固邻里关系、传承文化来说，具有积极的意义，是发自居民内心的诉求。在产权不清晰的微更新空间中，代表不同居民理性经济行为的不同非正规符号空间，必然会导致对空间的争夺，呈现零和博弈。为形成不同非正规符号空间对有限公共空间的非零和博弈，需要规训的介入，但这种规训不是权利支配者单方面的规定和惩戒，而是基于不同价值理性居民的不同非正规符号空间诉求的交流沟通，形成的能保证合作的契约。

四、空间共享推动城市微更新的运行逻辑

在空间共享的语境中，城市化的过程不仅仅是资本主义城市化带来的物质空间生产与再生产的过程，也是社会公众在进行日常生活实践时带来的社会空间生产与再生产的过程。社会体系在空间生产的实践中被分为制度空间（权力空间）、经济空间（生产、消费和流通）和精神空间（符号/象征空间）三个部分，进一步形成权利、效益和治理以及空间四位一体的

理论模型（见图1）。“权利—效益—治理”这三个维度的高效运作是推动城市微更新的基本动力，也是评价城市微更新实施效果优劣的理论框架。

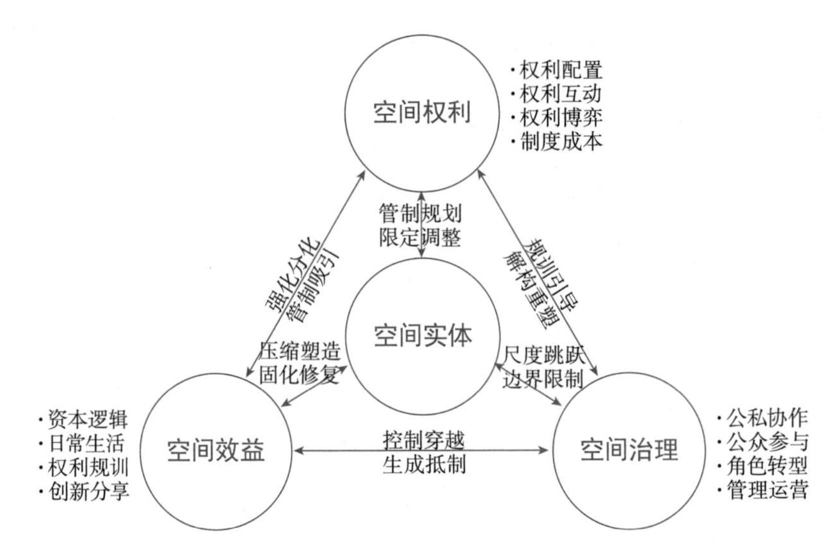

图1　空间共享推动社区更新空间产生实践的理论模型

资料来源：笔者自绘。

城市微更新是通过小规模、渐进式的手段，以地块内较小尺度的环境整治更新来提升品质，进而激活整个区域持续更新。受限的建设容量、高昂的拆迁及沟通成本、较低的空间增值收益等使得市场主体乃至政府对微更新的积极性明显较低，给城市微更新的实施带来极大困难，甚至陷入停滞。在这一背景下，较多的城市存量空间微更新实践开始探索文化复兴、场景营造、客群运营等方式，其中部分实践也达到了相对良好的更新效果，成为被广泛效仿的典型案例。这些成功案例的内在机制可以利用空间共享的理论模型给予解释和演绎。

（一）空间权利的共享

从空间权利的角度分析，城市微更新一般是在产权和土地性质不变的情况下，通过空间共享使用、建筑混合使用、临时占用、分时利用等多种共享方式提供空间场地，平衡公共利益效益和社会经济效益。与拆除重建式的城市更新相比，城市微更新对空间权属归集的方式有着较大区别，微更新采用的低强度、低干预的改造方式并不会带来直接的产权变更，而更多的是对建筑功能和空间使用方式的调整和优化，因此也不需要交付巨额的土地出让金，就可以最大限度地激发原权利人的更新积极性。需要说明的是，虽然不需交付土地出让的交易成本，微更新空间权利调整仍然存在较高的制度成本，这些制度成本来自建筑功能和空间使用方式的调整，主要包括规划制定的成本、规划修改的成本和规划许可的成本，越是发达的城市和区域，规划制度越是完善，而进行微更新所付出的制度成本越是高昂。另外，微更新空间权利调整也容易产生经济收益过度归私的问题。例如，一些旅游城市中的居民将其自持房屋通过共享出租的方式供游客短时使用，在一定程度上缓解了旅游公共资源承载力不足的问题，居民也因此获得了较大的经济利益，但这并不符合城市微更新的发展目标。

（二）空间效益的共享

从空间效益的角度分析，城市微更新既要营造符合日常生活需求的公共文化效益，也要关注市场主体参与运营的经济收益。与宏大尺度的城市更新相比，微更新的目标落实在日常生活之中，通过在社区、地块和建筑尺度下的文化交流和使用，平凡的空间和人群将被记录和展示，见人见事的“地方性”价值将被重新发掘和塑造，社区共同体开始重构，社区治理能力逐步完善。同时，微更新往往通过创意、文化、体验营造特色场景，催生了如打卡、体验、聚会等消费行为的出现，并成为拉动区域人流、促进区域发展的重要动力，使得所在地区呈现地租上涨进而带来“场景租差”，场景也因此成为城市微更新获得空间效益的主要途径。传统的城市开发中，增长联盟会通过尽可能采用能够实现当时土地潜在价值的方式进行土地开发与资本化，最大化获取“潜在地租”和“资本化地租”之间的差额利润。在这个过程中，公民的日常生活和公共利益需求被不断侵蚀。而场景租差的形成与之有较大差异，需要对特色空间要素进行挖掘提升，通过创意人群和中产消费人群之间的互动、演绎、活化和传播，并对场景营造的长期维护，才能使得场景租差得以可持续性形成。

（三）空间治理的共享

从空间治理的角度分析，城市微更新往往需要重新调整地方政府和社会行动之间的“管控—治理”关系，微更新过程中会面临更多新的参与者，需要建立由原权利人、地方政府、市场主体、公益组织、专业团队、终端用户等协商的社会治理框架。

在这个过程中，政府的角色最为关键，增量时代下的地方政府主要面对的是新城建设活动，是在一片“白纸”的土地空间上做文章，为了保障公共利益的落实，需要利用政策工具和制度工具对开发建设活动进行自上而下的管控。而存量时代下的城市微更新，地方政府面对的是权利主体的多元化，政府既要发挥顶层设计中管理者、供应者的作用，也要在城市微更新实践中向赋能者、消费者的角色转型。一方面，政府仍然需要在顶层设计中，通过制定政策和制度，建立多方共治交流平台，以规范城市微更新的建立和运作，确保利益相关者在更新活动中能够扮演相应的角色并承担相应的义务；另一方面，在城市微更新实践中，政府也需要转变为赋能者、消费者的角色，允许“微观的、流动的、非正式化的实践”来进行城市空间的更新，有效处理更新过程中面临的各类社会治理矛盾和冲突。

另外，社会行动的作用同样重要，与自上而下实施的传统城市更新相比，微更新的治理更加强调自发合作、协商沟通、共治共建的作用。通过社区自治和社区营造，以地域社会现有的资源为基础，进行多样性的合作使身边的居住环境逐渐改善，进而提高城市和社区的活力与魅力。微更新鼓励人们自觉自愿、合作互动，共同参与到城市公共空间、社区基础设施建设、社区公共文化价值塑造的实践中来，其目的在于推行基于地域性的自然与文化资源、历史文脉，以及具有独特个性的地方性社区规划与设计，以重构具有可持续性的自然环境、文化传统与社会结构的“新社区”。

五、共享理念下城市微更新的创新实践：基于上海、巴黎的观察比较

（一）上海城市空间艺术季

上海城市空间艺术季秉承“城市，让生活更美好”的世博精神，以“文化兴市、艺术建城”为主旨，自2015年起每两年举办一届，至2023年已成功举办了五届，有效践行了“人民城市”理念，推动了上海市的城市微更新，提升了公共空间品质。上海城市空间艺术季是共享理念下城市微更新的典范，在10余年的实践中积累了大量的治理创新经验。

上海的空间共享实践绝大部分仍然采用自上而下的模式，将属于地方政府的共有空间资源在公共财政的支持下进行优化提升，在涉及私人产权的调整时，往往采用协商沟通的方式，将部分私人产权空间对外开放分享，采用“微更新”的形式进行局部节点的美化和翻新，在一定程度上满足了现阶段市民对新型公共服务的需求和期望。在规划建设中既不需要调整传统的规划设计流程，也不需要对土地用途管控要求进行修改，其制度成本较低，易于实施。但是，这种“微更新”项目并不能算作真正意义上的由社会公众的需求而产生的“空间共享”，而是由地方政府在其所掌握的公共资源之中遴选出的试点项目。这种“微更新”项目的优点是投入小、周期短、见成效，可以认为是一种高阶版城市美化运动，但是这也容易造成城市微更新行动出现避重就轻以及资源浪费的现象，甚至掩盖了城市内部空间权利分配和共享的本质问题，容易成为“短期的热点项目、实验性运动、网红空间现象”。空间权利的“共享”会导致更新规划程序和规划制度的深层次调整，是城市微更新走向长效的城市新陈代谢机制的必要途径，也势必成为上海微更新下一步的突破方向。

上海的空间共享实践注重社会日常生活逻辑的灵活组织，充分挖掘空间资源的发展潜力。不仅局限于物质空间的营造，而且密切关注地区的日常生活习惯、人际社会关系、空间行为模式等，通过创新性的空间使用，

满足多样而包容的日常生活诉求。长期以来城市建设以消费空间取代公共空间的现象逐渐得到改善，日常公共空间微更新激发了社区和文化交流，平凡空间及其使用者的故事与重要的历史同时被记录和展示，社区共同体开始重构。上海目前的实践更多的是由政府公共财政支持下的试点性的更新，通过微更新树立了更多更好的人民城市建设样板，发动社会力量共建共治共享，树立良好的社会形象，增强城市的文化竞争力。然而遗憾的是，目前的实践中少有市场主体的长期、可持续性的参与，如何促进和激发市场主体参与的动力仍然是上海微更新的难点和瓶颈。

上海微更新在空间治理共享方面有着诸多创新之处。首先，创立社区规划师机制。2008 年上海从徐汇区开始试点为社区配备责任规划师指导工作，2018—2019 年中心城区基本建立了“社区规划师”制度，但每个区的模式和成效有所不同。其主要任务在于：①为基层政府的规划和治理提供专业咨询；②直接参与规划、建筑和景观设计；③提议微更新点位、作为评审专家或设计导师指导设计，协调和把控落地质量；④培训基层政府、引导公众参与、宣传推广理念与成果。但是目前来看，大多社区规划师只是外援，不能直接组织项目，更不能参与政府决策；而基层政府的工作千头万绪，也无法深耕微更新机制，因此具体项目操作时并不总那么有效。更大的弊端是各区经验和方法无法持续积累和完善，全市缺乏可共享的平台。

其次，建构市级协作平台。2015 年 1 月，上海市规划和自然资源局成立直属事业单位——上海城市公共空间设计促进中心（以下简称“促进中心”），为此后通过设计优化城市公共空间提供了更为专业、系统的制度保障。经过 6 年多的实践，促进中心的贡献主要包括：①初步搭建了全市范围城市微更新多元主体的协作平台；②形成了较为明确有效的工作流程和机制（发现问题—试点实践—跟踪观察—总结经验—宣传推广）；③创建了公开透明的微更新设计竞赛机制，积累了一定的设计方法、成果和人才资源库；④通过经验总结，部分类型空间微更新的成功模式在全市推广，成为系统工程；⑤通过城市空间艺术季平台、现场展览和论坛，普及了设计优化城市公共空间的理念，推广了成功的实践和方法，促进了城市公共文化的发展。

最后，培育社区自治力量。上海微更新探索了“扁平化”“动态化”的社会治理机制，打造共商共建共治共享的社会格局，浦东新区陆家嘴街道社区公益基金会（以下简称“陆家嘴基金会”）、大鱼社区营造发展中心（以下简称“大鱼营造”）等社会组织做出了有益的尝试。通过社区自治力量的培养，多元分散的主体形成合作网络，自上而下的基建规划与自下而上的社会力量良性互动，逐渐营造居民互信氛围、初步形成共建机制，打造富有包容性且充满活力的公共空间和公共生活。

（二）巴黎创新城市项目

创新城市项目（L’ Appel À Projets Urbains Innovants，APUI）是一个由社会公众、地方政府或公共部门发起的试验性城市公共项目咨询程序。创新城市项目与普通的受公共采购法管控的项目征集（类似我国招投标等）有所不同，它并没有明确的法律监管的限制，主要在以下两种情况下使用：为了分配公共项目财政补助，或在发展项目的背景下建立一个预合同化的过程。创新城市项目是传统项目征集的延续，财政补助可以被免费或有偿提供已建或未建的土地所取代，因此该咨询程序的合同框架也更加宽泛。这种新型的咨询程序反映了参与主体以及公私合作关系的不断变化，是一种比较理想的城市空间共享的实验沃土。正是公私合作关系不断调整的过程导致了巴黎创新城市项目的启动，包括2014年、2017年的两次重塑巴黎创新城市项目（Réinventer Paris），2016年、2018年的两次大巴黎都市区创新城市项目（Inventons la Métropole du Grand Paris，IMGP），2016年的重塑塞纳河创新城市项目（Réinventer la Seine）等。

创新城市项目的核心理念是将由地方政府及合作伙伴拥有的土地或建筑财产转让或提供给私人开发经营者，以便他们能够建设实施符合未来更新目标的项目。私人开发经营者通过组成特定的组别（咨询策划组、建筑师组、景观设计师组、管理人员等）来申请，他们需要负责行动的内容、实施和具体目标的实现。从法律的角度来看，创新城市项目的创新之处在于在为创造性留下空间的同时，也得到了政府部门的支持，操作规范中规定的方案准则仍然相当开放，主要目的是引入公共要素导向的创新功能。

创新城市项目的创新性主要体现在以下几个方面：①与新的空间用途和生活方式有关的规划设计，包括空间共享使用、建筑混合使用、参与性预算、协同工作、创客空间、旅游服务、城市农业等；②技术方面的创新，包括新技术应用、生态韧性技术、能源效率技术、生物气候技术、建造技术等；③规划方法和程序创新，包括适应性规划、弹性规划、城市行动主义规划、过渡性规划、共同设计等；④管理方法与融资方法的创新，包括绿色租赁、众筹、集体利益合作协会，以及合作伙伴关系甚至团队组成方面的创新。另外，政府在评价其创新性时着重关注项目建设完成后的运作模式，例如，项目的长期管理安排是什么，它提倡什么"社会模式"等问题。

创新城市项目使得市场主体的角色和参与方式发生了细微变化，并且最终的用户或经营者从项目一开始就被纳入规划建设的完整流程。一方面，项目开发团队吸纳了许多新型、小型的社会组织和居民或商家团体，使得常规思维中的项目尺度从单体建筑层面扩展到邻里社区层面。另一方面，开发团队的职能也在扩大，市场主体在创新城市项目中需要经常在组建团队和应对竞争中扮演指挥者和组织者的角色，这些新的变化要求市场主体进行内部重组。总之，创新城市项目需要动员许多具有广泛专业性的团队，从而确保对项目的密切监管、指挥和协调直到项目交付。另外，创新城市项目需要关注新参与者的存在，他们通常是对开发建设行业陌生的参与者，例如，初创企业、提议对停车或过渡空间进行优化管理的最终用户，甚至是餐馆业主，新参与者的出现显示出对提出混合、活力社区的关注。在实践中，这些变化是利益相关者之间更多合作的结果，新参与者在项目的前期参与确定他们的需求，在项目后期参与空间的管理和使用。

创新城市项目得到了巴黎市政府的高度重视，对于提供土地和空间的社区来说，创新城市项目有以下优势。首先，它是一个很好的展示工具和途径，不仅突出了场地性，也突出了地域性，对当地的房地产市场可能产生积极的影响。其次，它也是土地财产开发的新工具，提供了部分管理场地未来的可能性，比传统项目征集拥有更少的制度限制，但比简单的转让或租赁拥有更多的规划引导。此外，创新城市项目更容易获得工程团队或组织者的支持，特别是在沟通或法律问题上。最后，创新城市项目提供了一个在短时间内集中资源和动员参与者的机会，为干预长期受阻的项目提供了非常宝贵的“推力”。相比于地方政府往往要面对的漫长的开发时间框架，这种快速“设计—施工”的协议显然具有更大的潜力。

但值得注意的是，创新城市项目赋予了市场主体更多的权力，使得对规划拟议的城市空间的质量产生了一定的风险。首先，项目的时间很短，几乎没有采访和实地研究的余地，再加上各小组享有的自由度，导致对当地环境的考虑较为片面或肤浅，包括规划、当选代表和居民的意愿、对当地设施以及现有城市结构的影响等。虽然地方政府不再负责规划，但保留了决策权（建筑许可），并仍然负责确保其遵守城市规划的规则和要求，特别是土地利用规划的规则，而创新城市项目通常需要突破土地利用的规定。其次，创新城市项目所产生的公共要素本质上是由市场主体拥有和管理的公共利益设施（équipements d’intérêt collectif），为了避免功能冲突或重复，这些公共要素并不包括常规的公共设施，而更类似于私人拥有的公共空间的概念。这种将私人空间泛化为公共用途的做法，也将产生诸多质疑：居民应该拥有什么样的城市？应该提供哪些公共服务？公共要素管理的可持续性如何？参与公共要素融资的方法有哪些？现有设施是否有能力满足新用户的需求？由私营部门生产和管理的“公共”空间会无条件地向所有人开放吗？最后，创新城市项目中由于统一行动计划的时间安排很紧，限制了居民、民选代表和城市技术人员的协商和公共参与活动。公众参与的方法由各组别自行决定，一个重要挑战是如何在尊重与保证项目保密性和团队平等待遇相关的约束条件下，找到实施协商的方法，前期公众参与的缺乏使项目公布时存在不合民意的风险，这可能会影响到整个项目进度。

尽管存在上述挑战，但创新城市项目依然成为一个强大的展示工具，使各地区能够建立一个动态形象，巴黎市利用它们来加强其作为国际大都市在创新前沿的地位。

六、以空间共享为核心的城市微更新治理创新

（一）以“动态性”引导空间权利分享

目前，我国微更新进行空间共享的模式比较单一，仍然采用了增量时代的逻辑，并采用了自上而下的规划模式对共有产权空间进行更新改造。虽然在一定程度上确保了公共利益的实现和公众的介入，但是开发过程中的技术理性、精英思维以及政府的管理者、供应者角色并未发生根本的变化。建议应在现有规划许可制度的框架下重点研究和探索空间共享的许可制度，以降低空间共享的制度成本，激发从下而上的参与动力，鼓励市民和企业作为空间共享的主体进行申请、建设和运营。在公共空间中，应探索形成道路空间占用许可制度、滨水空间占用许可制度、公园空间占用许可制度、社区空间占用许可制度。在建筑空间中，应探索以城市功能提升为目标的低效建筑设施更新与运营的制度机制，优化对建筑用途的弹性管控，允许建筑用途在一定范围内进行动态功能调整。总之，在产权结构不发生根本性转变的前提下对公共空间和建筑空间进行灵活使用和整合，空间共享的模式可以包括分时利用、限时利用、社会实验、混合利用等多种方式。

（二）以“创新性”激发空间效益提升

设计创新是激发空间效益的主要因素，这种创新性使得空间效益在市场主体、地方政府、社会公众（含社会组织、专业团体）之间得以平衡和共享。对于市场主体，空间共享项目将促使其考虑新型小规模项目的建设模式转型，从单纯的资本增值逻辑向场景功能提升逻辑进行转变，从而进一步调整其内部组织结构。对于地方政府而言，不仅可以从闲置的公共资源再利用中获益，而且可以根据社会公众的实际需求创造性地提供新的空

间用途，引导城市向创新前沿的发展定位迈进，这是展示城市综合竞争力的重要手段。对于社会公众来说，可以通过空间共享，获得符合社区群众所需的公共文化设施和空间，满足其对社会生活的多样化的需求，也可以使传统公共文化空间数量不足、服务不全、品质不高的问题得以缓解。而创新性的要求也激发了专业性团队和组织的参与热情，通过提供高质量、高水平的规划设计成果和服务确保空间共享项目的实施。

另外，创新性的要求也可以避免空间效益过度归私问题的出现，虽然空间共享项目没有传统规划项目的严格审批、监管要求，但是通过项目的创新性也使简单的出租和转让所产生的收益过度归私的问题受到一定的限制。总体而言，以项目的创新性为准则和引导可以有效促进空间效益的平衡和共享。

（三）以“诱致性”完善空间治理能力

诱致性的治理方式是提高微更新空间治理能力的合理途径。一方面，虽然地方政府不再负责空间共享项目的总体规划设计，但是地方政府仍然保留了最终规划许可的权利。空间共享的创新设计往往存在突破现有城市规划管控要求的现象，地方政府需要把握规划管控的底线，降低规划管控的成本，鼓励新的空间用途的使用和实验。另一方面，地方政府需要调整公共部门与市场主体之间的合作关系，允许市场主体对公共文化要素更新供给。也就是说，公共利益可以由市场主体拥有和管理。可以预见的是，这种由市场主体提供公共服务的做法，也将引发诸多质疑，包括对社区居民实际需求和公共服务内容的质疑、对公共文化空间的管理和融资方式的质疑、对市场主体提供的“公共”空间可持续运营和管理的质疑等，这些问题均需要在实践中不断优化和解决。

空间共享项目会出现一些传统规划项目中没有涉足的新参与者，即“初始终端用户”，包括原住民和空间最终使用者。例如，创业公司、餐饮店老板等实际空间使用者，将提前出现在项目规划设计的前期，这是传统规划项目中所没有遇到的新问题、新情况。这些新参与者的需求将直接影响最终的空间呈现方式，也会影响项目交付后的运营管理的可持续性。因此，空间共享必然要采用循序渐进、多元协商的诱致性治理方式，建立全流程的公众参与框架显得尤其重要。

参考文献

[1]王世福,易智康,张晓阳．中国城市更新转型的反思与展望[J]. 城市规划学刊,2023(1):20－25.

[2]BERNARDI M, DIAMANTINI D. Shaping the sharing city: An exploratory study on Seoul and Milan[J]. Journal of Cleaner Production, 2018(203):30－42.

[3]COHEN B, KIETZMANN J. Ride on! Mobility business models for the sharing economy[J]. Organization & Environment, 2014, 27(3):279－296.

[4]COHEN B, MUNOZ P. Sharing cities and sustainable consumption and production: Towards an integrated framework[J]. Journal of Cleaner Production, 2016(134):87－97.

[5]LABAEYE A. Sharing cities and commoning: An alternative narrative for just and sustainable cities[J]. Sustainability, 2019, 11(16):4358.

[6]AGYEMAN J, MCLAREN D. Sharing cities[J]. Environment: Science and Policy for Sustainable Development, 2017, 59(3):22－27.

[7]JIN S T, KONG H, WU R, et al. Ridesourcing, the sharing economy, and the future of cities[J]. Cities, 2018(76):96－104.

[8]MAALSEN S. "Generation Share": Digitalized geographies of shared housing[J]. Social & Cultural Geography, 2020, 21(1):105－113.

[9]DAVIDSON N M, INFRANCA J J. The sharing economy as an urban phenomenon[J]. Yale L. & Pol'y Rev., 2015(34):215.

[10]MCCORNICK K, ANDERBERG S, COENEN L, et al. Advancing sustainable urban transformation[J]. Journal of Cleaner Production, 2013(50):1－11.

[11]FRANTZESKAKI N, KABISCH N. Designing a knowledge co－production operating space for urban environmental governance—Lessons from Rotterdam, Netherlands and Berlin, Germany[J]. Environmental Science & Policy, 2016(62):90－98.

[12]胡博成,朱忆天. 从空间生产到空间共享:新中国70年城镇化发展道路的嬗变逻辑[J]. 西北农林科技大学学报(社会科学版),2019,19(4):28－35.

[13]亨利·列斐伏尔. 空间的生产[M]. 北京:商务印书馆,2021:1－125.

[14]王凌瑾,吴晓,王承慧. 产权视角下的高校单位大院微更新初探[J]. 城市规划,2022,46(9):59－70,114.

[15]古颖,李秋实,尹维娜. 以社区街道为主体的上海市普陀区石泉路街道城市微更新路径探索[J]. 城市规划学刊,2022(S2):161－166.

[16]王世福,易智康. 以制度创新引领城市更新[J]. 城市规划,2021,45(4):41－47,83.

[17]何明俊. 城市规划、土地发展权与社会公平[J]. 城市规划,2018,42(8):9－15.

[18]丁寿颐."租差"理论视角的城市更新制度:以广州为例[J]. 城市规划,2019,43(12):69－77.

[19]付清松. 空间生产·空间批判·空间权利:析列斐弗尔空间政治学的基本架构[J]. 社会科学家,2013(8):11－15.

[20]格利高里,厄里. 社会关系与空间结构[M]. 北京:北京师范大学出版社,2011:51－90.

[21]王丰龙,刘云刚. 空间生产再考:从哈维到福柯[J]. 地理科学,2013,33(11):1293－1301.

[22]赵珂,杨越,李洁莲. 赋权增能:老旧社区更新的"共享"规划路径:以成都市新都区新桂东社区为例[J]. 城市规划,2022,46(8):51－57.

[23]何明俊. 用途管制的制度成本[J]. 城市规划,2021,45(9):15－22.

[24]华霞虹,庄慎. 以设计促进公共日常生活空间的更新:上海城市微更新实践综述[J]. 建筑学报,2022(3):1－11.

[25]谢金丰,涂文颖. 多元租差框架下城市存量空间更新动力的再阐释:以"朗园Vintage"和田子坊为例[J]. 城市规划学刊,2023(1):74－79.

[26]刘祖云,王太文."社区营造":理论渊源及其理论转译[J]. 理论探讨,2023(5):62－69.

[27]LANDAU B. La maîtrise d'ouvrage urbaine en question, portée et limites des

APUI (appels à projets urbains innovants) [J]. Tous Urbains, 2019 (1) :39 -45.

[28] FRANCOIS MEUNIER. Éclairer les processus de définition des programmes - et des innovations programmatiques - dans les appels à projets urbains innovants. 2019:5 - 12. hal - 03225715.

文化遗产与科技赋能：基于林特宅邸的适应性文化遗产保护和再利用的可行性研究

邓雅文①

一、简介

联合国教科文组织提出，文化遗产构成了当代社会的“文化潜能”，并提供了未来文化产业发展的创造力。由于人类活动和自然环境的影响，大多数文化遗产都遭到了不同程度的破坏。将文化遗产数字化是一种可持续保护的方式。大多数研究者认为，数字化提供了真实性，反映了准确的数据，但也有批评者认为，它在将数据从物理空间传输到网络空间时，失去了有形历史物质的内在维度，从而破坏了真实性体验。本文将以格拉斯哥林特宅邸（Linthouse）的一个项目为例，从历史和理论的角度，通过数字技术的语境化，探讨数字化的适应性保存的内在真实性。本项目运用民族志和协同设计来检验三维可视化是否满足自我认知和社会互动的习俗要求。本文旨在对文化遗产适应性保护的智能实现进行理论和实验研究。

本文从文化遗产的危机角度出发，反映了文化遗产的破坏和普遍化，

---

① 格拉斯哥艺术学院硕士。

联合国教科文组织提出，这对文化遗产所构成的“文化潜力”的价值产生了负面影响。在这种情况下，数字化是可持续保护的途径。然而，数字化的过程缺乏真实性，以及对空间的感知和自身认知。

在关于文化遗产3D可视化真实性的争论中，一些研究人员强调了物理连接的重要性，它影响了感官质量的反应[①]。罗德尼·哈里森（Rodney Harrison）认为遗产是一种关于现在和未来的关系。他还提到了与在《苏格兰石刻未来思考的个人反思：当地社区文化遗产的物质性和文脉的研究框架》[②] 中类似的研究框架。这些观点反映了文化遗产真实性的核心，并界定了关于历史事物内在维度真实性的定义。保拉·斯特伦登（Paula Strunden）在关于多感官界面的讲座中提到目前的数字建筑设计过程不能满足多感官交互和自身认知[③]。

该文章的研究结构从对文化遗产的价值认识开始，到文化遗产数字化的研究现状，再以数字文化遗产真实性的创造结束。本文的研究与实践的新颖之处在于将物理空间与虚拟空间相结合，并将遗产的文化核心与参观者的感知相联系。

本文将通过一个实验项目进行调查，该项目旨在恢复文化遗产数字化中有形历史事物内在维度的真实性，而不是在虚拟空间中重组以前的建筑以供在线访问。

本文共分为四个部分。第一部分旨在厘清文化遗产保护方面的真实性认知。第二部分讨论通过数字技术实现物理空间和虚拟空间的共生，同时讨论如何将文化遗产语境化以支持数字真实性。在第三部分和第四部分中，安排有两个案例研究和一个关于位于格拉斯哥的林特宅邸（Linthouse）的实验，寻找虚拟技术在多感官体验中实现虚拟导航远程活动的可能性和潜力。

---

① SIâN JONES, STUART JEFFREY, et al. Alex Hale, Cara Jones. 3D heritage visualisation and The negotiation of authenticity: The ACCORD project [J]. International Journal of Heritage Studies, 2018, 24 (4): 333 – 353.

② Future thinking on carved stones in scotland: A research framework [Z]. Society of Antiquaries of Scotland, 2016.

③ STRUNDEN PAULA. Multisensory Interfaces [EB/OL]. [2023 – 03 – 11]. https://www.youtube.com/watch? v = blhJSU8Stjw.

二、研究问题与目标

本文研究包括两方面的内容，一方面是空间设计中的适应性再利用和文脉保留；另一方面是虚拟技术的研究。在此基础上，了解虚拟技术如何促进文化遗产保护。总体而言，本文批判性地讨论了语境化数字技术的内在真实性，并实验性地开发一种重建社区与遗产适应性保护之间关系的方法。正如《文化遗产视觉计算》的观点所陈述的那样，“旨在强调这些社区之间相互促进和合作的潜力”。[①] 基于这些目标，开发一种实验性的多感官体验，寻求在文化遗产数字化过程中恢复真实性的可能性。

科技赋能的基础是由物理空间、网络空间和认知空间三个相互影响的空间构成。物理空间和网络空间都将信息传递到认知空间，但在这一过程中，网络空间所传递的多感官交互会失去和缺乏物理空间的自身认知。在这种情况下，物理空间无法充分反映到网络空间，使得网络空间难以赋能物理空间。此时，整体研究的问题是如何利用数字技术呈现和复兴文化遗产的真实性，并以大众都将参与的娱乐方式传播。

基于这一研究问题，学者们构建了文化遗产与数字技术的认知体系。在这个项目中，研究者选择了虚拟技术来支持体验的构建。在对这些进行阐释之后，本文对现有的文化遗产交互式数字叙事的理论和案例研究进行讨论。

三、构建认知体系

（一）文化遗产研究

1. 文化遗产的价值

联合国教科文组织规定，文化遗产包括具有历史、艺术、美学、民族学或人类学、科学和社会等多种价值的文物、纪念碑、一组建筑和遗址、

① LIAROKAPIS F. Visual computing for cultural heritage[M]. Cham:Springer International Publishing,2020.

博物馆。在笔者的定义中，物质文化遗产是一种能够反映和记录当地文化内在本质的物体。

2. 文化遗产的本质

文化遗产叙事应体现遗产修辞的本质内在维度。VR 现象学将用户的身体置于 VR 体验的中心（名字、时间）。从建筑的角度来看，建筑的碎片和地面上的伤痕将记录发生的过程和事件。这些证据背后的每个故事都有自己的社会和社区文化背景。虽然不可能精确地还原原来的建筑，但记忆的感知仍然可以把人带回当时的氛围。

3. 乡村宅邸

乡村宅邸（Country House）是统治阶级权力和特权的体现。在 1832 年的《人民代表法》颁布之前，乡绅阶层和有影响力的官员经常在乡村别墅消磨时间。在这一时期，乡村宅邸是重要的就业场所，可以带动周边社区的经济。直到 19 世纪末，传统的英国乡村宅邸生活方式走到了尽头，它才停止了对社区的辐射。

在这种情况下，乡村宅邸与周围的社区革命有着密切的历史联系。乡村宅邸的革命可以反映社会意识形态的发展，它留存了英国的文化核心以及变迁。

林特宅邸（Linthouse）是一座典型的希腊复兴式乡村别墅，证据明显地体现在简洁有力的多立克柱式上。凯恩斯宅邸（Cairness House）被称为苏格兰最重要的希腊复兴式建筑，保存完好。因此，它可以作为林特宅邸的参考。这是本文重构假设的基础。

4. 林特宅邸历史研究

林特宅邸的演变过程反映了格拉斯哥的城市现代化过程（图 1）。林特宅邸是 1791 年由罗伯特 · 亚当（Robert Adam）为格拉斯哥市的内务大臣詹姆斯 · 斯普雷尔（James Spruell）建造的。1820 年，这座建筑由银行家詹姆斯 · 沃森（James Watson）出资加建正式建筑的补充部分。1832 年，他把它卖给了轮船银行的出纳迈克尔 · 罗兰（Michael Rowand）。在那之后，于工业革命期间，造船商亚历山大·斯蒂芬斯在 1869 年买下了这座房子作为他的造船厂办公楼。1921 年，这所房子被拆除，并与戈文社区隔离开来。目前，林特宅邸已经把人们的活动和社区功能隔离，只在现埃德公园（Elder Park）保留了入口大门。

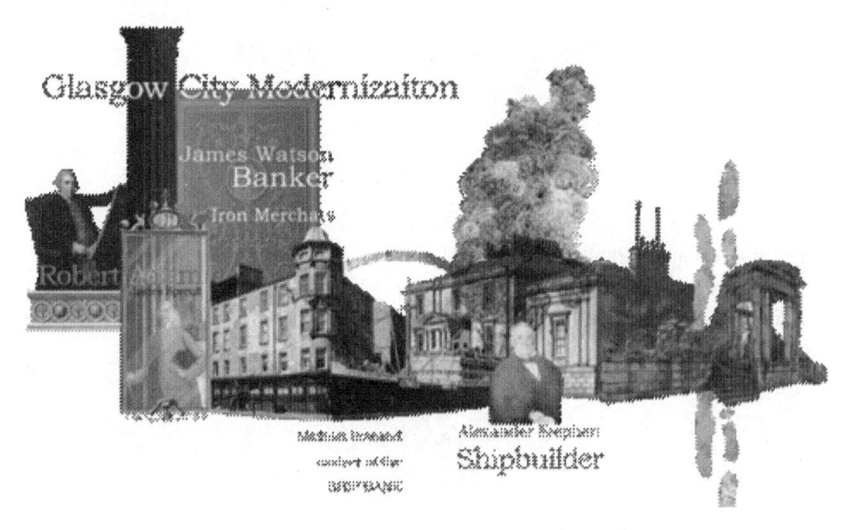

图 1 格拉斯哥城市现代化历史拼贴

资料来源：笔者绘制。

（二）科技赋能

“虚拟现实的定义自然来源于‘虚拟’和‘现实’的定义。‘虚拟’的定义是接近，现实就是我们作为人类所经历的。所以，‘虚拟现实’这个词基本上就是‘接近现实’的意思。当然，这可能意味着任何东西，但它通常指的是一种特定类型的现实模拟。”① 然而，传统的 VR 体验是对视觉的复兴，但难以复制我们在真实空间中体验到的多感官体验（见图 2）。这个项目不是开发技术，而是利用空间设计和感官叙事体验来复兴文化遗产，让人们参与其中。

在保拉·斯特伦登的演讲中，她支持多感官体验，并强调了物理感知。

---

① MICHAEL A G. Virtual reality: Definitions, history and applications[J]. Academic Press, 1993: 3 - 14.

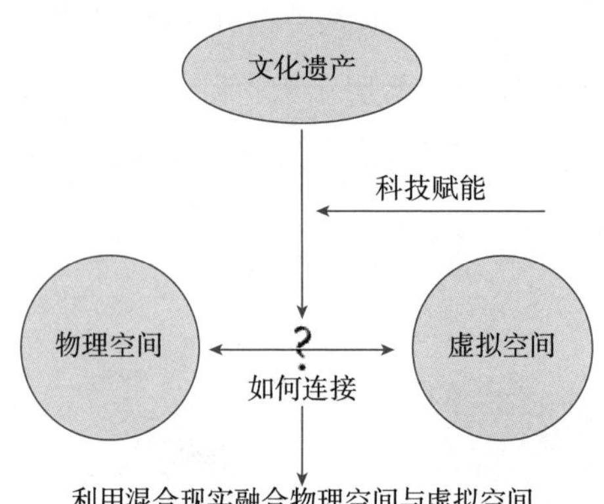

图2　混合现实和空间的关系

资料来源：Paula Strunden 讲座，2021 年。

虚拟技术将物理对象与构成混合空间体验的身体认知联系起来①（见图3）。

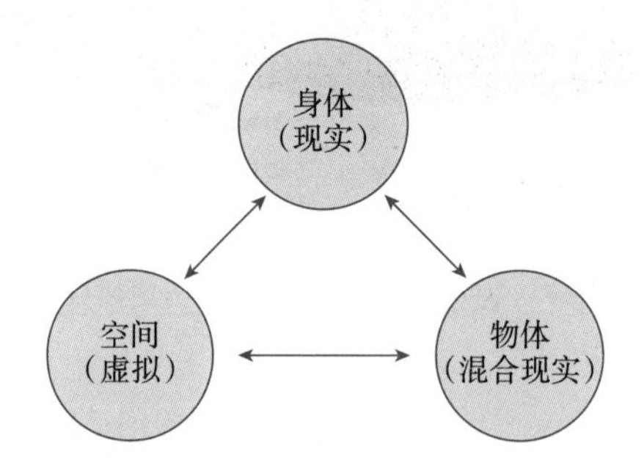

图3　混合空间体验关系

资料来源：Paula Strunden 讲座，2021 年。

四、方法论与方法

在感知和互动的发展过程中，方法论由四个研究阶段构成（见图4）。第一阶段旨在观察遗产现状，尝试重建原有的空间设计。在这个过程中，摄影被用来加深对当前空间在结构和规模方面的理解。3D 扫描是记录林特宅邸剩余结构的方法，因为它提供了灵活和具象的空间组织。但是，在此过程中可能会丢失一些细节。所以，笔者拍了一些屋顶结构的照片，以对

---

① STRUNDEN P. Multisensory Interfaces [EB/OL]. [2023 - 09 - 11]. https://www.youtube.com/watch? v = blhJSU8Stjw.

应地上的伤痕。在此基础上，由于缺乏准确的档案资料，笔者提出采用重构假说对林特宅邸进行重建。根据初步的观察，这是一座希腊复兴时期的乡村别墅。在这种情况下，所有假设都是基于参考其他典型的希腊复兴乡村别墅，如位于阿伯丁郡的凯恩斯宅邸。

图 4　项目研究框架

资料来源：笔者自绘。

第二阶段是开始为人们在空间中建立感知认知的步骤。在这个阶段，民族志是一种有效识别空间感知的方式。笔者开发了通过步行路线来体验林特宅邸现存的感官。在与环境的互动中，笔者记录了周围环境的声音和触觉感受。在此之后，笔者用映射方法整合和分析这些感官“数据”，同时试图以视觉方式表示其他感官。此外，探索人们如何通过身体感知与遗产互动。在这个阶段，会有一个材料实验，侧重于在不同材料的地板上行走，以此对不同的材料叙事展开研究。

第三阶段的叙事是这个项目的主要部分，主要集中在空间叙事上。这一阶段笔者运用考古学和现象学理论构建叙事流程，然后将叙事转化为空间设计。遗产的叙事是设计师试图保存和复兴的核心真实性。这种叙事翻译将同时反映物理空间和虚拟空间，并用于支持多感官体验。在考古方面，笔者运用浇铸手法，将历史事件层层塑造，作为叙事实验，与文化遗产和人类活动进行对话。

在第四阶段，笔者创建互动策略。明确游客与文化遗产互动的逻辑和方式，包括物理和虚拟。在虚拟技术的支持下，笔者提出将文化遗产向当地社区开放，吸引人们参与文化遗产教育和保护。同时，保持对空间和物理的感知，体现虚拟的互动。

五、重构假设

在《沉浸式 VR 应用和游戏的历史背景的 3D 重建和验证：罗马奥古斯都论坛的案例研究》[①] 中，这个项目为作者如何建立对失落建筑的重建假设提供了很好的参考。通过三维扫描分析场地现状，标记缺失部分，从类似结构中寻找参考。案例研究的下一步是使用类似的方法来重建室内空间。值得进一步讨论的是他们使用拼贴的方法，并将拼贴折叠成 3D 空间。这种方法可以得到三维扫描技术的支持，即通过三维扫描后的纹理输出展开。

英国乡间宅邸有着相似的制式和功能，包含接待大厅、会客室、起居室、图书馆、早餐室、晚餐厅、画廊（舞厅）等。依据留存的原址照片以及相同风格的建筑平面图，作者重构了原址基本的空间结构。设计师在研究项目选址的基础上，采用重构假设对原场地进行改造。

将空间视为一个方形的盒子，设计师的作品采用拼贴的方法进行重组，以分析设计师的设计风格和选材（见图 5）。

六、真实性的实现

完全重建绝对的历史准确性是不可能的[②]。艾略特认为，历史的意象和叙事会经过一个漫长而被动的过程，从其原意中分离出来。与此同时，现代意识形态和修辞将作为一种结构来支持它们。当前的文化遗产数字化考虑了社区的娱乐需求，其叙事和背景趋势经过了大量的修饰。这种现状与文化遗产保护过程中社区参与的激活以及遗产与现代社会关系的变化背道而驰。

---

① DANIELE F, BRUNO F, MARIA C P, et al. 3D reconstruction and validation of historical background for immersive VR applications and games: The case study of the Forum of Augustus in Rome'[J]. Journal of Cultural Heritage, 2020, 12(00): 129 – 143.

② ALVESTAD, KARL C, ROBERT H. The middle ages in modern culture: History and authenticity in contemporary medievalism [M]. London: Bloomsbury Academic, 2021.

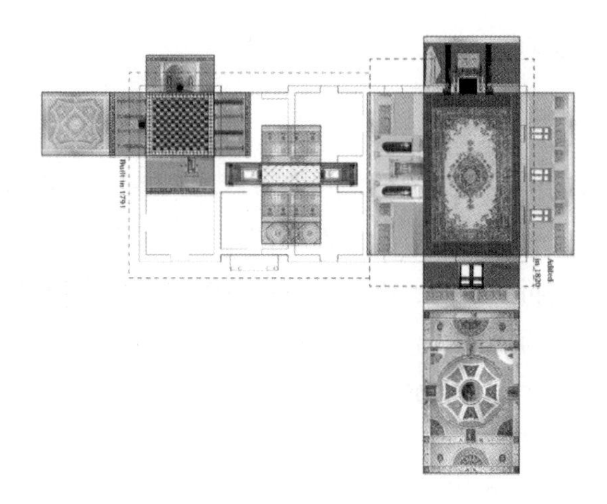

图 5　空间结构与纹样材料的重构假设

资料来源：笔者自绘。

此外，关于真实性的定义也存在争议。杰弗里·斯图尔特强调了有形性的重要性，这往往与真实性相呼应。从空间设计的角度来看，“现实”的真实性包括空间的物质性、现象性和结构性。然而，随着当地社区角色的变化，这些元素在历史上经常发生变化①。相反，故事和记忆更难消失。在这种情况下，重新定义“真实性”的意义应该是有形历史事物的内在维度。

巴克认为，触摸不只是通过观众身体的皮肤发生的，而是通过他们各种身体感觉系统发生的，包括“紧张、平衡、能量、惯性、倦怠、速度、节奏”②。在这种情况下，设计师所关注的现象对于游客通过视觉来扩展感官是至关重要的。与此同时，如何运用其他感官建立虚拟空间与实际空间的连接也是该研究的“桥梁”，用于联系人类社会社区以及文化内核。

沉浸式的叙事互动是由参观者的感知和表达所产生的。在电影现象学方面，人的感官和情感可以由视觉和听觉引起，接收对空间的感知，并通过情感来表达，创造连接物理世界和虚拟世界的互动循环。

---

① SIâN J, STUART J, MHAIRI M, et al. 3D heritage visualisation and the negotiation of authenticity: The ACCORD project [J]. International Journal of Heritage Studies, 2018, 24(4): 333 - 353.

② Stuart Marshall Bender, Mick Broderick. Phenomenology and the Virtual Reality Researcher - Critic [B]. Cham: Springer Link, 2021.

（一）建立感官连接

1. 浇筑实验

在野外考古学中，有一种理论叫作考古地层学。它认为，随着时间的推移，由于人类和自然的活动，土壤会出现不同的层次（见图6）。对于考古工作者来说，他们需要将土壤与孟塞尔色图表进行比较来评估土壤。基于考古地层学理论的铸造实验将映射，随着时间的推移，由于人类和自然的活动，土壤形成了不同层次。

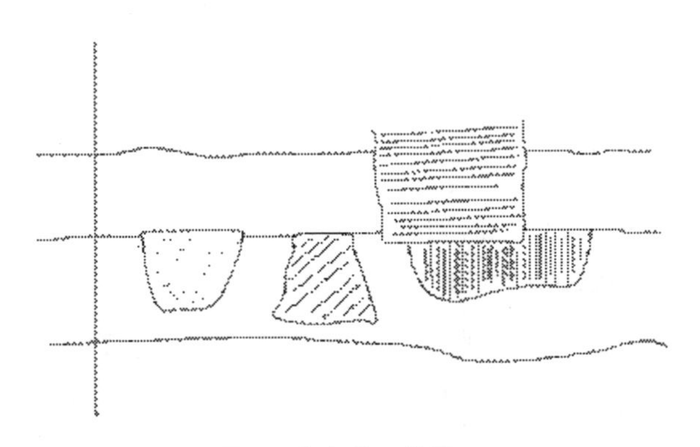

图6　考古学理论图示

资料来源：笔者自绘。

人类活动的背后是社会城市发展进程的演变，在这个发展过程中，城市的文化内核与城市的建设发展相互影响、相互作用。以格拉斯哥为例，开尔文河的贯穿带来了推动城市发展的资源与文化，推进工业革命时期的城市快速现代化，造船业盛极一时。这样的发展深刻地影响了格拉斯哥的城市文化，这样的文化为城市带来了活力以及居民的凝聚力。林特宅邸的演变发展则映射了这样的过程，但因其缺失保护，被拆除并隔离于城市社区。林特宅邸的核心是格拉斯哥现代化革命。所以，叙事需反映历史的进程，而浇筑实验可以将这种进程视觉化，换言之，将城市文化的内核视觉化。

2. 第一次浇筑实验过程

首先，根据历史研究，林特宅邸作为一种文化遗产，有一种“衰败”

的叙事。这种“衰败”是关于对最初功能和现象的记忆失去真实性。为了探讨如何表达“腐烂”的概念并将叙事嵌入空间，基于考古的对话似乎是有效的。在考古学中，材料的分层反映了物体随着时间的推移而逐渐腐烂。将材料熔化，再现“衰变”的过程。不同的材料有不同的熔点。带颜料的灰泥反映了不易变化的物体，不同种类的蜡代表了易随时间变化的物体，大豆蜡、石蜡和蜂蜡按熔点从低到高的顺序选用。在铸造过程中，人与物体相互作用，导致铸造结果呈不同形状。这一过程也反映了人通过活动对对象的影响。

在这之后，待浇筑模型完全干燥凝固后，将其与浇筑模具剥离并进行3D 扫描。在对得到的长方体模具进行 3D 扫描后，将长方体的四个立面展开，得到浇筑模型的展开图，这时候就可以清楚地看到实验过程中由人的活动与不同浇筑材料产生的互动而形成的新纹理（见图 7）。

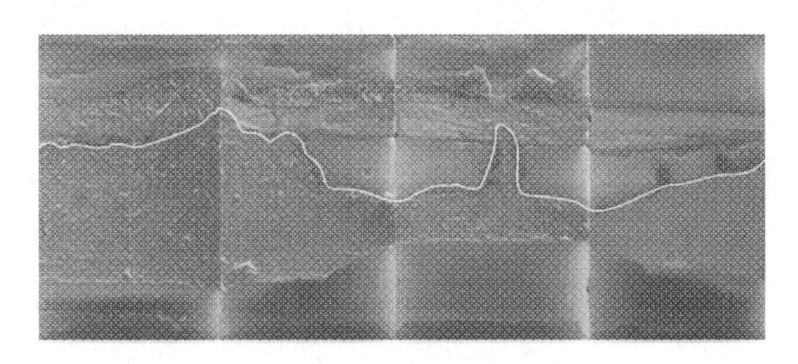

图 7　第一次浇筑模型展开图

资料来源：笔者自绘。

在目前的实验过程中，并没有像作者预期的那样表达“衰退”的概念。更像是作者重新构造了一个东西，重新创造了一个物体。无论蜡和石膏的状态如何，它们在熔化和凝固后都不会改变自身的性质。但是在浇筑之后，这些对象变成了一个新对象。在这种情况下，笔者认为这一过程是关于“复兴”的讨论。

因此，最后对整个剩余场地进行浇筑。在这一步铸造实验中，需要在之前铸造模型的基础上构建新的交互式工具，用于人工干预。使用 3D 打印重构新的层次建模人类活动。

3. 第二次浇筑实验过程

在犀牛软件（Rhino）中通过3D扫描建立数字站点模型。通过3D打印制作剩下的场地，以便搭建铸造模具。锈迹斑斑的铁块是现存建筑残片的象征。石膏反映了那些难以改变的物体和物质，而蜡则代表了那些容易改变的东西。此外，所有铸件的颜色都来自林特宅邸。

图8　第二次浇筑模型

资料来源：笔者自绘。

这个实验进行了人类活动与文化遗产的“对话”，反映了城市社区与文化遗产的关系变化。3D扫描与3D建模准确地还原了原址形态与比例，这两项技术能够很好地将被视觉化的文化内核融入无结构承重等限制的虚拟空间中（见图8）。

4. 实验转译

为了继续前进，应该有一种媒介将叙述转化为空间。对于考古学家来说，他们需要将土壤与孟塞尔色表进行比较来评估土壤（见图9）。

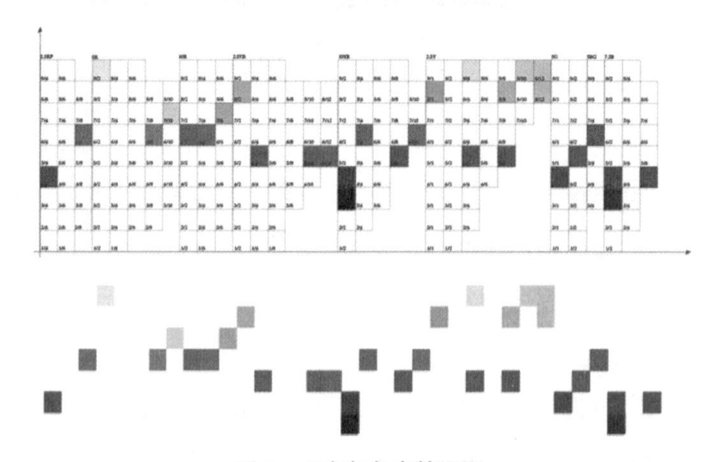

图9　孟塞尔色表转译图

资料来源：笔者自绘。

在研究希腊复兴时期的建筑和设计师时，我们发现拱门元素在建筑内部被广泛使用。同时，圆顶也常用于空间较大的房间，如图书馆和接待厅。这些元素不仅是罗伯特·亚当（Robert Adam）的典型风格，也是希腊复兴式建筑的类型（见图 10）。

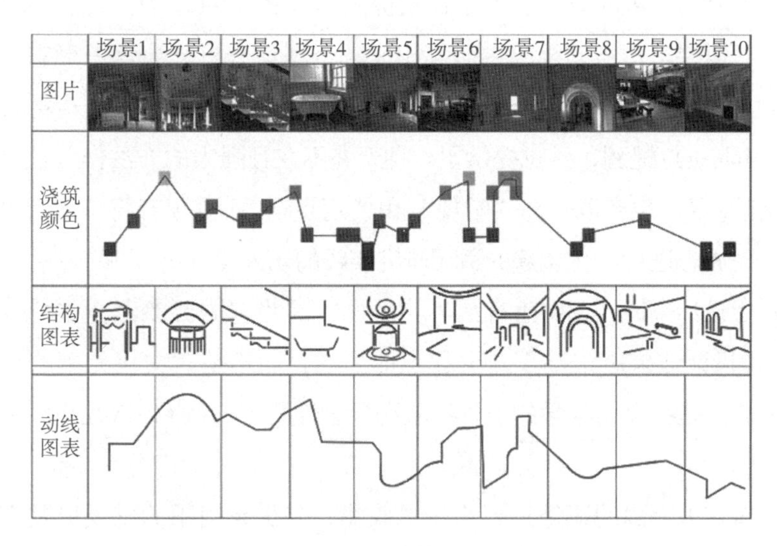

图 10　叙事转译图

资料来源：笔者自绘。

这个项目旨在从一个令人缺乏感觉的虚拟空间中发现历史的真实性。因此将这些元素提取出来，然后对其进行现代化和重组是有意义的，这是一个讨论文化遗产核心保护的过程，而不是单一的重建，以恢复在历史中丢失的遗产。

对于物理空间的设计大部分材料来自过去存在的林特宅邸。情绪板旨在创造 18 世纪希腊复兴乡村别墅的形象。同时，以现代的方式简化图案和纹理。

根据罗伯特·亚当的研究，地毯通常被木材包围，以过渡到更硬、更冷的材料，如大理石。由于林特宅邸建于维多利亚时代之前，因此该建筑没有使用砂岩，而是采用铸造工艺。然而，随着工业革命的开始，砂岩逐渐被用于建筑，成为格拉斯哥的象征。

（二）民族志与听觉地图

在高文（Goven）社区中，人们的大部分日常活动都是围绕着埃德公园进行的，然而，由于将现实视为“例行公事”，他们总是忽略了进一步质疑现实与空间的客观联系。这就是穆勒提出的“盲点”①。为了让这些盲点清晰可见，需要从正常的经验中分离出来，合理地分析社会意识形态与空间感之间的新关系。克里斯·珀金斯（Chris Perkins）和凯特·麦克莱恩（Kate Mclean）提到，感觉提供了一种无处不在且强大的方法作为社会联系的关键暗示②。声音似乎是“常规”和“盲点”，所以声音将是笔者讨论通过设计民族志进行文化重建的适用研究实践的切入点。

对于设计来说，无中生有是不可能的，因为它需要参考一些特定的文化点③。设计结果应该基于对文化点的考虑，而不是对文化元素的粗暴应用。民族志是社会人类学的一种经验和探索性研究方法④，旨在更深入地了解文化⑤。

作者在被隔离的遗址进行声音的收集，并记录当下的感受以及声音的叙事。尝试结合记录的声音进行材料叙事实验，以此尝试还原遗址作为乡村宅邸时于城市社区起到的凝聚激活的作用。

在不同的材料上行走时记录下不同的声音（见图 11）。同时，记录下这些材料所讲述的感受和故事。根据 18 世纪的材料进行研究，选择了草、大理石、地毯、木材和石头进行实验。

---

① MüLLER FRANCIS. Design ethnography epistemology and methodology [M]. 1st ed. Cham:Springer International Publishing, 2021:7.

② HOLMES HELEN,SARCH M H. Mundane methods:Innovative ways to research the everyday [M]. Mancester:Manchester University Press, 2020:156 – 173.

③ MüLLER FRANCIS. Design ethnography epistemology and methodology [M]. 1st ed. Cham:Springer International Publishing, 2021:1.

④ MüLLER FRANCIS. Design ethnography epistemology and methodology[M]. 1st ed. Cham:Springer International Publishing, 2021:2.

⑤ DAVID T PHILIP H. The art of digital scent – people, space and time[J]. Journal of Science and Technology of the Arts, 2018, 10(1):2.

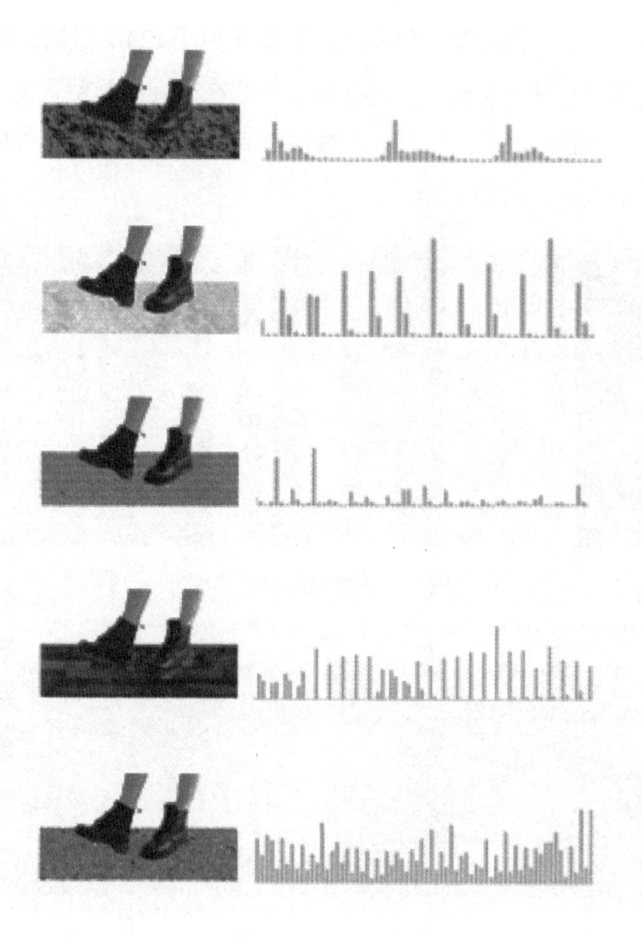

图 11　材料试验记录

资料来源：笔者自绘。

七、产出

基于材料叙事实验，不同的触觉和听觉对不同的地板材料产生不同的触感和声音。在物理空间中，当人们触摸到空间中的结构时，就会出现头戴式 VR 中虚拟空间的不同场景。在这种情况下，物理空间将支持虚拟空间中的感官体验。物理空间中的铸柱在虚拟空间中提供了泳池走廊结构的触感。同时，游客可以选择在浅水中行走，丰富虚拟空间的感官叙事。通过之前的铸造实验，有几层材料（生锈的铁、蜡、石膏）被平铺在空间的内墙上，为游客提供不同的触觉和不同的叙事（见图12）。同时，在虚拟空间中，人们会看到从铸造实验中获得的屋顶，它在空间中是倒置的（见图13、图14）。在这种情况下，人们可以在虚拟空间中获得多感官的VR体验，这依赖于物理空间中的动作支持。

图12　内墙材料形成过程

资料来源：笔者自绘。

图13　物理空间效果

资料来源：笔者自绘。

图14　虚拟空间效果

资料来源：笔者自绘。

将数字模型上传到3D漫游平台上，借用VR技术了解人们如何探索数字空间（见图15）。虽然很难完全还原在现实生活中那样的空间感知，但对空间尺度和氛围的认识仍在继续。

八、结语

文化遗产的核心在于其背后的文化和思想变迁，数字文化遗产在现阶段缺乏这种核心真实性。利用物理空间来支持虚拟空间的真实性在理论上是可能的，但在这个过程中提取和重组的元素是否有效地恢复了过去的感

图 15　虚拟空间 VR 游览

资料来源：笔者自绘。

知需要讨论。而这种多感官的体验更能传达虚拟空间的氛围，告诉参观者过去的记忆是怎样的。

研究表明，基于民族志和考古学的研究实验是有效的。这两种方法各自讨论了人类对环境现象的感知以及复兴文化遗产内在文化核心的可能性。同时，3D 扫描和 3D 打印被证明是支持研究的强大工具。

通过项目成果，虚拟现实体验增强了游客在物理空间支撑下对空间现象的感知，进而加强了与遗产背后故事的联系，从而实现了文化遗产在数字空间中的内在真实性。

通过运用数字科技、3D 等手段对城市特定项目的试验，可以发现未来城市文化遗产保护与发展应注重文化内核的保留、保护与重建，而非简单地重现具象化的文化遗产。关注城市社区与文化遗产的关系发展变化，打破文化遗产随着城市意识形态和需求的变化而产生的隔离封锁。数字科技可以更好地支持文化遗产的可持续发展保护，并且具有潜力发展多感官远程协同交互体验，以重新建立人、城市、文化遗产的新关系、新互动形式。

参考文献

[1] BENDER, STUART M, MICK B. Phenomenology and the virtual reality researcher - critic, in virtual realities[M]. Switzerland: Springer International Publishing

AG,2021:27 - 51.

[2] BRENDAN C. Copy Culture [EB/OL]. [2023 - 06 - 13]. https://www.vam.ac.uk/shop/books/all - books/copy - culture - 155051.html.

[3] COSTANZA - CHOCK, SASHA. Design justice: Community - Led practices to build the worlds we need[M]. Cambridge: The MIT Press, 2020: 1 - 11.

[4] COSTANZA - CHOCK, SASHA. Design justice: Community - Led practices to build the worlds we need[M]. Cambridge: The MIT Press, 2020: 44 - 55.

[5] ICONEM. Eternal sitites: From BâmiyâN to Palmyra[EB/OL]. [2023 - 07 - 26]. https://iconem.com/.

[6] SALLY F, KATHERINE F, SUSAN B, et al. Future thinking on carved stones in Scotland: A research framework[M]. Glasgow: Society of Antiquaries of Scotland, 2016.

[7] FU Q W, JIAN L, T S H, et al. Optimal design of virtual reality visualization interface based on kansei engineering image space research[M]. Basel: Symmetry, 2020.

[8] HARRISON R. Heritage: Critical approaches[M]. London: Routledge, 2012.

[9] IOANNIDES M, NADIA MAGNENAT - THALMANN, GEORGE P. Mixed reality and gamification for cultural heritage[M]. Cham: Springer International Publishing, 2017.

[10] SIAN J, STUART J, MHAIRI M, et al. 3D heritage visualisation and the negotiation of authenticity: The ACCORD project[J]. Glagow: International Journal of Heritage Studies, 2017, 24(4): 333 - 353.

[11] JOHN C. Weightless bricks act Ⅱ: collaboration[EB/OL]. [2023 - 07 - 27]. https://www.johncruwys.com/weightless - bricks - act - ii - collaboration.

[12] KREMERS H. Digital cultural heritage[M]. Cham: Springer International Publishing, 2020.

[13] LARA L, FREDRIK H, LUDVIG H, et al. Value in the virtual[EB/OL]. [2023 - 07 - 14]. http://www.spacepopular.com/exhibitions/2018 - value - in - the - virtual.

[14] MüLLER F. Design ethnography epistemology and methodology[M]. Cham: Springer International Publishing, 2021: 1 - 3.

[15] PAULA S. Weightless collaboration with John Cruwys, MU Eindhoven [EB/OL]. [2023 - 07 - 27]. https://paulastrunden.com/.

[16]PINK S. Doing sensory ethnography[M]. Los Angeles:SAGE, 2015.

[17]ARGIOLAS R, BAGNOLO V, CERA S, CUCCU S. Virtual environments to communicate built cultural heritage: A hbim based virtual tour[J]. The international archives of the photogrammetry, remote sensing and spatial information sciences, 2022: XLVI(5/W1):21 -29.

[18]WERNER S. The work of art in the age of digital reproduction[J]. Museum International, 2018, 70(1 -2):8 -21.

中华文化符号和形象融入城市公共空间的设计表达应用研究

郑建鹏[①]

一、引言

习近平总书记指出，“推进中华民族共有精神家园建设，促进各民族交往交流交融，各项工作都要往实里抓、往细里做，要有形、有感、有效”。[②] 习近平总书记同时强调，要“树立和突出各民族共享的中华文化符号和中华民族形象，增强各族群众对中华文化的认同”。[③] 突出各民族共有共享的中华文化符号和形象，是构筑中华民族共有精神家园、铸牢中华民族共同体意识的必然要求，也是践行“有形、有感、有效”原则的重要路径和首要工作。各民族共同认可的中华文化符号包括了地理物象符号、思想精神符号、国家政治符号、文化艺术符号、习俗礼仪符号等。在实际的工作生

---

① 山东工艺美术学院创新创业学院副院长、教授、硕士生导师，研究方向为视觉传达设计、服装设计。

② 习近平总书记在参加十三届全国人大五次会议内蒙古代表团审议时的讲话[J]. 人民日报，2022-03-06(1).

③ 习近平总书记在全国民族团结进步表彰大会上的讲话[J]. 人民日报，2019-09-28(1).

活中，这些符号或以山川、河流、建筑、遗址等自然地理状态存在，或以图案、书籍、文献、海报、影像等多媒介形式呈现，或存在于人们的语言、行为、思维等动态活动中。

在城市公共空间的规划、设计、建设和治理中，对中华文化符号和形象的应用融入并未考虑空间多维性与城市公共性特征，多采用建筑装饰、公共宣传栏、平面导视等形式，呈现简单化、二维化的趋势。本文研究旨在有效弥补当下中华文化符号和形象研究重理论、轻实践的倾向，突出中华文化符号和形象在具体实践领域的应用研究，拓展研究视角，丰富研究领域；同时，有效落实铸牢中华民族共同体意识研究“有形、有感、有效”的重要原则，探索城市空间规划、设计、建设和治理等应用实践的形式，潜移默化、润物无声地推动构建铸牢中华民族共同体意识的地方策略和特色方案。

二、中华民族共同体视野下的城市公共空间界定

城市公共空间是一般城市民众可自由进入，不受约束地开展日常生活和公共交往的公用空间，是城市公共生活的重要载体和城市品牌形象的重要体现。“公共空间”的概念最早作为社会学和政治学术语出现于20世纪50年代，在60年代进入城市规划和设计学领域，70年代后作为建设学科、城市规划等领域核心术语而被学术研究界和城市社会大众所普遍接受。“公共性”是城市公共空间的主要特征，这不仅体现为市民主体在公共空间内外出入行为上的自由开放，更重要的是体现在公众参与、包容性、共享正义等方面的社会价值。汉娜·阿伦特特（Hannah Arendt）认为，“公共性”包含了公开、实在、共同三方面的特性，即公共领域的事物可被个体看见和听见，公共领域中个体均在场，个体之间通过交流，形成对同一事物世界的共同认识①。尤尔根·哈贝马斯（Jurgen Habermas）认为，公共领域原则上向所有公民开放，公共意见能够在公共领域中形成②。于雷认为，公共

---

① 汉娜·阿伦特．人的境况[M]．王寅丽，译．上海：世纪出版集团，2015.
② 尤尔根·哈贝马斯．公共领域的结构转型[M]．曹卫东，译．上海：学林出版社，1999.

性在社会层面表现为对分散个体具有内聚向心力的多样性、公开性、共同性兼具的公共生活，物质空间在容纳个体之间公开实在的交往、促进精神共同体形成的过程中，就表现出空间公共性①。

在现代城市规模日益扩大和公共空间认知领域不断扩展的背景下，城市公共空间的外延也在不断扩大。以城市公共空间提供的功能价值特征为标准，我们可以将其分为三类：一是以传播教育为核心功能的公共展示空间，如城市博物馆、展览馆、美术馆、陈列馆等。这类空间有固定的公共空间范围、严谨的教育展示内容和明确的意识传达目的，城市居住者进入此类空间时，具有强烈、直接而明确的认知获取动机，能够主动、清晰和有意识地消化吸收相关的教育内容。二是以休憩交流为核心功能的公共休闲空间，如广场、街道、公园、绿地等。这类空间具有更高水平的开放性，往往不以院墙、围栏等物理区隔标识其具体范围，城市居住者在其中活动时，具有更大的无意识性，教育传播的目标不突出，实用休闲的功能更明显。三是以专业服务为核心功能的公共服务空间，如医院、车站、银行、商场、宾馆等。这类空间的主要职责是为城市居民提供各类公共性有偿服务，居民在其间活动时，功能性需求满足得更直接、更明确。在铸牢中华民族共同体意识视角下，城市公共空间具有承载、链接和诠释的多重职能，但在职能发挥的特点和层次上，上述三种空间类型各有不同。公共展示空间在铸牢意识教育方面具有直截了当的特点，公共休闲空间一般强调潜移默化的熏陶和感染，公共服务空间则更加隐晦。

中华民族共同体视野下的城市公共空间，既是所有城市居民尤其是各民族群众共享共用的实用性功能空间，又是所有城市利益相关者共治共创的社会空间，更是集城市历史叙事、城市现实认知、城市情感凝聚和城市意识象征的城市表达综合体，尤其是作为中华民族共同体意识的表达单位，城市公共空间内综合元素象征功能价值巨大。赵超等认为，共同体这一概念凸显的是传统的、历史的、情感的和相互承认的有机结合体，而“象征”

---

① 于雷．空间公共性研究[M]．南京：东南大学出版社，2005.

正是催生这种共同的情感体验和共享共同历史记忆的一个重要工具①。自2000年以来，我国城市公共空间的学术研究经历了“视觉审美—功能主义—以人为本”的城市公共空间形态布局研究、“空间感知—公共艺术—城市文化”的城市公共空间认知意向研究以及“公众参与—包容空间—社会公平”的城市公共空间社会价值研究三个不同的阶段和领域。基于此我们认为，从价值导向和意识铸牢角度看中华民族共同体视野下的城市公共空间，应关注三重视角：一是基于实用性的城市公共空间设计视角；二是基于互动性的城市公共空间社会视角；三是基于叙事性、认知性、情感性、象征性和行为性的城市公共空间表达视角（见图1）。设计视角侧重解决中华文化符号和形象融入城市公共空间布局形态的策略、路径和设计方法，社会视角侧重解决中华文化符号和形象在城市公共空间治理、运行过程中如何体现中华民族共同体意识，表达视角则综合城市公共空间形态布局研究、认知意向研究、社会价值研究等多个领域，重点关注在铸牢中华民族共同体意识语境下，作为铸牢主体的城市居民与作为客体的城市公共空间之间，表达与被表达、意识凝聚与意识体现的复杂关系和具体路径。

三、中华文化符号和形象融入城市公共空间的样式与形态

习近平总书记在党的十九大报告中提出“铸牢中华民族共同体意识”，在2019年全国民族团结进步表彰大会上的重要讲话中则进一步强调，“推动各民族文化的传承保护和创新交融，树立和突出各民族共享的中华文化符号和中华民族形象，增强各族群众对中华文化的认同”。体现中华民族共同体意识的中华文化符号和形象是全体中华儿女认同认可的符号与形象，其中既有可见的实体物质符号，也有不可见的抽象精神符号；既有宏大严肃的政治符号，也有细微活泼的生活符号。廓清中华文化符号的外延对于辨析城市公共空间中中华文化符号的融入样式与形态至关重要。

---

① 赵超，青觉．象征的再生产：形塑中华民族共同体意识的一个文化路径［J］．中央社会主义学院学报，2018(6)：103－109.

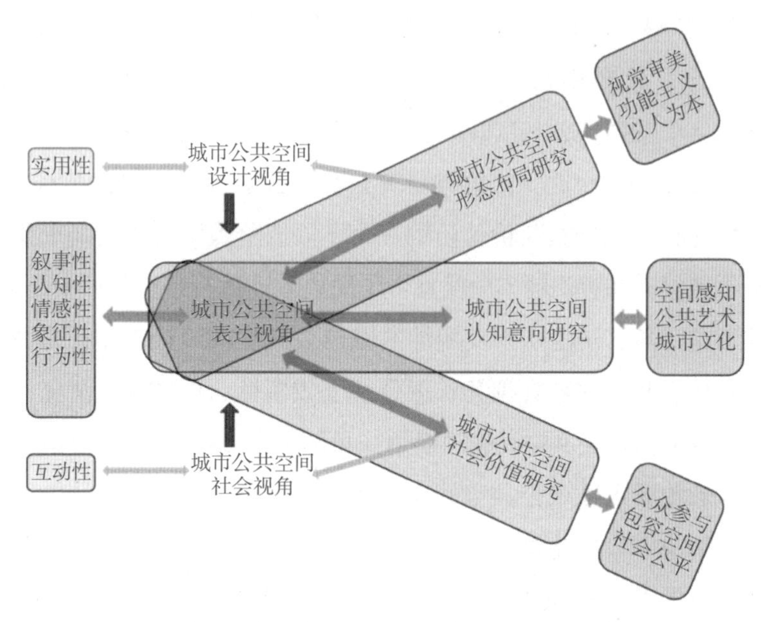

图 1　中华民族共同体视野下的城市公共空间三重视角

资料来源：笔者绘制。

中华文化地理物象符号包括自然地理、人文遗迹、共同物产等多个方面，自然地理如喜马拉雅山、昆仑山、长白山、“五岳”、长江、黄河等名山大川、自然景观；人文遗迹如故宫、布达拉宫、长城、京杭大运河等人文建筑、历史遗迹等；共同物产如陶瓷、茶叶、丝绸、石榴、牡丹等丰厚物产和生活资料。中华文化思想精神符号包括神话英雄、圣贤哲师、革命精神等，如伏羲女娲、太阳神鸟、大禹治水、盘古夸父、先秦诸子、中国共产党精神谱系等。中华文化国家政治符号包括国旗、国徽、国歌、党徽、党旗等国家政党标识物、形象，以及带有强烈国家政治精神象征的实体物，如天安门、人民英雄纪念碑、卢沟桥、侵华日军南京大屠杀遇难同胞纪念馆等。中华文化艺术符号包括中华各民族的语言、文学、绘画、书法、音乐、舞蹈、戏剧、服装服饰、工艺美术等。中华文化习俗礼仪符号包括了生产方式、传统风俗、节日庆典、礼仪仪式等，如种桑养蚕、水利灌溉、犁地耕种、铜器铸造、二十四节气以及中秋、端午、除夕、元夕等中国节日。中华文化现代科技符号包括中国航天、高速铁路、新能源、超级计算机、“东风快递”、中国航母、C919 大飞机、中国天眼、“一带一路”、中欧班列等。

中华文化符号和形象在城市公共空间中的融入样式和形态主要包括实体构筑物、影音传播体、数字交互质、仪式与活动等四个主要的层面。实体构筑物是最常见的融入形态，中华文化符号和形象作为具有浓郁文化意味的主干内容、视觉形象或设计元素置入、嵌入、植入、融入品牌视觉、城市建筑、广场街道、公共艺术、城市展馆的展品展项之中。影音传播体和数字交互质分别是影音和多媒体数字交互的融入样式，体现为城市公共空间内由中华文化符号和形象设计转换后的声音、影像、交互界面等内容。仪式与活动是动态的、综合的融入形式，具体体现为仪式与活动的流程、环节以及所使用的器具、音响等。以在北京蒙藏学校旧址举办的中华民族共同体体验馆山东体验区为例，体验区以“花开齐鲁石榴红”为主题，将具有齐鲁特色的中华文化符号和形象融入公共体验空间中，有效展示了作为儒家文化发源地、中华优秀传统文化传承核心区和中华文明重要发祥地的山东，在推进中华民族共有精神家园建设、促进各民族交往交流交融工作中取得的显著成效。中华民族共同体体验馆山东体验区选用的文化符号和形象包括了中华文化地理物象符号、中华文化思想精神符号、中华文化艺术符号、中华文化习俗礼仪符号等不同类型，综合使用实体构筑物、影音传播体、数字交互质以及仪式与活动等不同形态（见表 1），在室内室外相结合的城市公共展示空间中，这些符号和形象相互配合、互相融入，有形、有感、有效地实践铸牢中华民族共同体意识的工作路径和创新方法。

表 1　中华民族共同体体验馆山东体验区选用的中华文化符号和形象及其应用形态

<table>
<tr><th></th><th>实体构筑物</th><th colspan="2">影音传播体</th><th>数字交互质</th><th>仪式与活动</th></tr>
<tr><td>地理物象符号</td><td>泰山黄河文化雕塑、石榴、孔府三道茶、临清贡砖</td><td>石榴盛宴形象片</td><td rowspan="2">山东形象宣传片</td><td rowspan="2">汉服纹样数字化设计、鲁锦汉服数字试穿</td><td>石榴产品品尝、孔府茶品鉴</td></tr>
<tr><td>思想精神符号</td><td>孔子像、鲁班锁、孔繁森精神文创产品</td><td>孔庙雅乐、鲁班传说故事片</td><td>孔庙雅乐表演、鲁班锁拆解体验</td></tr>
</table>

续表

<table>
<tr><th></th><th>实体构筑物</th><th colspan="2">影音传播体</th><th>数字交互质</th><th>仪式与活动</th></tr>
<tr><td>文化艺术符号</td><td>鲁锦汉服、陶瓷、潍坊风筝、杨家埠木版年画、拓片线装书、鸟虫篆书法</td><td></td><td rowspan="2">山东形象宣传片</td><td>汉服纹样数字化设计、鲁锦汉服数字试穿</td><td>风筝制作体验，年画印刷体验，鸟虫篆书法创作，曲艺、戏剧与杂技表演</td></tr>
<tr><td>习俗礼仪符号</td><td>石榴宴、贡砖制作、鲁锦制作、陶瓷制作</td><td>贡砖编磬</td><td></td><td>孔庙雅乐表演</td></tr>
</table>

四、中华文化符号和形象融入城市公共空间的设计应用路径

中华民族共同体视野下的城市公共空间肩负着中华民族共同体意识承载、连接和诠释的多重职能，这集中体现为中华文化符号和形象有形、有感、有效地融入城市公共空间的建筑、景观、产品、视觉等空间布局形态，融入空间叙事、空间认知、空间记忆、空间表达等空间认知意向，以及空间接受、空间交互、空间共创、空间反哺等空间交互活动与社会价值。

（一）融入城市公共空间的布局形态

中华文化符号和形象融入公共空间的布局形态，包括但不限于城市公共空间的整体布局、标志性建筑形态设计、城市公共空间独特景观造型设计、城市公共空间内公共设施产品设计、城市公共空间的视觉指示形象设计和数字媒介内容与交互设计等。

在中华文化符号与形象融入城市公共空间整体布局方面，本文以北京中轴线文化遗产保护规划为例。北京中轴线全长7.8千米，北端为钟鼓楼，南端为永定门。有以景山、故宫、端门为代表的古代皇家宫苑建筑；以太庙、社稷坛、先农坛、天坛为代表的古代皇家祭祀建筑；以钟鼓楼、永定门、正阳门为代表的古代城市管理设施；以天安门、外金水桥、天安门广场及建筑群为代表的国家礼仪和公共建筑等。在北京中轴线文化遗产规划中，地理物象、思想精神、国家政治、文化艺术、习俗礼仪等符号和形象

均得以体现（见图2、图3）。徐海峰认为，以“中轴为基、左右对称”是中国人追求的完美空间形态，北京中轴线具有天地之韵、天地之和与天地之汇①。在“韵”方面，北京中轴线具有独一无二的壮美秩序——“前后起伏”的建筑形态、“左右对称”的空间布局和“一贯到底”的雄伟气魄；在“和”方面，北京中轴线既体现空间布局层面的“中正和谐”，又反映建筑理念层面的“和合共生”，既有技术性的设计营造，又有象征性的规划、造境，将实效性与思想性有机统一；在“汇”方面，北京中轴线之建筑、空间、场所、立意是物质和精神的双重文化遗产，见证、传承、弘扬中华文明之延绵不绝，也是中华精神文化标识。

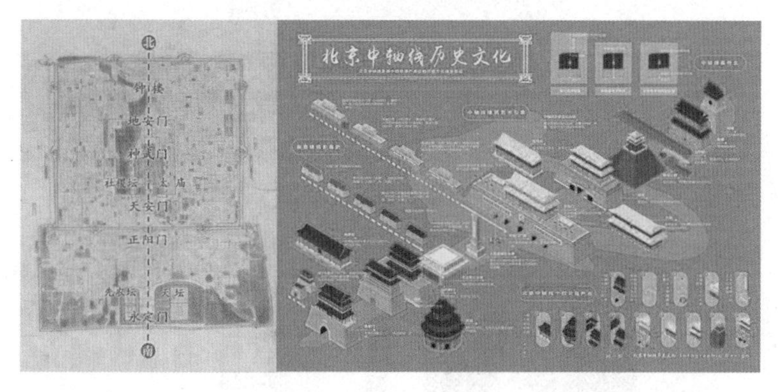

图2　（左）北京中轴线地图　　图3　（右）北京中轴线信息设计图

资料来源：《北京日报·旧京图说》，肖一新绘制。

在将中华文化符号和形象融入城市标志性建筑方面，以北京最高建筑中信集团总部大楼为例。中信大厦建筑外形仿照中国青铜时代礼器“尊”的形式进行设计，塔楼抽象化借鉴了“尊”的器皿造型，使其平面语言与结构要求和租赁深度需求保持平衡（见图4）。建筑采用了带有圆角的方形平面；宽度在纵向上发生变化，底部最宽，顶部次之，中心最窄，塔楼底部较之塔冠更宽，其标志性与功能性完美结合，既融入历史文化，又保持形式和技术创新（见图5）。设计负责人 Robert Whitlock 称：“在设计中，我们把这座城市最高的塔楼看作是城市历史和人民的表现，我们把它作为一

① 徐海峰．北京中轴线的壮美秩序与文化魅力[J]．人民论坛，2023(11)：94－99.

个公共实体来设计，轻盈精致的表皮幕墙在底部弯折，形成建筑的各个入口。它似乎漂浮在地面之上，激活了地面层的行人流线和活动，并最终提升了建筑和整个区域的公众参与度。这种塔楼与景观的协同，以及建筑所采用的简约雕塑造型，共同定义了中信大厦。”在中信大厦的建筑设计中，文化艺术符号和习俗礼仪符号都得到了有效贯彻和转化。

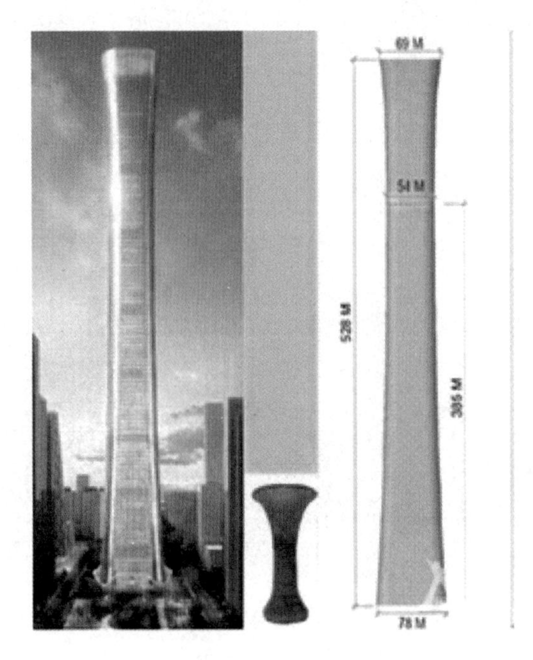

图 4　中国尊设计图

资料来源：Farrells。

在中华文化符号和形象融入城市公共景观方面，以国庆 74 周年北京城市巨型花篮、花坛设计为例。这些主题花坛和巨型花篮共有 11 座，分别是天安门广场“祝福祖国”巨型花篮（见图 6），以及“万众一心”“文明华章”“共同富裕”“和谐共生”“和平发展”“全民健身”“幸福之路”“花好月圆”“美好家园”“筑梦未来”10 个主题花坛（见图 7）。“祝福祖国”巨型花篮采用五谷、萱草、万寿菊、牡丹、月季、菊花、康乃馨等植物和花朵造型，体现了花团锦簇、五谷丰登的美好寓意，表达了全国各族人民紧密团结的美好愿望，在同心共筑中国梦的伟大征途中开创更加美好的未来。“万众一心”花坛选用职业群像，结合山形云形电路板、城市建筑等现

图 5　中国尊实景图

资料来源：Farrells。

代科技符号形象元素，寓意全国人民万众一心、奋勇直前，共建人口规模巨大的现代化建设之路。“文明华章”选用国宝文物何尊、“宅兹中国”文字、国家版本馆等文化艺术、地理物象符号形象元素，寓意中华文明赋予中国式现代化以深厚底蕴。“共同富裕”选用高速铁路、无人驾驶等现代科技符号，以欣欣向荣的城乡融合发展为场景，描绘了中国式现代化全体人民共同富裕的美好蓝图。“和谐共生”选用“三北工程”绿色长城元素，配以野马（西北）、麋鹿（华北）、白鹤（东北）、胡杨等典型物种，体现了生态治理的典范，寓意坚定不移走好人与自然和谐共生的中国式现代化之路。“和平发展”以西安大雁塔、陆上丝绸之路（骆驼）、海上丝绸之路（帆船）等元素为主景，寓意走和平发展的中国式现代化道路。“全民健身”中融入北京奥运会主场馆鸟巢、北京冬奥滑雪场等现代文化符号元素，结合常见体育运动形象，寓意全民健身共享美好生活。“幸福之路”以中欧班列、中国航天卫星、远洋货轮等现代科技符号为主，寓意共同把“一带一路”这条造福世界的幸福之路铺得更宽更远。“花好月圆”融入月宫嫦娥、吴刚酿酒等神话传说，以及中秋团圆、阖家赏月等习俗文化，体现了花好月圆下百姓的幸福生活。“美好家园”中融入北京中轴线建筑景观、民间四合院以及具有美好寓意的风筝、葫芦、柿子等地理物象，表现人民幸福生活新图景。“筑梦未来”以中国航天员、天宫空间站、中国航天运载火箭等现代科技符号为主元素，寓意航天强国建设蓬勃发展，助力中国梦早日实现。

图 6　国庆 74 周年北京天安门广场巨型花篮“祝福祖国”

资料来源：北京市园林绿化局。

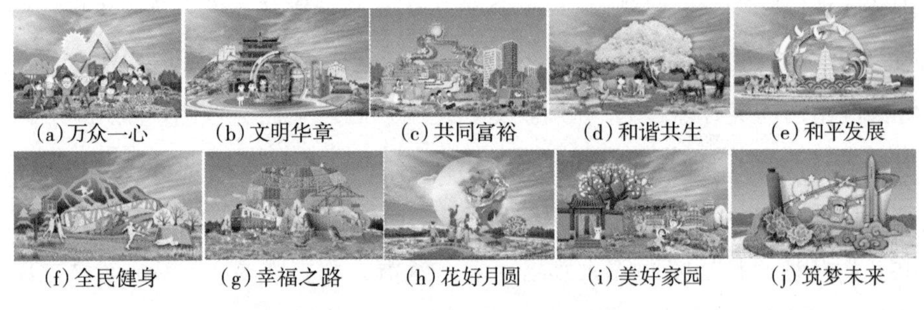

图 7　国庆 74 周年北京长安街主题花坛设计

资料来源：北京市园林绿化局。

中华文化符号与形象融入城市公共设施产品、视觉导视系统以及数字交互设施的案例更为常见。许多城市的公交站台、城市家具、城市照明、城市公共视觉形象设计以及在城市窗口形象场所或单位设置的交互设计设施等都带有浓厚本地特色或中华民族共有的文化符号与形象，这些每天出现在城市居民面前的公共设计，在给予人们生活便利的同时，又将中华民族共同体意识深深融入人们心中。

（二）融入公共空间的认知意向

城市居民与城市公共空间之间的认知意向关系包括了空间叙事、空间认知、空间记忆和空间表达四个层面。从时间线上看，城市公共空间设计、建设与治理普遍滞后于城市历史与城市事件，前者是后两者的空间形态反馈与凝聚。城市公共空间承载和连接城市历史文脉，构成中华民族共同体意识的城市空间叙事。基于城市公共空间中华文化符号与形象的融入，空间叙事引发城市居民的城市公共空间认知，尤其是基于城市空间中的中华文化符号和形象而引发的对中华民族共同体意识和精神的共同认知。空间认知产生空间记忆。记忆有再认与再现两种类型，城市公共空间中融入中华文化符号与形象提示城市居住者对相关城市历史、城市事件和城市文化进行再认和再现，并与城市空间叙事相呼应，完成对中华民族共同体意识的城市自我表达。

因此，中华文化符号与形象融入城市公共空间认知意向是一个多元共生、循环往复、不断叠加的综合过程。它以城市公共空间为主体和主导方，围绕城市空间与城市居民的认知关系展开互动，以上海中运量 71 路推出“最美上海红色之旅专列”为例（见图 8）。作为城市公共交通空间，“最美上海红色之旅专列”将城市公共建筑、城市公共设施产品、城市公共视觉导视等融为一体，展现城市居民中华文化符号与形象融入城市公共空间的整合认知意向。其中，城市公共建筑涉及毛泽东旧居、中共一大会址、中共二大会址、老上海石库门、静安寺、豫园、上海世博会中国馆、外滩万国建筑群、上海博物馆、和平饭店、上海中心、东方明珠、金茂大厦等；城市公共设施产品涉及公交车车体、车厢、公交站台与灯光秀等；城市公共视觉导视涉及车厢内红色导乘图、车顶巨型海报和景点介绍贴画等。尤其是城市公交站台空间的利用更为惊艳，在 71 路外滩终点站特别推出一组国庆灯光秀，站点顶部环形布置了 56 个大红灯笼和星海灯饰，象征着 56 个民族红红火火，紧紧团结在一起共迎国庆盛典，站台 8 根立柱上的红色灯条熠熠生辉，象征着“一带一路”连接世界的正能量等。

“最美上海红色之旅专列”城市公共交通场景中的乘客市民，在车厢空间内可看到上海红色景点介绍图版、可听到讲解员生动详细的历史文化解说，在站台上可以深度感受上海里弄建筑风采，并沉浸式体会中华民族共同体下民族团结意象，将中华文化符号与形象中的地理物象符号、国家政治符号、现代科技符号、文化艺术符号等融入城市空间中，引导城市民众产生强烈的中华民族共同体认知意向。

图8　最美上海红色之旅专列

资料来源：澎湃在线。

（三）融入公共空间的交互活动与社会价值

中华文化符号与形象融入城市公共空间，并发挥铸牢中华民族共同体意识有形、有感、有效的价值，是在城市居民与公共空间的互动过程中产生的，这个互动过程不同于城市居民与城市公共空间的认知意向关系中强调的城市方主导，而是由城市居民方主导的，体现为城市居民对城市公共空间的接受、交互、共创和反哺。

以安徽合肥城市道路“延乔路”为例（见图9）。延乔路位于合肥市经济开发区，其名称在合肥市第四批道路命名时公示确定，取自中国共产党早期领导人陈延年、陈乔年两兄弟。合肥市有以革命先烈或知名故人命名城市道路的传统，延乔路附近有以陈独秀安葬地集贤关命名的“集贤路”，以及王步文路、邓稼先路、程长庚路、严凤英路等。电视剧《觉醒年代》热播后，陈延年、陈乔年两兄弟的革命事迹被市民广泛认知，不少市民纷纷到延乔路献花留言，缅怀革命先烈，表达真挚的敬意。其中有许多年轻人，他们因为电视剧的热播而被英雄的事迹打动，将两位不到30岁的青年烈士视为自己的精神偶像，通过缅怀、献花、留言等方式实现相隔百年的两代青年之间精神灵魂的碰撞与对话。许多人还将纪念二位英雄的父亲陈独秀的集贤路与延乔路、繁华大道并列，说出“两条路虽然没能汇合，但延乔路、集贤路都通往繁华大道”这样感人至深、深入人心的话语。

图9　延乔路城市公共空间

资料来源：新华社客户端。

在城市公共道路延乔路的案例中，我们可以清晰地看到中华精神符号融入城市公共空间，产生系列性、互动性社会价值的过程。由于融入了革命文化精神，所以城市公共道路命名被确定后，城市道路亦被城市居民所接受；城市居民意识到公共空间的中华民族共同体意识与精神后，与公共空间产生一系列交互行为，如去道路上献花、留卡片，在网络上热议，并表达自己的看法与感受，提出“延乔路虽短，但尽头是繁华大道”这样具有深刻的中华民族共同体意识的自发性认知；城市居民的城市公共空间交互活动得到城市管理方的认可——城市管理方拓宽了延乔路，并在路的重要节点增加上海石库门雕塑、“延乔路短，集贤路长，他们没有汇合，却都通往了繁华大道”口号广场等公共空间，城市居民的共创行为使得城市公共空间得到进一步拓展；最终，通过城市居民与城市公共空间之间的社会互动，延乔路成了城市中开展铸牢中华民族共同体意识教育的新实践场所，大量的教育活动、社会活动在这里拉开序幕。合肥的城市管理方甚至提出更深入的规划改造方案：在路南公园区域建设烈士生平园，在路中校园区域建设传承园，在路北广场区域建设纪念园；在主路一线打造红色文化街区；将路分别延展至繁华大道和汤口路、集贤路方向。中华精神文化符号深深融入城市公共空间，城市居民与城市公共空间开展深层次、全方位的接受、交互、共创和反哺活动，城市公共空间的社会价值在铸牢中华民族共同体意识的视野下得到深刻彰显。

五、中华文化符号和形象融合城市公共空间的设计应用策略

在铸牢中华民族共同体意识视野下，城市公共空间设计作为重要的城市居民活动场所和铸牢意识实践场景，如何将中华文化符号和形象在其中实现有形的设计融入、有感的表达应用和有效的认知共鸣，我们认为应注意几个策略。

（一）创造丰富元符号，确定并突出核心视觉形象

冯月季认为，人类在社会文化中创造的元符号不是为了指称某个特定的事物，而是生成一个新的符号，并获得新的意义解释[①]。赵毅衡认为，人类所有的新思维、新解释，都是旧有符号文本的累加、变化、移用，人的意识在组织意义上永远是个拼凑巧匠，新的意义实际上大都来自旧符号的“再符号化”。[②] 以中华民族共同体视野下的中华地理物象符号红石榴为例，在中华传统文化中，石榴因其颜色火红并且多籽而被赋予子孙满堂、美满家庭、富贵显赫的多重寓意。习近平总书记在第二次中央新疆工作座谈会上提出“各民族要像石榴籽那样紧紧抱在一起”的比喻。从美满家庭到和谐的中华民族共同体，红石榴符号形象经历了再符号化过程，成为中华民族共同的元符号。在中华民族共同体体验馆山东体验区的策划设计中，设计团队以“花开齐鲁石榴红”为主题，以红石榴、泰山、黄河、孔子等中

---

① 冯月季．中华民族共同体意识认同的元符号机制、挑战与路径[J]．云南民族大学学报(哲学社会科学版),2022,39(2):25－32.

② 赵毅衡．哲学符号学:意义世界的形成[M]．成都:四川大学出版社,2017:276－277.

华文化符号为元素，设计出贯彻整个展区的核心视觉形象标识。

（二）突破单一二维形式的宣教传播，注重设施产品的实用价值融入

中华文化符号和形象在融入城市公共空间设计表达过程中，最常见的形式是符号的平面化设计与应用，包括招贴画、海报、宣传栏、墙面装饰、壁画等，这类宣传方式简单直接、容易操作但流于表面化，极易被城市居民看作司空见惯的事情而忽视，不能融入居民心理认知深处。城市公共空间是所有城市居民生活休闲的公共场所，承担着大量公共交流、休憩休闲和公共服务的功能。如果公共空间内的中华民族共同体意识宣导不能与城市居民期待的公共空间功能完美契合，那宣导价值将大打折扣。因此我们认为，在中华文化符号与形象融入城市公共空间的过程中，应多关注三维空间内具有较高实用价值的实体性产品的设计融入，如城市道路导视牌、城市路灯、城市重要建筑、城市公共家具、城市公共交通工具等。

（三）摒弃散点式植入思路，注重系统性、整合性的符号系统设计应用

通过城市公共空间铸牢中华民族共同体意识是综合的、持久的、潜移默化的过程，我们应抛弃被动的、散点式的硬性植入思路，而是在统一的主题规划与策划下，提炼适合相应的城市公共空间场景功能与审美要求的核心形象元素，然后将其贯彻到特定城市公共空间场景内的各类设计样式上去，包括但不限于公共空间视觉导视设计、公共空间展示陈设设计、公共空间公共艺术设计等。在中华民族共同体体验馆山东体验区设计中，设计团队将泰山、黄河、孔子、风筝等符号元素进行设计凝练，创意出山水、圣人、石榴等纹饰图案和黄色、红色、橙色等标准色彩。这些核心视觉形象元素被系统性地应用到了体验区的视觉导视、空间设计、空间雕塑、艺术装置、多媒体设计等全部公共展示空间项目中去，产生了良好的整合性宣导效果。

（四）跳出静态路径思维，利用事件、仪式、流程等动态活动自然融入

在城市公共空间举行的城市公共活动、纪念性或庆祝性仪式是城市公共生活的重要组成部分。因其参与的城市居民数量众多、受到的社会性关注度高等原因而成为铸牢中华民族共同体意识的有利场景。城市公共活动和仪式一方面通过相关场景布置、用品设计等传递中华民族共同体意识，另一方面在活动仪式、流程中更直接展现中华优秀传统文化内容和中华民族共有的符号与形象，完成对中华民族共同体意识的动态融入。以北京冬奥会为例，用品用具方面，冬奥会“瑞雪祥云”颁奖礼服融入北方少数民族服饰特色，体现了民族融合的多样性与包容性；引导员礼帽采用贵州、云南、广西少数民族花帽等帽饰中常用的折叠帽结构，完美融合汉唐以来的汉族深衣与辽代以来折叠帽的制形特点，生动凸显各民族交往交流交融、中华民族共同体生成发展的历史。仪式流程方面，开幕式采用“二十四节气”元素设计倒计时环节，《我和我的祖国》的歌曲演奏中 56 个民族代表手托五星红旗前行等均展现出强烈的中华民族共同体意识与精神。

六、结语

以城市公共空间为场景，融入中华文化符号与形象，是铸牢中华民族共同体意识的重要路径和举措。这涉及融入什么样的符号与形象、采用什么样的方式融入符号与形象、如何衡量和评价融入的效果等多方面的问题。对于融入什么样的符号问题，我们一方面要总结归纳各民族共享的中华文化符号和形象，另一方面更要在现代语境下进行创造性加工提炼，生成新的元符号，并不断扩充和丰富本身就充满开放性的符号域，必须对中华传统文化符号进行元符号性升级，打造既能承载传统文化意蕴又能融入现代价值的国家文化符号，不断夯实中华文化符号系统中具有稳定性的意义根基。对于采用什么方式融入的问题，我们必须熟稔城市公共空间的公共特性，深刻理解城市公共空间对于城市居民的价值和意义，坚持符号植入与空间融入、意识传播与

意识渗透的有机融合，实现体系化的、整合性的意识铸牢。对于如何衡量和评价融入效果的问题，我们必须坚持以城市居民为核心，引导城市居民对融合中华文化符号与形象的城市空间展开深入的接受、交互、共创和反哺，真正实现铸牢中华民族共同体意识的有形、有感、有效。

透明性与现代化空间：一个空间社会学的视角

郭文雯[1]

一、引言

我们正在见证一个建筑材料的不透明性化为乌有的反常时刻。随着钢架结构的发明，轻质透明材料建造的幕墙代替了石墙。[2] 任何所谓的空间现象，都包含着各种事、物、活动、感知和意义的痕迹。空间具有不可忽视的实体性[3]，建筑被视为社会价值和文化模式的表达[4]，建筑立面在视觉上令人着迷。在现代化的大都市中，玻璃在建筑上的运用随处可见，高密度的玻璃建筑似乎成为一种先锋潮流的空间表征。覆盖着玻璃表皮的摩登大厦威严地矗立在城市中，反射着天空与城市的影像，电动直梯贯穿其中，将这空间的占据者自由运送。升到摩登大厦的顶点意味着居高临下的权力，玻璃的透明性赋予了居高者摆脱城市控制与俯视城市和人群的威严感。他

---

① 山东大学哲学与社会发展学院社会学专业2022级研究生，研究方向为空间社会学理论。
② 汪民安，陈永国，马海良．城市文化读本[M]．北京：北京大学出版社，2008.
③ 李凯生，徐大路．物境空间与形式建构[M]．北京：中国建筑工业出版社，2015.
④ GUTMAN R. People and buildings [M]. New York: Routledge, 2009.

不必再陷入混乱喧闹的人群，而是能够站在一定的距离之外光明正大地俯瞰城市的奥秘。

这俨然标识着一种权力，一种经由玻璃这种具有透明性的建筑表皮而产生的权力，这种权力隐秘地改变着空间关系。如果想要监控车间工人的劳动过程，最好的办法不是在车间的各个角落布满电子监控，而是将围合车间的建筑材料换成大片的玻璃，后者既经济又直观。玻璃将车间工人的生产过程几乎完全地暴露于外部的监视之中，同时展现了车间工人劳动过程的动态性。玻璃一侧的人、事、物成为实时上演的景观，当车间迎来成群结队的参访者时，车间玻璃就成了电视机的屏幕，工人则成为电视机中展演的主角，企业所有者可以骄傲地向这些参访者宣称他们的劳动过程是多么的有序，生产的产品将多么的诱人。在透明玻璃的协助下，工人似乎也成为像物质商品一样的交换对象了。不过，玻璃最开始框住的，是展示品（或商品）。这是玻璃橱窗的优势，它能够充分地展示物品的细节，让观看者从各个角度都能看见其中的物品。商场的玻璃橱窗里，人形模特展示着最新上市的衣物与饰品，配上恰到好处的灯光，强烈地吸引着消费者的目光。空间还因此交叠了层次，透过玻璃屏障，顾客的挑选与购买过程也被全方位地展示出来，一个透明性高且拥挤的店铺对门外的潜在顾客而言通常具有更大的吸引力，拥挤的内部是无法阻挡店外行人好奇的脚步的。玻璃橱窗也可以将顾客的行动过程转化为一种视觉消费品。餐饮连锁店为展示其食物的制作过程，将后厨的劳动过程直接展示在食客面前，食客们完全可以放心地站在或坐在隔着玻璃橱窗的后厨工人旁边，观看一道道食物的完成过程，从而满足自身对某些未知过程的好奇感以及对食品安全的信任感。玻璃橱窗这道透明的空间界限完成了这一任务，那道传统的“后厨重地，闲人免进”的厚重防火门以另一种方式向大众敞开了。毋庸置疑，透明性改变了空间关系，这是一种显著的现代化空间现象。

空间社会学超越了对“空间是僵死的、刻板的、非辩证的和静止的东西”的认知，将空间视为重要的社会存在。在空间社会学的研究视域下，空间内在地与我们的社会活动和生活密切相关，社会空间是人类创造或建构的一种社会存在方式①。在列斐伏尔的论述中，（社会）空间容纳了各种被生产出来的物以及这些物之间的相互关系，即它们之间的共存性与同时性关系——它们的（相对的）秩序以及/或者（相对的）无序。② 空间不是独立于物质条件而存在的僵硬容器，而是与物质世界相互交织。

空间不能离开权力来构想③，空间边界是权力关系的重要表达机制，可见的界限为它们的空间制造了一种与周围空间的明显区分。④ 建筑最重要的边界就是"墙"的存在⑤，它定义着空间的内部与外部关系。不过，现代主义建筑师利用玻璃幕墙的美学意义消解了作为建筑要素的墙体，并反转了传统的室内外关系。⑥ 透明性就是以此为基础将其不同于非透明性的特性作用于现代化空间并颠覆其空间关系的，对建筑透明性的理解不应仅限于其物质材料的技术革新，而应当进一步思考透明性空间到底是如何渗入并显著地塑造着社会存在的。

所有的空间分析都迫使我们直面"需要"与"命令"之间的辩证关系，以及由此派生的问题："谁的?""为了谁?""通过谁?""为何与如何?"⑦ 如果透明性确实改变了空间关系，那么有三个问题需要被进一步回答：第一，透明性是如何在建筑物上一步步蔓延的，透明性之于建筑物的意义是什么？这是透明性与建筑历史的范畴。第二，谁在生产这些透明性空间，生产这些透明性空间的目的是什么？第三，生产出的透明性空间到底是如何发展成为景观的？又是如何在这个过程中实施征服与驱逐的？在回答以上三个问题的过程中，贯穿着一个中心论题，即透明性空间象征着一种权力关系的新形式。

---

① 林聚任，刘佳．空间不平等与城乡融合发展：一个空间社会学分析框架[J]．江海学刊，2021(2)：120－128.

② 亨利·列斐伏尔．空间的生产[M]．北京：商务印书馆，2022.

③ MARTINA L. The sociology of space：Materiality，social structures，and action [M]．New York：Palgrave Macmillan，2016.

④ 亨利·列斐伏尔．空间的生产[M]．北京：商务印书馆，2022.

⑤ 芦原义信．街道的美学[M]．天津：百花文艺出版社，1989.

⑥ 柯林·罗，罗伯特·斯拉茨基．透明性[M]．北京：中国建筑工业出版社，2008.

⑦ 亨利·列斐伏尔．空间的生产[M]．北京：商务印书馆，2022.

二、透明性与建筑历史

（一）玻璃的建筑进入史

现代建筑中，玻璃的意义十分重要，玻璃在建筑上的规模化应用是中世纪石砌建筑中无论如何也想不到的新的视觉形象①。对于透明性的追求几乎贯穿了整个西方建筑史，透明性与玻璃这种建筑材料密切相关，玻璃凭借其透明的自身属性极大地满足了人们对美和真的追求。玻璃的建筑进入史最早与宗教相关，基督教的修士发现玻璃可以用来照耀上帝，玻璃窗成为室内与室外、上帝与人之间的过滤器，它把太阳的光线转化成一种神秘的媒介。因此，大量金钱被投注在玻璃的开发与制造上。从 17 世纪开始，玻璃制造进入繁荣时期，玻璃从教堂和修道院向宫殿与房屋扩张，城市的商人开始贩卖玻璃，尽管因为技术的限制，此时的玻璃还是一种昂贵的建筑材料。② 19 世纪，工业革命和紧随其后的社会加速现代化使得城市规划与建筑行业面临着新的情形。玻璃、钢铁、水泥等新材料以及新生产方式的开发带来了建筑业的变革。玻璃生产领域也取得了重要发展，由于技术的改进，玻璃的制造成本大幅降低，产量也实现了大幅提升。同时，建筑钢结构体系的成熟促进了玻璃在建筑设计中的运用。此后，玻璃制造技艺不断完善，各式的玻璃开始出现，极大地满足了设计与建造的需要。市场大厅、百货公司、火车站等场所运用玻璃屋顶最大限度地将光线引入室内，使之变得开阔与光明，以往石结构建筑中截然分开的内部与外部逐渐融合为一、相互渗透③。自 19 世纪 20 年代开始，建筑开始普遍采用连续且通常是倾斜的玻璃屋顶，顶部装有玻璃的拱廊街是 19 世纪巴黎建筑的特点④，

---

① 芦原义信．街道的美学[M]．天津：百花文艺出版社，1989.
② 史蒂西，等．玻璃结构手册[M]．大连：大连理工大学出版社，2011.
③ 芦原义信．街道的美学[M]．天津：百花文艺出版社，1989.
④ 史蒂西，等．玻璃结构手册[M]．大连：大连理工大学出版社，2011.

因而拱廊街就成为扩大使用玻璃作为屋顶建筑材料的标志[①]。20 世纪，一个多窗口的和透明的世纪，倾向于良好采光和通风的世纪，已经给老式住宅画上了句号，新艺术以一种激进的方式把壳子世界打得粉碎。[②] 由于经济、技术和建筑风格等因素相互影响，玻璃作为一种建筑材料被广泛应用。[③] 第二次世界大战后，美国菲利浦·约翰逊（Philip Johnson）建造的"玻璃之家"，标志着具有空间流动性的现代建筑真正诞生。"玻璃之家"除了设置有盥洗、浴室等的"中心核"外，全是开敞的，其目的在于创造否定墙壁存在的流动空间，因此被誉为具有划时代意义的美国战后现代建筑。[④] 在 21 世纪初的今天，玻璃立面已然在建筑界占据着重要地位，使用玻璃表皮覆盖建筑物已经成为现代化都市中摩天大楼的流行手法与城市发展的重要标志，以轻盈、透明、光滑的时尚外表取代了厚重的体积感成为一种流行的建筑语言。[⑤]

（二）透明性的建筑意涵

那么，对于建筑而言，透明性到底意味着什么？在直观层面，透明性赋予了空间占据者一种舒适的体验，使之既可以享有最自然原始的光线与外部景观，又能够隔绝外部噪声。在以实墙为建筑主体的时期，自然的光线只能通过有限的窗口或者门洞进入，洞口提供了唯一的内与外的联系，也是唯一的视觉与身体的通道。当建筑技术达到可以将非承重墙体从建筑的框架中解放出来时，玻璃便获得了成为建筑立面的机会。而当整个墙体变得透明时，建筑内与外的关系（这种关系既是视觉上的也是身体上的）就被完全重新界定了[⑥]。自然光线可以最大限度地流入建筑内部，人们可以

---

① 戴维·弗里斯比．现代性的碎片：齐美尔、克拉考尔和本雅明作品中的现代性理论[M]．北京：商务印书馆，2013.

② 汪民安，郭晓彦．建筑、空间与哲学[M]．南京：江苏人民出版社，2019.

③ 史蒂西，等．玻璃结构手册[M]．大连：大连理工大学出版社，2011.

④ 芦原义信．街道的美学[M]．天津：百花文艺出版社，1989.

⑤ 郭苏明．消费文化与城市景观[M]．南京：东南大学出版社，2019.

⑥ 史永高．材料呈现：19 和 20 世纪西方建筑中材料的建造——空间双重性研究[M]．南京：东南大学出版社，2018.

凭借遮光帘自由地调整光线的进入量，人与自然的空间关系通过人为的调节变得更加灵活了。透明的玻璃还可以将周围的自然景色从视觉上包裹进室内空间，从视觉体验而言，内部与外部不再被完全隔绝。人与自然关系的改变是透明性之于建筑应用本身最直观的体验，不过，这种视觉体验是基于建筑物内部使用者自身的。除了视觉特征之外，透明性还暗示着更多的含义，即拓展了的空间秩序。①

在现代化的都市中，透明性显著地改变了建筑物内外部之间的关系。透明性提供了视线穿越的条件。一方面，通过透明性实施的监视显著地体现在特定的社会空间之中，为达到监视的目的，使墙面变得透明是必要的手段之一；另一方面，当内部空间主动希望被展示出来时，透明性就是最好的媒介。原先封闭的内部空间总是蕴含着神秘与未知，引发着外部观者的强烈好奇，而透明性将这种神秘性解构了，它为外部的观看者提供了视线进入的机会，内部与外部的空间关系被重塑。不过，玻璃立面带来的透明性体验只限于视觉上的，而非身体上的，身体仍然不具备漠视空间边界的权力。内外部关系的重塑是透明性之于建筑的第二个重要意义。

从一种更为抽象的层面而言，以玻璃为代表的透明性建筑材料还标识着一场关于建筑流行风格与都市现代化的彻底重塑，人们对建筑的审美标准与空间感知发生了巨大的改变。这些由新型材料钢和玻璃构成的各种建筑，不仅成为集体或大众的注视目标，而且也形成了一种新的作品接受模式②。玻璃建筑引发了观看习惯的革命，改变了观者的空间感觉，其震撼之强烈如同火车对乘客时间认知的改变。伦敦水晶宫的内部，没有隔板，整齐划一，那个时代人们所熟知的对空间维度的已有限制似乎都消失了。③ 建筑从来不是孤立的存在，都市效应与作为构造和风格的统一体的建筑物的效应，是连为一体的。④ 金属与玻璃等工业生产材料的不断涌现，使城市出

---

① 柯林·罗，罗伯特·斯拉茨基．透明性[M]．北京：中国建筑工业出版社，2008.
② 汪原．边缘空间：当代建筑学与哲学话语[M]．北京：中国建筑工业出版社，2010.
③ 汪民安，郭晓彦．建筑、空间与哲学[M]．南京：江苏人民出版社，2019.
④ 亨利·列斐伏尔．空间的生产[M]．北京：商务印书馆，2022.

现了同地方性毫无关联的所谓“国际式”这一新的建筑风格[1]，同质性的空间消解了地方性的空间。全球化与跨国公司的兴起开启了与资本主义相关的各种形式的社会空间组织在世界范围内的扩张与相互交织[2]，覆盖着玻璃立面的摩天大厦成为跨国公司建筑的象征。这些由钢铁和玻璃建造的新型建筑矗立于城市之中，成为大众注视的对象，同时也象征着发达的工业与都市文明。

三、透明性空间的生产

空间从来不是一个与社会无关的自然事实，相反，它是社会和实践的产物，是历史的产物[3]，每个典型的空间都是由典型的社会关系所导致的[4]。从空间生产的角度出发，各种各样的都市建造、规划与设计都是显著的空间生产现象，空间被策略性和政治性地生产出来，成为一个产品，成为各种利益奋然角逐的产物。[5] 被生产出来的空间也充当了思想和行动的工具，空间除了是一种生产手段，也是一种控制手段，因此还是一种支配手段、一种权力方式。[6] 如果我们承认将以玻璃为主要代表的现代性建筑材料塑造出来的透明性空间作为一种突出的空间形式，那么透明性空间也是被策略性地生产出来的，并且具有其特殊的权力关系与生产目的。让我们回到问题本身，即谁在生产这些透明性空间？生产这些透明性空间的目的是什么？在现代社会中，至少可以从以下三个方面来解释上述问题。

（一）摩天大厦标识差异

空间具有边界，特定空间的进入权利标识着身份的差异。空间的外围或空间的边界必须被创造出来，空间的限定感通过空间边界所具有的围合

---

① 芦原义信．街道的美学[M]．天津：百花文艺出版社，1989.

② 汪原．边缘空间：当代建筑学与哲学话语[M]．北京：中国建筑工业出版社，2010.

③ 汪民安，郭晓彦．建筑、空间与哲学[M]．南京：江苏人民出版社，2019.

④ 戴维·弗里斯比．现代性的碎片：齐美尔、克拉考尔和本雅明作品中的现代性理论[M]．北京：商务印书馆，2013.

⑤ 汪民安．身体、空间与后现代性[M]．南京：江苏人民出版社，2015.

⑥ 亨利·列斐伏尔．空间的生产[M]．北京：商务印书馆，2022.

尺度来实现①，而作为一种由工业与信息文明创造出来的玻璃立面则赋予了现代社会空间边界独有的透明性。建筑立面除了具有遮蔽和照明的功能外，还是建筑物的标志，它们传达着建筑物的意义和威望。发达城市的景观中到处矗立着拥有透明性表皮的高楼大厦，透明性与垂直性的结合，通常象征着至高无上的权威感与区隔感，让建筑本身成为一种景观，一个隐形的权力空间，并非所有人都拥有进入高楼大厦的权利，旋转的玻璃门筛选了身份与阶层。流动的资本乐于将玻璃立面运用到权力运转的中心，并通过这种具有地标意义的透明性建筑风格将其具有威严感的空间边界确立下来，覆盖着玻璃表皮的摩天大厦成为一种符码，象征着其所有者雄厚的资本或崇高的权力，能够在这样的建筑中占有一个工位被视为是一种社会意义上的成功，西装革履才能与之相匹配。当夜幕降临时，玻璃幕墙就将室内恢宏的灯光展现出来，这是属于夜晚的生机，平静被打破了。尤其在现代化的企业建筑中，玻璃幕墙透出的灯光预示着夜以继日的繁忙工作，疲惫的身体仍无法与之分离，但却成为一种现代化生产力蓬勃发展的象征，尽管其中上演的是《摩登时代》式的景象。

壮观的玻璃立面同样吸引着外部的目光，外部光线穿透空间边界，将建筑内部的景象呈现，穿着职业装的人们穿梭其中，一派忙碌但有序的景象强烈地吸引着年轻人的目光。透明边界的优势就在于提供视觉可达性的同时仍保留着空间进入的实体界限，在造就现代性的景观，标识着空间区隔与身份差异时，又吸引着外部的目光，利用透明性使得诱人的内部空间呈可见性。这似乎创造了身体突破空间边界以进入内部空间的途径，而不至于是毫无机会和进入手段的。摩天大厦在彰显其权威的同时，又热切地张开怀抱拥抱外部身体，并借此深刻地塑造年轻人的理想与愿望。

（二）商业橱窗激发欲望

透明性被广泛运用于商业展示，玻璃橱窗是商业大街最显著的品质，

① 柯林·罗，罗伯特·斯拉茨基．透明性[M]．北京：中国建筑工业出版社，2008.

是“入侵街道”的广告方式[①]，店铺通过敞开的透明玻璃橱窗来展现自身。[②] 在玻璃橱窗的保护下，商品得以自在充分地展现其消费价值，并在橱窗和灯光的协助中成为目光汇集的焦点。物品和产品就像被摆在一个耀眼的舞台之上、被摆在一种神圣化的炫耀之中。陈列物品展现的这种象征性赠予、陈列物品和目光之间这种安静的象征性交换，显然会引诱行人到商店内部去进行真正的经济交换。[③] 商业资本创造无尽的消费欲望，需要被落实为实际的消费行动，玻璃橱窗便成为不可或缺的触发媒介。

透明的店铺镶嵌于商业大街两旁，确保了街道的流动性、开放性与可进入性，时尚与潮流在透明的商业橱窗中被定义了，并以其丰富的商品表象掩盖消费区隔的本质。在这样的空间中，时尚不断地生成与消亡，但究竟是谁在定义时尚？被定义的时尚要想呈现出夺目的光彩，必须通过玻璃橱窗或其他形式展现出来，高端与低端被显著地分开，配合着灿烂灯光的玻璃橱窗筛选出了具有更高消费能力的身体，并最终成为一种消费的标志。对时尚的定义也是一种权力，无形的压力隐秘地迫使大众对于时尚进行消费，激发着身体进入高端消费空间的欲望。

（三）车间展窗实施监控

透明的与可读的视觉空间是一个压迫的空间，其中的任何事物都无法逃脱权力的监视。[④] 透明材料在建筑上的运用调整了空间权力关系与空间秩序、空间感知与空间体验的关系，并同时形成了新的景观，来自权力方的监控变得无处不在，无孔不入。生产车间也开始变得透明，围合车间的墙体被大片的透明展窗“入侵”，用透明的展窗作为车间的围合材料，在满足卫生条件的基础上，还同时具备监视的功能。监视技术无疑是一种空间的技术，空间的不对称使得监视成为可能[⑤]，管理者能够通过车间展窗观察到

---

① 连玲玲．从零售革命到消费革命：以近代上海百货公司为中心[J]．历史研究，2008，315(5)：76－93，191.

② 汪民安．身体、空间与后现代性[M]．南京：江苏人民出版社，2015.

③ 让·波德里亚．消费社会[M]．南京：南京大学出版社，2000.

④ 亨利·列斐伏尔．空间的生产[M]．北京：商务印书馆，2022.

⑤ 景天魁，张志敏．时空社会学：拓展和创新[M]．北京：北京师范大学出版社，2017.

车间工人的劳动过程与状态，并在必要的时候，使之成为一种标识企业生产力的景观。在时间的紧密配合下，身体会逐步适应这种透明性下的监视，并开始自觉且使用至少看起来是极为严格的流程来调整自身的姿势与行为。

值得指出的是，尽管玻璃提供了视线的双向可达性，但车间仍是不对称空间的代表，工人通常是没有太多的权力将其视线抛出的，其视线，或称注意力，已经被购买了，接着它们被要求紧紧地附着于流水线上。另言之，即使其视线有机会实现抛出，也无法有任何改变的成效，这与外部监视者视线所享有的权力完全不同。不过，这并不意味着，车间工人完全丧失了能动性，恰恰相反，透明的玻璃展窗也同时为工人们开辟出一条反监控的途径。正因为工人也有机会透过车间展窗观察到外部的情况，那么寻找空间的死角或时间的间隙来调整自身就可以被视为一种反监控的策略。

四、透明性空间的展演

空间的社会理论表明，建筑至少是为人类的广泛利益提供存在和购买的媒介和工具。[①] 建筑的空间具有其特定的被建构的社会特征，权力借助空间的物理性质来发挥作用。[②] 列斐伏尔在《空间的生产》一书中提出了一个问题：一个被建构的空间，除了通过使用之外，它还能通过什么去进行征服与驱逐?[③] 列斐伏尔并没有对其给出明确的回答。不过，在其关于抽象空间的论述中，我们或许可以尝试找到另一种空间实施征服与驱逐权力的方法，那便是造就景观，并使之成为一种表征式的关系媒介，这与情景主义国际倡导者的观点存在联系。景观既是空间生产发展的结果，又是空间生产追求的目标。[④] 某种特定类型的空间被生产出来后，可以先成为一种景

---

① ARCHER J. Social theory of space：Architecture and the production of self，culture，and society [J]. Journal of the Society of Architectural Historians，2005(64)：430－433.

② 汪民安. 身体、空间与后现代性[M]. 南京：江苏人民出版社，2015.

③ 亨利·列斐伏尔. 空间的生产[M]. 北京：商务印书馆，2022.

④ 孙全胜. 德波的景观生产批判伦理观[J]. 重庆邮电大学学报(社会科学版)，2015，27(3)：61－69.

观，然后通过不断地进行展演标示其与众不同的存在，进而将这样一种空间形式深刻地烙印于目标群体的思想观念中，并最终达成塑造欲望与实施控制的真正目的。透明性作为一种典型的现代化空间属性，深刻地塑造着空间存在，这种塑造作用不仅停留在空间生产的过程中，而且在持续的观看与被观看的互动中强化并通过某种建筑表征固定下来，迎合建筑设计所倡导的视觉逻辑，成为资本实施权力最普遍的工具。需要进一步回答的问题是：生产出的透明性空间到底是如何发展成为景观的？又是如何在这个过程中实施征服与驱逐的？这里至少包含三个过程，即建造典型、形成潮流与完成聚合。

（一）建造一个典型的建筑物

一种新建筑风格的出现需要首先完成一个具有划时代意义的实体建筑的建造。在透明性空间生产的历史中，玻璃实现大面积的运用开启了建筑师在建筑设计上的变革与创新，玻璃幕墙这种建筑形式被应用到高层建筑中，垂直性与透明性的结合使高层建筑本身在周围低矮的建筑群中脱颖而出，成为整片区域的典型代表。其建造过程对建筑技术及建筑材料的要求极高，只有在发达的工业文明背景下才得以产生，并且它需要以资本的大量投入为基础，故玻璃幕墙式的高楼大厦通常是一种权力的象征。建造于20世纪初，坐落于纽约的西格拉姆大厦和利华大厦是典型的代表，它们符合资本高效冷峻的形象，并凸显了它们高度现代化的特质。此外，在商业街道中，以透明玻璃作为商店外墙的建造形式也并不是一开始就有的，19世纪西方都市的发展促使了百货公司的出现，霓虹灯与玻璃橱窗被运用其中，而建筑宏伟的百货公司通常设在交通便利的市中心区，其优越的交通位置与引人注目的外表使之成为城市的地标与象征。另一种玻璃运用的典型是车间展窗，在工厂车间的使用主要源于通过对光线的利用以促进生产效率的提高，并同时具备了对生产环境监控的功能，当第一个大面积运用玻璃展窗的工厂车间被建造出来时，它就凭其洁净、标准与高效的形象宣告了传统车间工厂必将走向没落。

（二）形成一种被认可的潮流

一个典型的建筑被建造出来后，往往预示着一种符码的生成，它在大众的心中形成一种表征，当被提及其名称时便能浮现出大致的形象。这种符码无疑是被建构的，资本与权力在其中扮演着重要的促进作用，它们很大程度上决定了什么样的符码会被创造出来，并有能力进行筛选和赋予这些被筛选出来的符码以高流通能力，然后运用自身的力量不遗余力地形成符码共识。潮流的形成基于符码的交流，符码需要流通起来，首先在权力关系圈的内部流通起来，成为差异化社会关系的媒介。接着，基于权力扩张或资本增值的需要，权力与资本会协助特定的符码蔓延与扩张，向下兼容，以此期望将更多的群体包含进来，进而扩展权力影响范围。潮流被定义并逐步凸显出来，强化了典型建筑物的象征，最终深刻地影响着大众的观念，大众的视觉“被套上了枷锁”。

自19世纪80年代起，欧美开始广泛运用厚玻璃作为商业展示的橱窗，时尚与等级的标识通过透明的橱窗展现出来，灿烂的商品景象凸显了消费的潮流。20世纪70年代初，“玻璃盒子”建筑风格在全世界传播开来，其标志性特征——网格状的玻璃幕墙，成为这一风格的显著象征。同样，玻璃橱窗给工厂车间带来了相当直观的好处，车间变得更加宽敞明亮、安全舒适、利于监督、标准卫生，玻璃展窗的运用逐步成为一个企业努力提升其现代化与优质化形象的标识，现代化企业开始纷纷利用透明性改造自身形象。此外，玻璃还成为一种预示民主的标志，较高的透明度表明国会大楼至少在视觉上是对所有市民开放的，以此来象征人民代表的权力。① 让市民直观地感受到政府公开透明的形象，使得玻璃在国家权力机构建筑上的运用越发普遍。

（三）完成一系列符码的聚合

单个符码要借助空间聚合来扩展它的影响力，据此，景观得以出现。

---

① 史蒂西，等．玻璃结构手册［M］．大连：大连理工大学出版社，2011.

景观不仅是一组图像，还是通过图像作为中介所建立的人与人之间的一种社会关系。[①] 各个城市和地方现在都极为关心创造一种积极的和高品质的地方形象，都在追求一种回应这种需求的建筑与都市设计形式。它们应当十分紧凑，结果应当是一系列成功模式的名声。[②] 特大城市的中心商业区（Central Business District，CBD）将现代化展现得淋漓尽致，在这里汇集了商场、酒店、银行、写字楼等一切展示繁荣景象的建筑物，玻璃幕墙“遍地生长”，高楼大厦簇拥而立，彰显着大都市的繁华与现代风貌。而摩天高楼密布的核心地带，通常需要一部分城市低收入者先从这里离开，这一进程作为寻求城市变革的一种方式，在公共政策当中被合理化了。[③] 城市的中心，践行着对身体的驱逐。

在繁荣的商业街道上，透明性空间容纳着一系列有关消费与区隔的符码，其本身也代表着一种符码，各种符码在一定的区域内聚合，使这片区域成为声名赫赫的商业地标。个体穿梭其中，不再反思自己，而是沉浸到对不断增多的物品或符号的凝视中去，沉浸到社会地位的能指秩序中去。消费的主体，是符号的秩序。[④] 个体逐步将景观内化，并服从其逻辑，成为景观的物质化具象，采用景观的逻辑进行实践，维护着景观的支配。[⑤] 玻璃橱窗尽情地将景观展露出来，无论是犹豫徘徊的华尔兹步伐，还是毫不犹豫的自信步伐，大众在玻璃橱窗前所呈现出的行为差别都显露出经济地位和文化品位区隔的潜在对应，自然形成了各个消费层级、时尚秩序和社会群体的区隔或认同。[⑥]

---

① 许加彪，钱伟浩．作为社会本体的表象：景观理论的建构机制与当代转场[J]．兰州大学学报（社会科学版），2020，48（3）：56－64.

② 戴维·哈维．后现代的状况：对文化变迁之缘起的探究[M]．北京：商务印书馆，2003.

③ 爱德华·W. 苏贾．我的洛杉矶：从都市重组到区域城市化[M]．上海：上海人民出版社，2021.

④ 让·波德里亚．消费社会[M]．南京：南京大学出版社，2000.

⑤ 许加彪，钱伟浩．作为社会本体的表象：景观理论的建构机制与当代转场[J]．兰州大学学报（社会科学版），2020，48（3）：56－64.

⑥ 陈云龙，曹丽娟．再生产：消费、时尚与异质性：对武汉光谷步行街的空间社会学分析[J]．都市文化研究，2016（1）：402－425.

五、结语

空间是社会成员解读社会的手段之一，空间的形式取决于资本投入和感官依恋，空间生产代表了资本投资和文化意义的构建，它不仅创造了商品交换所需的货币，还创造了表明社会身份的语言。[①] 建筑师塑造空间，除了赋予它们社会效用外，还给予它们人的意义、审美与象征意义，给予个体和集体以具体形式的渴望和欲望。[②] 玻璃应该被看作是一种表达了新社会透明性的材料[③]，透明性建筑材料的广泛运用事实上代表着人们对事物真相的渴求，然而透明性空间呈现的依然只是一部分真相，甚至仅为一些景观，权力仍控制着这个社会的视觉。空间的生产受制于什么应该让人看见、什么不应该让人看见的决策、秩序与无序的概念，以及审美与功能之间战略性的相互影响。建造者在阐释其视觉设计理念时，宣称使用玻璃立面是为了使室内与室外毫无分别，然而其所呈现出来的恰恰是将中心的内部与外部分隔开的巨大屏障。[④] 建筑物实然可见，但它们在某种程度上又是看不见的，因为它们有效地抵消了霸权的可见性，支配我们的是系统可见性，即一切都必须立即可见并可以解释，这导致了一个后果：今天我们被屏幕包围[⑤]。

从空间社会学的角度来看，空间是一种被生产、被控制和被规划的社会产品。空间是社会生活和社会结构的重要组成部分，空间上的变化也会引起社会关系和社会结构的变化。此外，空间也受到社会关系和社会结构的影响，成为它们的表现和延伸。在现代社会中，随着信息化、城市化和全球化的发展，空间呈现出新的特点和形态。其中，透明性空间是一种典型的空间现象，它不仅是建筑物表象的变化，还反映着现代化社会多元化需求和文化意义的结合。同时，透明性空间的生产和展演也显示出资本和

---

① 汪民安，陈永国，马海良．城市文化读本[M]．北京：北京大学出版社，2008.
② 大卫·哈维．希望的空间[M]．南京：南京大学出版社，2006.
③ 汪原．边缘空间：当代建筑学与哲学话语[M]．北京：中国建筑工业出版社，2010.
④ 汪民安，陈永国，马海良．城市文化读本[M]．北京：北京大学出版社，2008.
⑤ 汪民安，郭晓彦．建筑、空间与哲学[M]．南京：江苏人民出版社，2019.

权力的控制对于空间形式的影响，在这种情况下，透明性空间往往成为政治宣传、商业营销和社会控制的工具。因此，我们需要对透明性空间的生产和展演进行深度思考和分析，以考虑权力和控制问题，区分真正的景观和虚假的表象。只有这样，我们才有机会获得有关空间的一部分真相，尽管这注定是漫长且艰难的过程。

社会创新设计视角下的社区生活共同体建设路径

何 慧 陶海鹰[1]

一、社区，从传统生活共同体到现代生活共同体

（一）社区生活共同体的概念

社区是指聚居在一定地域范围内的人们所组成的社会生活共同体。[2] 社区包括一定数量和质量的人口及其经济生活、政治生活、文化生活，涵盖了社会有机体最基本的内容，因此，它是一个社会实体。[3] 但是该阶段的社区是“自然社区”，即费孝通先生所提的“熟人社会”阶段，在此阶段社区可以等同于生活共同体。但是在经过经济发展后，社区往往只有居民共同居住的客观事实，而缺失生活共同体的意识。[4] 在疫情期间，社区居民之间的守望相助再次激发了当下对于社区建设的美好愿景，在学术研究中则产

---

① 何慧，北京印刷学院设计艺术学院在读硕士研究生，研究方向为社会创新设计；陶海鹰，北京印刷学院设计艺术学院副教授，研究方向为设计批评、设计文化。

②③ 于燕燕．社区和社区建设（一）：社区的由来及要素［J］．人口与计划生育，2003（7）：47－48.

④ 朱承．从“熟悉的陌生人”到“居住共同体”：对上海疫情期间社区生活的一项观察［J］．上海文化，2022（8）：32－36.

生了社区居住共同体、城市社区共同体等名词，其内涵是一致的，都指向了社区要承载人民群众对美好生活的向往，因此用社区生活共同体这一名词更为精准。

（二）建设社区生活共同体的必要性

从建设美好生活的角度来看，建设社区生活共同体有助于社区形成温暖和谐的家园氛围，有助于居民之间增进共识、化解矛盾，为美好生活提供良好的外部环境，有助于居民守望相助，在获得感、幸福感和安全感中感受到美好生活。[①]

从社区发展的角度来看，首先，随着经济发展和人口的广泛流动，社区的结构处于动态稳定中，这孕育了居民的多元需求，让社区建设朝着具有混合化功能的方向发展。其次，复杂的城市运行对社区提出多场景的应对要求，[②] 社区需要有能力对城市问题进行分解承担，比如应对非典、新冠等卫生公共危机。

满足以上提到的居民个体需求、社区作为整体向前发展的需求，需要社区建设着眼于现实的居民生活，围绕居民生活逐步构建起丰富完善、有韧性的社区，即通过建设社区设施、社区文化、社区组织等构建起社区生活共同体。

二、社会创新设计与社区生活共同体

（一）社会创新设计的概念

社会创新设计是由社会变化所驱动，并以社会变革为目标的社会技术转型，它通过设计师的专业能力，充分发挥协同能力，整合多个专业打造更加友好的整体环境。社会创新设计能服务的对象、运用的专业、涵盖的

---

① 周敏晖，郝宇青．实现美好生活必须构建城市社区共同体：学习习近平总书记关于社区治理的重要论述[J]．党政研究，2022(6)：81－89，127.

② 赵宝静，奚文沁，吴秋晴，等．塑造韧性社区共同体：生活圈的规划思考与策略[J]．上海城市规划，2020(2)：14－19.

设计目的与影响都很广泛，而且不限制主体身份与数量，各行各业人士都可以参与。其核心在于设计主体需要彼此充分合作，发挥各自所长，以更有效地解决复杂问题。因此，社会创新设计的成果包括满足社会需求与解决社会问题，创造新的社会关系和新的结构，提供新产品、新服务或新的解决方案。①

（二）集火实验室案例分析

集火实验室位于成都市青羊区小关庙区域（青羊区、金牛区、成华区、锦江区四区的交接地带），附近的居民之间保持着一种既有一定的距离感又互相友好尊重的关系，是万千中国城市社区中居民相处方式的一个缩影。在这样一个四区交接地带，集火实验室孕育而生，其和居民之间共同生活的客观因素构成了集火的底层属性是社区属性。

集火实验室基于激发和提高社区参与性的目的，设了两个活动：街头运动会和邻里市集。常设活动由集火与社区共同举办，但集火轻介入，将主动权与创造力返还给居民，以此激发居民的内生动力。除此之外，集火还因考虑到居民何以关注社区问题、设计专业人士何以参与到社区建设中，而专门搭建了面向居民的“集火社区沙龙”和面向专业人士的“集火城市论坛”，用以讨论与社区建设相关的话题，立足真实生活，共享各自想法，达成有效交流，为后续居民参与到社区建设中提供较佳切入点。

集火实验室除了以居民为中心开展活动以外，也带领居民践行可持续发展的理念，比如开展了共益实验室（堆肥设施与应用）、10 平方米地球这样的环保活动。同时集火自身作为一个社会营造平台也在积极与其他组织合作，努力扩大影响力，共同为社区建设提供更多发展方向。比如和萝卜团队一起设计堆肥设施，开展相关的工作坊，吸引、带动居民参与到厨余垃圾的可回收处理中，共享堆肥的成果。

这个案例展示了集火实验室运用社会创新设计理念，通过社区参与、可持续性、多元性和合作伙伴关系，不仅解决了社区居民之间的生活问题，

---

① 黄励强．基于社会创新理念的社区型青年公寓设计研究[D]．长沙：湖南师范大学，2020：24.

也消除了社区居民之间“熟悉而陌生”的隔阂，提高了社区生活质量，促进了社区生活共同体的建设。由此可见社会创新设计可以广泛运用于建设社区生活共同体的理念中，为社区成员提供更好的生活条件和增进社区凝聚力。以下是社会创新设计如何在社区生活共同体建设中发挥作用的一些关键方面：

（1）社区问题识别和解决：社会创新设计可以利用用户地图、故事板等设计方法来帮助社区识别出存在的问题，如可以改善的居住环境、较为欠缺的托育服务等。投身于建设社区的人通过专业的调研工具，不仅能够实现倾听居民的实际需求，也能均衡考虑多种解决问题的方法，从而设计出创新的解决方案，提高社区的生活质量。

（2）社区参与：社会创新设计强调社区中各个相关利益方共同参与的重要性，并且非常鼓励各方参与到设计的各个环节，比如问题识别、解决方案、实施过程。这种全流程的参与方式非常有助于居民之间建立起生活共同体感，从而有效增强社区凝聚力。

（3）可持续性：社会创新设计注重可持续性。这为社区生活共同体的建设提升了时间维度。因为社会创新会关注未来的发展，确保社区项目和解决方案能够持续运营，而非形式主义，这符合社区的发展需求，同时也能够美化环境、盘活社会资源。

（4）多元性：社会创新设计强调尊重社区的文化和多样性。一方面有利于挖掘出居民更为细致的需求，提供更具针对性的服务以满足居民需求。另一方面有利于保留社区的文化，为社区的长远发展保存动力，同时也能提升社区之间的吸引力，加强居民对于本社区的认同感。

（5）合作伙伴关系：社会创新设计通常涉及与不同利益相关者（如非营利组织、政府、企业等）的合作伙伴关系。利用社会创新设计理论，能够打开社区建设者的思路，促使其挖掘、链接多方资源，而不仅限于社区本身。并且因为不同的利益相关者拥有各自的资源、视角、专业知识，这种多方的合作就可以产生更多的创意，能够提供更为有效的支持，从而助力于社区生活共同体的建设。

（6）评估和学习：社会创新设计强调不断学习和改进。这是设计中常用的迭代方法。通过定期评估项目和解决方案的效果，进行针对性的改进，能够帮助社区不断地满足新的需求、应对新的挑战，以此来提高社区的韧性，保证社区具备持续发展的能力。

总之，社会创新设计提供了一种综合的方法，可以帮助社区建设一个更具包容性、可持续性的生活共同体。它强调社区成员的参与和需求，促进创新解决方案的开发，以改善社区的生活条件和质量。

三、“九律”方法与社区生活共同体

凯文·凯利以计算机科学和生物研究的最前沿成果为主，结合交叉学科带来的启迪提炼出事物从无到有的九条规律，名为“九律”。[①] 以下是挑选整合后可以与社区建设相结合的内容：

（1）分布式和自下而上的控制。凯文提到：“生命、智力、进化，全都根植于大型分布式系统中……当分布式网络中的一切都互相连接起来时，一切都会同时发生。这时，遍及各处而且快速变化的问题都会围绕涌现的中央权威环行。因此全面控制必须由自身最底层相互连接的行动通过并行方式来完成，而非出于中央指令的行为。”[②] 通过鼓励帮助社区建设多个能够自运行的居民组织，采用分布式和自下而上控制的方法来快速发现、处理问题，社区就可以更好地利用集体智慧，让更多的人参与社区事务，增强社区成员的参与感和责任感，推动社区内居民积极互动。如此不依赖中央控制的社区生活共同体就可以根据外部条件的变化做出调整，从而在不断变化的环境中适应和成长，实现可持续发展。

（2）模块化生长。凯文认为：“创造一个能运转的复杂系统的唯一途径就是先从一个能运转的简单系统刚开始。”[③] 在建设社区生活共同体时不可操之过急，从帮助社区居民建设组织开始，当每个针对不同问题而设立的

---

① 凯文·凯利．失控[M]．北京:新星出版社，2011:692－693.

②③ 凯文·凯利．失控[M]．北京:新星出版社，2011:693.

组织能够独立运行发展时，处于同一社区中的组织之间会产生一个合理的运行关系，在此期间，他们会在发展过程中不断进行自我调整以实现“进化”，宛如生物系统的演化具有适应性和灵活性。

（3）边界最大化与鼓励犯错误。“在经济学、生态学、进化论和体制模型中，健康的边缘能够加快它们的适应过程，增加抗扰力，并且几乎总是创新的源泉……无论随机还是刻意的错误，都必然成为任何创造过程中不可分割的一部分。进化可以看作是一种系统化的错误管理机制。”① 在社区中成立的居民组织在某种程度上是社区管理的延伸，是位于管理和自主之间的边界地带，既可以不受社区管理的一些限制，又能得到社区的支持，以获得居民更高的容错度，因此其能够快速地测试一些解决问题的新方法，使社区整体更具活力和开放性。

综上所述，“九律”中可以将“分布式和自下而上的控制”“模块化生长”“边界最大化与鼓励犯错误”的方法应用在社区生活共同体的建设中，增强社区的可持续性、凝聚力和适应性，从而更好地满足社区成员的需求和改善社区生活质量。这种方法强调社区管理中的分布管理、模块化社区功能、鼓励犯错，可以有效提高社区成员的参与性，并能够成为孕育创新的土壤，最终构建起更加有活力和互动性的社区。

四、社区生活共同体的建设路径

社区生活共同体的建设路径可以涵盖多个关键方面，包括社区自组织、社会创新、合作伙伴关系、适应性和可持续性。以下是一个理想中的综合了社会创新设计和“九律”中“分布式和自下而上的控制”“模块化生长”“边界最大化与鼓励犯错误”方法的社区生活共同体建设路径：

首先，社区帮助居民搭建起以居民为主的自组织，鼓励居民积极参与社区事务和决策制定，充分给予居民发挥自身能力的空间并提供一定的资源支持。另外，可以建立社区、小组和委员会等组织，以便发现并处理多

---

① 凯文·凯利．失控[M]．北京：新星出版社，2011：694.

个层面的问题。社区也可以积极搭建社区大学这类可以提供培训和资源的平台，帮助社区成员发展领导技能和组织能力。通过培育多个居民组织，激发居民对于社区的参与性，提高居民对社区的认可程度。

其次，根据社会创新设计理念，以发现、解决社区问题和挖掘、满足居民需求为核心，建立反馈机制，让社区成员能够有效提供关于项目和解决方案的反馈。在这一过程中可以将部分权力交接给能够独立运行的居民组织，以实现问题在未成为大问题前就已经依靠群众智慧得到妥善解决，既能够提高居民的社会价值感，又能在减轻社区工作人员压力的同时鼓励其将重心放在社区整体服务中，比如推动创新实验，鼓励社区成员提出新的创意和解决方案，并以社区为试验田应用优化。在此过程中，社区可以充分挖掘多方资源，与当地政府、非营利组织、企业和学术界建立合作伙伴关系，获取相应的资源和支持，创造共赢的合作机会，确保各方都能从合作中受益。

再次，共同制订社区发展计划，明确各方的责任和贡献，并运用“九律”的部分方法确保社区项目和计划具有灵活性，能够根据外部环境的变化进行调整，以此培养社区成员的适应性，鼓励他们积极适应变化和新的挑战。在社区发展中积极推动试验和改进，借鉴实践中的经验和教训，引入可持续发展原则，采取措施减少资源浪费，提高能源效率，保护生态环境。鼓励社区成员采用可持续的生活方式，如共享资源和减少垃圾产生。

最后，定期评估社区项目和活动的效果，包括社区参与度、满意度和可持续性，以及每次项目与活动后及时进行复盘总结。项目负责人、活动参与者等都可以在社区共建的学习交流平台上进行分享复盘，通过这种公开经验和教训的总结分享，能够促进更适合本社区的活动方案等形成，社区成员也能从中得到锻炼与成长。除此之外，社区还可以建立知识共享和反馈机制，不仅可以在本社区中实现透明交流，也可以在社区与社区之间获取新的知识和信息，从而达到良性循环，使社区能够稳步发展。

通过遵循这个建设路径，社区生活共同体可以从只是住在一起的房客变成生活息息相关的友邻，而社区也会因为内部成员的相互连接变得更适宜居住，成为更具活力、创新力与社会责任感的优秀社区。这个过程需要社区成员付出时间，以及保有坚定的决心，最终可以促进社区的繁荣和社会的发展。同时，社会创新设计的原则和“九律”的方法将有助于更好地处理复杂性和不确定性，降低社区建设中的困难，提高社区建设的效能和可行性。总的来说，采用这个建设路径可以使社区更有活力、更具创新力、更有凝聚力。社区成员参与社区建设的过程不仅可以更有效地创造人人都喜欢的生活环境，还可以使社区能够更好地应对未来的变化和挑战，成为一个具有生命力的“生态系统”，这对于社区的长期繁荣和社会的可持续发展都具有重要意义。

五、结语

建设生活共同体对社区建设具有重要而深远的意义，它不仅代表了人民对美好生活的向往，也代表了一种基于合作、共享的社区建设方法，旨在提高社区可持续性和居民的生活质量。通过融入社会创新设计方法和“九律”方法来建设生活共同体，强调提高社区成员的参与性和创新性以及鼓励成员之间的共享精神，从而打造一个更具活力和互助性的可持续发展的社区，这对所有的社区成员和整个社会都具有深远的意义，它能帮助我们创造美好生活。

而未来的社区生活共同体的研究可以追踪社区共同体项目的长期影响，以了解它们在社区可持续性、社会凝聚力和经济效益方面发挥的实际作用，并可以对在社区建设中运用失控理念的可行性进行评估，为后续的社区建设提供更具有实际参考价值的成功案例。

参考文献

[1] 于燕燕. 社区和社区建设(一):社区的由来及要素[J]. 人口与计划生育,2003(7):47－48.

[2] 朱承. 从“熟悉的陌生人”到“居住共同体”——对上海疫情期间社区生

活的一项观察[J]. 上海文化,2022(8):32－36.

[3] 周敏晖,郝宇青. 实现美好生活必须构建城市社区共同体——学习习近平总书记关于社区治理的重要论述[J]. 党政研究,2022(6):81－89,127.

[4] 赵宝静,奚文沁,吴秋晴,等. 塑造韧性社区共同体:生活圈的规划思考与策略[J]. 上海城市规划,2020(2):14－19.

[5] 黄励强. 基于社会创新理念的社区型青年公寓设计研究[D]. 长沙:湖南师范大学,2020:24.

[6] [美]凯文·凯利. 失控[M]. 北京:新星出版社,2011:692－693.

[7] [美]凯文·凯利. 失控[M]. 北京:新星出版社,2011:693.

[8] [美]凯文·凯利. 失控[M]. 北京:新星出版社,2011:694.

基于 CPTED 理论和空间句法的商业街区犯罪防控研究

——以济南市长清大学城商业街为例

王志飞　龙思妤　信慧言　段梦莉　付衍健[①]

大学城是城市的特殊功能区，是若干所大学在空间上聚集起来，形成具有相当规模的从事教学或科研活动的独立地理区域[②]。大学城商业街作为伴随我国高等教育和城市化进程迅速发展所形成的城市区域，其人群流动性大、人员构成复杂、开放性和公共性强，易成为滋生城市违法犯罪行为的温床。过去对于高校周边区域的安全维护往往依赖于普法宣传，认为犯罪预防仅是公安等政府部门的职责，忽视了城市规划部门从宏观规划和微观空间设计层面对于安全事故防范的考虑。马斯洛需求层次理论指出，安全需求是仅次于生理的基本需求。大学城商业街区的犯罪问题严重影响着周边高校学生和社区居民的安全需求，如何在大学城商业街区规划设计中

---

① 王志飞，山东工艺美术学院硕士研究生，研究方向为城市设计理论与实践；龙思妤，山东工艺美术学院硕士研究生，研究方向为城市设计理论与实践；信慧言，中国艺术研究院博士研究生，研究方向为城市设计理论与实践；段梦莉，山东工艺美术学院硕士研究生，研究方向为城市设计理论与实践；付衍健，山东工艺美术学院硕士研究生，研究方向为城市设计理论与实践。基金项目：2022 年山东工艺美术学院校级大学生科研基金项目（22XS022）；2021 年山东省研究生教育教学改革研究项目（SDYJG21210）。

② 潘懋元，高新发，胡赤弟，等．大学城的功能与模式[J]．高等教育研究，2002(2)：36－41．

植入犯罪防控理念，营造安全有序的社会活动环境，俨然成为近年来社会各界所广泛关注的重要议题。

通过环境设计预防犯罪理论（Crime Prevention Through Environmental Design，CPTED）是基于犯罪学、建筑学和环境心理学等多学科研究，通过空间环境要素的有序组织与分配来预防犯罪行为发生的一种理论。CPTED 理论认为：对物质空间的合理设计及有效使用，可以减少犯罪行为的发生以及对犯罪行为的恐惧①。空间句法是一种通过对包括建筑、聚落、城市甚至景观在内的人居空间结构的量化描述，研究空间组织与人类社会之间关系的理论和方法②。这一理念最初由比尔·希列尔等于 20 世纪 70 年代提出，随后广泛应用于城市空间及其连接关系的整合分析中。国内外相关研究分析了空间构成对犯罪行为的影响，认为犯罪行为发生与空间句法的变量参数有关③④。本文以济南市长清大学城商业街为例，利用空间句法中的 Depthmap 软件建立商业街区的轴线模型和视域模型，结合 CPTED 理论要素进行分析，探究空间特征与犯罪防控间的联系，并基于预防犯罪视角提出大学城商业街区的更新优化策略。

一、相关理论研究

（一）CPTED 理论及其要素

1971 年，美国学者 C. Ray Jeffery 首次提出“环境设计预防犯罪”的概念，认为环境设计可以消除引发犯罪的因素和降低犯罪带来的恐惧感⑤。

---

① 毛媛媛，丁家骏. 居住区环境与犯罪行为关系研究：以上海市浦东新区居住区为例[J]. 城市发展研究，2014，21(4)：78－85.

② 张愚，王建国. 再论“空间句法”[J]. 建筑师，2004(3)：33－44.

③ NUBANI L，WINEMAN J. The role of space syntax in identifying the relationship between space and crime[C]//Proceedings of the 5th space syntax symposium on space syntax，delft，holland. 2005：13－17.

④ JONES M，FRANK M. Crime in the urban environment[J]. Proceedings of the Fifth Space Syntax International Symposium，1997(2)：1－25.

⑤ JEFFERY C R. Crime prevention through environmental design[M]. Beverly Hills，CA：Sage Publications，1971.

1972年，Oscar Newman从建筑学的角度提出了“可防卫空间”理论，强调了具体的设计特征即领属性、出入控制、监督性、景象、周围环境和目标强化等[①]。20世纪80年代以后，随着日常活动、破窗、情景犯罪预防、理性选择等相关理论的提出，CPTED理论得到了进一步完善，形成了通过环境设计预防犯罪的六要素：领属性、自然监视、出入控制、形象与维护、活动支持与目标强化。

1. 领属性

领属性是CPTED的核心要素，是指空间或事物所表现出的所有权归属[②]。强化空间所属意识可以增强区域内人群对外来人群的警觉性与监视性，同时增加犯罪者对目标区域的未知感，提升犯罪成本，减少犯罪概率。

2. 自然监视

通过增大可视化物理空间的面积，以增加对目标区域异常行为的监控能力，使其异常活动能够被及时发现。监视具有连接周边人群视线、保护潜在受害者、使犯罪分子的行为退缩等特点[③]。

3. 出入控制

对潜在犯罪人群及其逃跑路径进行管控，增加犯罪风险和难度，提高区域安全性。

4. 形象与维护

“破窗理论”认为衰败的环境对犯罪行为有诱发作用。良好的环境会吸引人流，通过对环境形象的适当维护，可以增加人群的聚集效应，进而预防犯罪行为的发生。

5. 活动支持

为目标区域增加多样化公共服务设施，丰富空间功能，提升空间活力，引导人群聚集，增强区域内人群的自然监视能力。

---

① 左袖阳. 西方通过环境设计的犯罪预防理论评价[J]. 江西警察学院学报,2011(6):118－122.

② 赵秉志,金翼翔. CPTED理论的历史梳理及中外对比[J]. 青少年犯罪问题,2012(3):34－41.

③ 高云,金秀峰. CPTED理论在城市公园绿地中的应用研究[J]. 艺术与设计(理论),2022,2(5):68－71.

6. 目标强化

目标强化指对特定区域加强保护，如设置或加高围墙、加装防护栏及防盗窗等。此外，视觉导向系统的建立和加固也属于目标强化的重要范畴。

由于街区与外部城市主干道无明显界限，开放程度较高，出入控制要素在街区犯罪防控中无法发挥明显作用，因此本文仅从领属性、自然监视、形象与维护、活动支持、目标强化视角进行犯罪活动预防的相关设计探讨。

（二）空间句法在犯罪防控研究中的应用

空间句法理论认为空间组织结构使得空间具有不同的特征，空间的功能关系可以通过指数量化，以轴线、凸空间和视域分析等方法来再现空间①。国内运用空间句法理论对城市空间进行犯罪防控的研究主要集中于城市住区、公园、校园等空间，而基于空间句法对大学城周边商业街区进行犯罪防控分析并提出相应更新优化策略的研究较为欠缺。仅有黄邓楷利用 Arc GIS 和 SPSS 等软件从犯罪防控视角对广州大学城环境安全感知进行评价，探讨了学生安全感与大学城环境规划和设计间的联系，并提出了相应的优化策略②。在大学城商业街区犯罪防控分析中，可借助空间句法中的轴线模型和视域模型等量化数据，探究空间特征与犯罪行为的内在联系，为大学城商业街区的安全建设提出相应的优化策略。

二、商业街空间特征与犯罪行为关系分析

（一）研究对象与选取指标

本文以济南市长清大学城商业街为研究对象（见图 1 和表 1），商业街外围是城市主干道，内部由两条十字形主路和若干条支路构成。选取原因为：①长清大学城商业街是济南市规模较大的综合性商业街区之一，周边

① 黄基传，赵红红．基于空间句法的城市公园空间结构分析研究[J]．华中建筑，2019，37(8)：62－65.

② 黄邓楷．基于 CPTED 理论的广州大学城环境安全感知评价及优化策略研究[D]．广州：华南理工大学，2020.

分布有山东女子学院、齐鲁工业大学、山东师范大学、山东中医药大学、山东工艺美术学院等众多高校，以及紫薇阁、常春藤、御龙湾等大型居住区和银座等大型购物商场，城市配套设施完善，人流量较大，人员构成复杂，街区特征受人流分布、人群类型、活动时间的影响较为明显；②街区开放性较强，与周围城市主干道无明显界线，交通的便利性为犯罪后逃逸提供了可能；③商业街内部存在较多利于实施违法犯罪行为的先决条件，如空间利用率差、遮蔽物过多、空间与人体尺度失调、环境破败等，为违法犯罪活动提供了作案动机。

图 1　济南市长清大学城商业街平面图
资料来源：笔者绘制。

本文选取空间句法中与街区空间特征关联度较大的三个参数：轴线模型中的整合度、连接度与视域模型中的视线整合度，并结合 CPTED 理论中的六大要素进行空间特性分析。以济南市长清大学城商业街现存街巷网络为基础，在 CAD 中遵循“最长且最少”的原则绘制道路轴线图，并结合实地调研与文本资料对轴线地图进行补充和完善。

表 1　济南市长清大学城商业街基本概况与 CPTED 要素现状汇总

	基本情况			CPTED 要素现状						
地址	占地面积	周边环境	区域特征	领属性		自然监视		活动支持	形象与维护	目标强化
				内部	外部	北侧	南侧			
长清区瓦特路与蔡伦路交叉口	20.88hm^2	高校、商场、医院、住区	建成时间长、缺乏管理维护、人群构成复杂、人流量大	多受栅栏、树木、花池阻隔，空间领属性差	与周边街道无阻隔，完全开放式	北侧多开敞式广场，视野开阔，自然监视效果相对较好	南侧建筑密集，树木较多，自然监视效果较差	北侧以购物、游憩、售卖等商业活动为主，南侧以休闲、散步等个人活动为主	随意涂鸦、景观形象破败	无任何导向标识或指示符号，行人游览视线连续性较低

资料来源：笔者总结。

（二）街区轴线模型分析

1. 整合度分析

整合度是空间句法中用以衡量某一空间与其他空间聚集程度的数值，也被称为集成度①。通常认为整合度越高，便捷程度和出行潜力越大，空间活力和人流汇聚能力越强，自然监视与活动支持效果越好，犯罪行为发生的概率越小。但也有学者认为无秩序的人流聚集利于不法分子实施犯罪后快速逃逸。现有研究对空间句法中整合度与犯罪行为间的关系论述存在矛盾，因此应结合实际情况对两者间的关联程度做出解释。

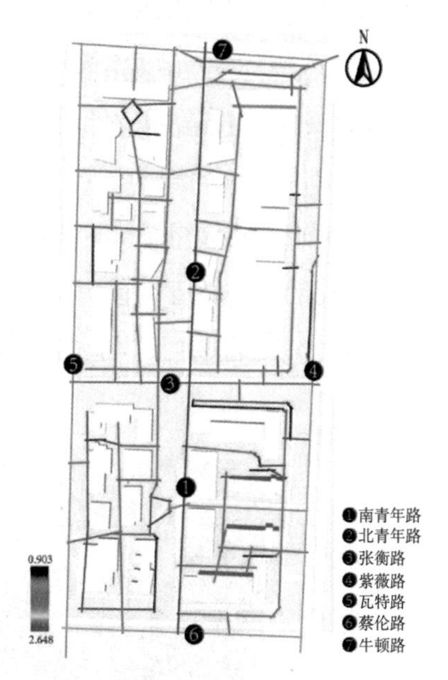

图2 整合度分析

资料来源：笔者绘制。

从全局整合度分析来看（见图2），南、北青年路整合度最高，张衡路次之。南青年路是街区南主要入口，沿路分布有超市、餐馆及活动性广场。其空间构成虽有吸引较大人流的可能性，但由于路内广场无任何公共娱乐设施（见图3），空间活力差。外部被茂密树林掩盖，林间多为曲折小道（见图4），易使行人产生不安全感，这种感受在夜晚时表现得尤为明显。树丛的遮蔽使得道路两侧场所的行人难以与广场内行人产生视觉交流，因此无法产生良好的自然监视效果，利于违法犯罪活动的实施。广场四周由栅栏强行做出围合边界，人群通常不愿在广场内过多停留，活动支持效果较差，易发生偷盗、抢劫等犯罪行为，是犯罪防控需重点关注的区域。北青年路南端是由张衡路进入商业街的主入口，街道两侧商业活动密集，人流量较大，但由于入口处过于开敞（见图5），导致街道宽高比（D/H）值较大，行人在道路内的尺度感弱，具有

① 李定峰，候玉萍，李恒，等．空间句法视角下旧城社区街巷公共空间的评估与优化［J］．中外建筑，2022（12）：72－77.

一定的不安全感。北端商业店铺较少且无任何公共娱乐设施，因此自然监视效果较差。张衡路作为城市一级主干道，是大学城商业街的东西向主要入口，承担着贯穿街区东西向交通的重要职能，人流汇聚能力强。但经实地调研可知，张衡路两侧共享单车停放杂乱无序（见图6），通行空间受到极大压缩，交通拥堵现象严重，由“路怒症”引发的暴力斗殴事件频发。同时，由于晚间大量摊贩占道经营，导致人流聚集效应虽较为明显，却呈现出混乱无序的特征，使得活动支持与自然监视效果较弱，犯罪分子易混入人群后快速逃逸，这与“高整合度会抑制犯罪行为发生”的结论有所出入。

图3　南青年路下沉广场　　图4　南青年路密林小道

资料来源：笔者绘制。

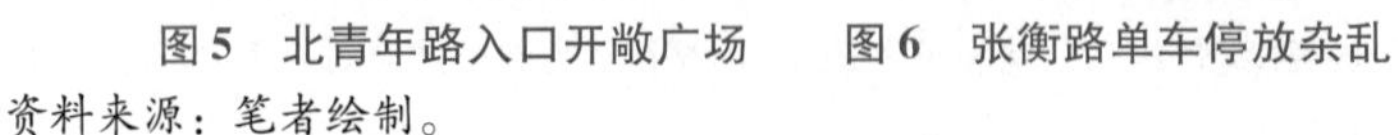

图5　北青年路入口开敞广场　　图6　张衡路单车停放杂乱

资料来源：笔者绘制。

2. 连接度分析

连接度是某条轴线与周边其他轴线的相交数量，其数值直接反映了单元空间相互联系的紧密程度。通常认为连接度越高的区域，其通行程度越高，人流越易到达，空间领属性越强。但也有部分学者认为连接度越高的道路越有可能成为犯罪分子的逃逸路线，因此应结合场地实际情况对两者间的关联程度做出解释。

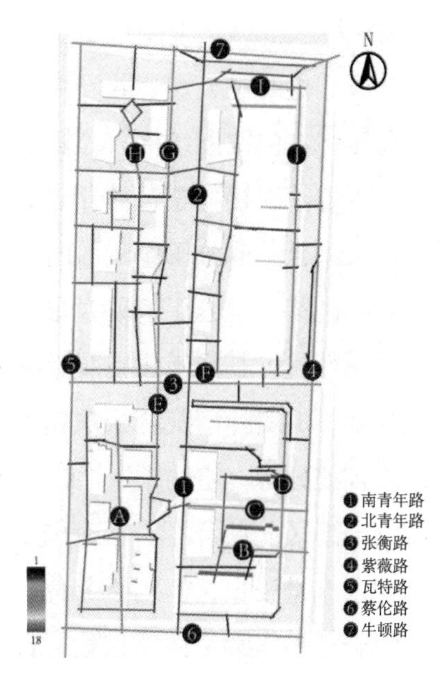

图7 连接度分析

资料来源：笔者绘制。

从连接度分析来看（见图7），除南、北青年路外，街区外围的瓦特路、紫薇路、蔡伦路、牛顿路四条城市主干道连接度较高，因此领属性较强。但经实地调研可知，四条城市主干道与街区间多间隔有空旷的大面积广场（见图8），广场内部无任何公共服务设施，人流量吸附能力弱，空间领属性较差，有利于违法犯罪活动的实施和犯罪分子快速逃逸。

图8 道路与街区间的空旷广场　　图9 道路内形象与维护效果

资料来源：笔者绘制。

此外，经空间句法分析，街区内部道路 A－J 的连接度也处于较高水平（见图 7）。根据实地调研可知，A 道路沿路区域形象与维护效果差，多数建筑外表、地面铺装及公共设施破败（见图 9），对犯罪活动的诱发作用较强。南青年路右侧路网结构较为复杂，B、C、D 三处为尺度较大的开放性广场，且广场外部直接与紫薇路相连，内部无任何公共娱乐设施，场地领属性较差，有利于犯罪分子作案后的快速逃逸。E、F 均为与街区中心轴线临近或重合的道路，但由于道路功能单一，无法使行人长时间驻足停留，导致道路领属性差，利于违法犯罪活动实施。G 道路经空间句法分析虽具有较高的选择度，但实际情况是人群密度由南向北逐渐降低，靠近北侧入口处几乎已无人流分布，空间领属性较差，易成为视线盲区，利于犯罪活动实施。H 道路与街区北侧环形广场相连，该区域内部环境破败且无公共娱乐设施，因此人流量较少，但由于其靠近街区外围城市主干道，因此通达性高，利于犯罪分子作案后快速逃逸。I、J 均为街区外围道路，但由于道路内公共服务设施较少，无地面行走标识且人车分流系统混乱，因此行人稀少，空间领属性较差，易成为犯罪行为的潜在发生地。

3. 街区视域模型分析

根据视域模型分析可知（见图 10），街区主路相交处视线整合度最高，主路内部视线整合度次之，建筑组团间视线整合度最低。街区的视线整合度可从空间系统中的点、线、面视角进行系统论述。

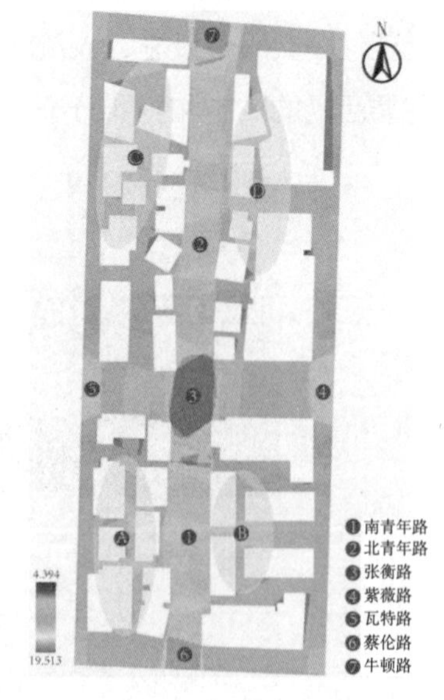

图 10　视线整合度分析
资料来源：笔者绘制。

“点”即张衡路与南、北青年路交叉口。此区域视线整合度最高，构成了街区的视觉中心点，在街区四个主入口处均可直接观察到此区域内的人群活动，因此自然监视效果好，违法犯罪成本高。“线”即由南、北青年路构成的道路轴线。南、北青年路由于道路平直周围且无高大建筑阻挡，因此空间视野开阔，视线延展性较好，对违法犯罪活动有一定监视作用。“面”即由若干建筑组团构成的A、B、C、D区域。A、B区域内道路虽较为平直，但通行空间狭窄且两侧店铺杂乱（见图11），空间可识别性较差，视线通透性弱，导致无法形成高效的视觉监视体系；C区域建筑转折处遮蔽性较强，部分店铺外廊下空间狭窄（见图12），导致视线连贯性不佳，自然监视效果差，易成为犯罪活动的诱发要素，利于不法分子实施偷盗等犯罪行为；D区域道路转折较多，行人迷失感强，且空间活力低下，是街区北侧的监视盲区，因此易成为违法犯罪分子的藏匿区域。

图11 街巷店铺杂乱

资料来源：笔者绘制。

图12 廊下空间狭窄

资料来源：笔者绘制。

三、商业街犯罪防控的优化策略

（一）激发区域活力，提供人群活动支持

自然监视与活动支持需要通过有序的人群聚集完成。济南市长清大学城商业街区的空间活力与人流聚集程度联系密切，空间活力增强可以促进人流聚集，有序的人流聚集也会对空间活力产生积极影响。空间活力越强，自然监视与活动支持效果越好，发生违法犯罪活动的概率越小。充分激发街区空间活力应从三方面入手：首先，口袋公园是激发大学城商业街区空间活力的重要媒介。北青年路广阔的街道与两侧低矮的建筑易使人产生不

安感，因此可结合道路特性，在其内部植入由连续性艺术装置构成的微型口袋公园（见图13），内设可串联的模块化游憩和娱乐装置，通过分布的规则性与颜色的跳跃感吸引人群有序聚集，既可适当缓解过大的街道宽高比，增强行人的尺度感与安全感，为场地提供人群活动支持，同时又可以提升行人视线活跃度，增强自然监视能力。其次，合理的景观营造是激发空间活力的重要手段。在南青年路内部营造层级明确的线性景观带（见图14），内部设置道路慢行系统，将低矮灌木置于道路两侧并分层整合，既可避免视线遮挡，增强景观带内部行人与道路两侧商铺内外行人的视线交流，消除"空间盲区"，同时又可增加游览趣味性，提高人群使用频率。景观带内部应设休闲座椅等公共服务设施和涌泉水景、立体雕塑等艺术设施，丰富街景内容，吸引人群聚集的同时为场地提供活动支持。晚间应维持景观带内路灯照明和监控设施的正常运转，保证全天候人流安全性，消除"时间盲区"，增加犯罪风险与难度。最后，有秩序的人流聚集是保持空间活力的重要方式。一方面，应对张衡路共享单车停放点进行合理规划，保持街道通畅；另一方面，将占道经营的商贩安置于道路两侧建筑底层使用率较低的闲置空间，将此类空间改造为创意集市（见图15），既可促进空间有效利用，又可激发区域活力，增强自然监视效果。

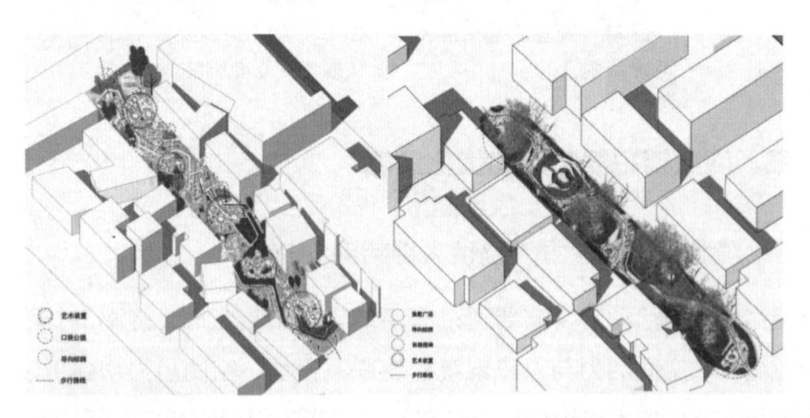

图13　北青年路口袋公园规划
资料来源：笔者绘制。

图14　南青年路线性景观带营造
资料来源：笔者绘制。

图 15　建筑底层空间创意集市规划

资料来源：笔者绘制。

（二）优化场地布局，提升空间领属意识

领属性是预防犯罪活动的关键因素，空间的领属性越强，空间内部人群对于外来人群的警觉性与监视性越强，违法犯罪成本越高。领属性的营造可通过优化场地布局完成，具体包括以下两个方面：首先，划分空间层级，增加过渡空间。应促进街区形成“公共空间—半公共空间—私密空间”的层级划分（见图 16），加强各层级空间的渗透和联结作用，如公共空间组团内应包含若干半公共空间和私密空间，满足行人多样化空间需求，通过空间层级的明确划分增强空间领属性，避免出现由公共空间到私密空间的绝对界限，提升领属意识和对外来人群的监视效果。其次，强化空间属性。第一，促进街区外部公共空间的高效利用，如可将其改造为固定化游憩社交场所，营造场所精神，加强区域领属性（见图 17）。第二，在街区面积较大且活力低下的公共空间内部打造集餐饮零售、人群聚会、歌舞剧场、休闲娱乐于一体的多样化功能区，添加花坛座椅、健身器材与休闲设施，同时增设运动型步道，丰富街道空间层次（见图 18），满足不同年龄段的人群活动需求，使其成为承载集体生活与友好邻里关系的包容性场域，增加行人对于空间场所的归属感与舒适感，最大程度抑制犯罪活动发生。第三，保持良好的空间形象效果。如可针对大学城商业街区的年轻化氛围，在老

旧建筑表面进行创意涂鸦或彩绘，减少空间陌生感，增强行人感知能力，进而提升空间领属意识，对违法犯罪活动进行震慑（见图19）。

图16　街区空间层级划分　图17　街区外部公共空间更新　图19　建筑表面创意涂绘

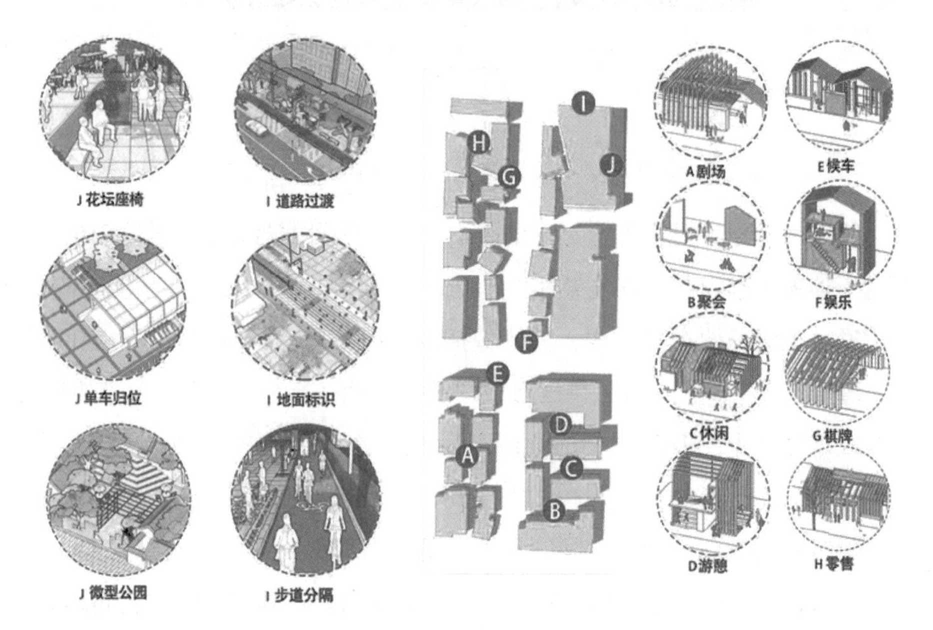

图18　街区内部公共空间节点营造

资料来源：笔者绘制。

（三）营造开敞界面，增强视线延展效果

街道及空间界面形式对街区可视度具有重要影响，宽敞平直的街道、视线穿透性强的建筑有利于街区产生良好的自然监视效果，对犯罪行为起到震慑作用。开敞界面的营造应从以下方面入手：首先，空间立面的半透明化与建筑底层架空。受建筑遮挡和空间转折的影响，街道空间之间的视

线联系不断减弱[①]，因此可在主街商业活动空间立面、空间入口处和建筑转折处采用大面积透明玻璃材料，保持室内外空间视线通透，同时采取建筑底层架空的形式，增强流动性人群的互相监视能力（见图20）。其次，打造开敞规整的街道界面。对低矮建筑的廊下空间进行梳理，如路边设置固定停车点和杂物堆放处，保持廊下空间畅通，提升视线穿透效果，进而增强对犯罪人员的监控与追捕能力。最后，在低活力地区或空间盲区增设导向标识系统。在街区入口处按照一定距离增设模块化的导向标识系统，既可引导行人前往低活力空间，增加人流聚集，又可增强行人视线连贯性和视觉延展性，提升自然监视效果（见图21）。

图20　空间半透明化与底层架空形式

资料来源：笔者绘制。

图21　模块化的导向标识系统

资料来源：笔者绘制。

① 胡乃彦，王国斌．城市住区街道空间犯罪防控的规划设计策略：基于CPTED理论和空间句法的思考[J]．规划师，2015，31（1）：117－122.

四、结语

城市是一个具有多空间、多属性的复杂生态系统①，城市化进程的加快对城市犯罪防控提出了新的要求。大学城商业街区是我国城市犯罪防控中应重点关注的区域，过去单一化的管理和监察手段已无法适应城市存量更新背景下商业街区犯罪防控工作的开展。本文从犯罪预防视角出发，运用空间句法理论，对街区进行轴线模型的整合度、连接度与视域模型的视线整合度分析，并基于 CPTED 理论中的领属性、自然监视、形象与维护、活动支持、目标强化要素提出了激发区域活力，提供人群活动支持；优化场地布局，提升空间领属意识；营造开敞界面，增强视线延展效果的更新策略，以期为城市商业街区犯罪防控中的空间规划设计提供参考。

---

① 杨凤云，邓蕊．单位大院的韧性住区规划策略研究：以邯郸市邯钢百五生活区、棉一生活区为例[J]．湖南城市学院学报(自然科学版)，2022，31(5)：28－34.

自信·自觉·自立

——乡村文化现代化要进“三重境”

封万超[①]

一、引言

在以“中国式现代化”全面推进中华民族伟大复兴的历史进程中，乡村振兴所代表的乡村现代化尤为重要。一方面，作为“乡土中国”的中国社会在近代就遭遇西方现代化冲击，并展开了“乡村建设”的诸般努力；另一方面，中国式现代化的五大特征（即人口规模巨大、全体人民共同富裕、物质文明和精神文明相协调、人与自然和谐共生、走和平发展道路）在乡村现代化上体现得尤为典型。而推进乡村现代化，尤其乡村文化的现代化既是题中之义，更将为乡村现代化提供精神动力、创新动能和话语体系。

要探讨乡村文化对于乡村现代化的意义，首先需要明了“文化”和“乡村文化”的概念。在中国，文化原典《周易》有谓“观乎天文，以察时

---

① 山东大学文学院博士研究生、山东工艺美术学院人文艺术学院副教授。研究方向为中国文化史、文化产业管理。论文所属课题项目：2021年度国家社科基金艺术学重大项目“设计创新与国家文化软实力建设研究”（项目编号：21ZD25）。

变；观乎人文，以化成天下”①，“文化”自古以来多指道德礼法、礼乐制度等人文化成。在西方，爱德华·泰勒对文化的定义广为人知，文化是人类“在社会所得的一切能力和习惯”②。在当代，伊格尔斯等新文化史家认为，文化是全民“体验生活的方式”③。综合来看，“文化”并非静止不动，而是动态发展，是一个民族、一方族群所约定俗成的价值观念、生活方式和风俗习惯。

中国历史上一直是乡土社会，乡村是中国文化的根本所在。那么，乡村文化到底是什么？费孝通先生毕生研究乡村问题和乡土文化，写有《乡土中国》《乡土重建》等著作，提出了“熟人社会”“差序格局”“匮乏经济”“乡土还是我们复兴的基地”等重要观念。在他看来，乡村文化是“一套生活方式”，是在一定时空条件下生活于一个团体中的人们共同的是非标准、价值观念和行为选择④。

在中国全面实施乡村振兴战略的今天，文化振兴成为乡村“五大振兴”之一，我们亟须结合新时代语境更深入地理解乡村文化的意义和作用。自1982年以来，中央“一号文件”成为中国农民、农业、农村问题的政策风向标，也是我们今天研究乡村文化政策语境变迁的重要文献。自1982年至今国家共发布了26个“一号文件”，通过这些政策文本可见乡村文化的角色定位正日渐清晰。有学者认为，“一号文件”对乡村文化的定位经历了“文化作为舆论引导”（配角）、“文化作为辅助经济的工具和手段”（配角）、“文化服务被提到更重要位置”（主体性受到空前重视）等三个阶段⑤，本文基本认同这一判断。但从2018年“一号文件”聚焦乡村振兴开始，无论是乡村文化论述的内容比重，还是对乡村文化认识的丰富程度，都显示“乡村文化”被提升到一个全新境界，故可作为第四个阶段：乡村

---

① 傅佩荣．解读易经[M]．上海：上海三联书店，2007：150.

② 冯辉．文化概论[M]．北京：中国言实出版社，2014：9.

③ 张昭军．文化史研究的三种取向[J]．史学月刊，2020(8)：94.

④ 费孝通．乡土中国 乡土重建[M]．武汉：长江少年儿童出版社，2019：95.

⑤ 李少惠，赵军义．乡村文化振兴的角色演进及其实践转向：基于中央一号文件的内容分析[J]．甘肃社会科学，2019(5)：209.

振兴期（见表1）。

表1 中央“一号文件”关于乡村文化的表述

年份	文件名称	乡村文化关键词
1982	全国农村工作会议纪要	思想政治教育和政策教育
1983	当前农村经济政策的若干问题	一手抓物质文明，一手抓精神文明
1984	关于一九八四年农村工作的通知	马克思列宁主义和毛泽东思想的教育
1985	关于进一步活跃农村经济的十项政策	无乡村文化表述
1986	关于一九八六年农村工作的部署	无乡村文化表述
2004	中共中央 国务院关于促进农民增加收入若干政策的意见	无乡村文化表述
2005	中共中央 国务院关于进一步加强农村工作提高农业综合生产能力若干政策的意见	完善农村公共文化服务体系/巩固农村宣传文化阵地/加强农村文化市场管理
2006	中共中央 国务院关于推进社会主义新农村建设的若干意见	保护和发展有地方和民族特色的优秀传统文化/倡导健康文明新风尚
2007	中共中央 国务院关于积极发展现代农业扎实推进社会主义新农村建设的若干意见	增加农村文化事业投入/开展社会主义荣辱观教育
2008	中共中央 国务院关于切实加强农业基础建设进一步促进农业发展农民增收的若干意见	繁荣农村公共文化/加强农村精神文明建设/开展健康向上的农村群众文化活动
2009	中共中央 国务院关于2009年促进农业稳定发展农民持续增收的若干意见	形成完备的农村公共文化服务体系/推进重点文化惠民工程
2010	中共中央 国务院关于加大统筹城乡发展力度进一步夯实农业农村发展基础的若干意见	提高农村教育卫生文化事业发展水平/开展群众性精神文明创建活动
2011	中共中央 国务院关于加快水利改革发展的决定	无乡村文化表述
2012	关于加快推进农业科技创新持续增强农产品供给保障能力的若干意见	促进城乡文化一体化发展/增加农村文化服务总量/缩小城乡文化发展差距
2013	中共中央 国务院关于加快发展现代农业，进一步增强农村发展活力的若干意见	保护有历史文化价值和民族、地域元素的传统村落和民居/推进生态文明/建设美丽乡村
2014	关于全面深化农村改革加快推进农业现代化的若干意见	推进农村精神文明建设/倡导移风易俗/培养良好道德风尚
2015	关于加大改革创新力度加快农业现代化建设的若干意见	挖掘乡村生态休闲、旅游观光、文化教育价值/创新乡贤文化/传承乡村文明

续表

年份	文件名称	乡村文化关键词
2016	关于落实发展新理念加快农业现代化实现全面小康目标的若干意见	实施振兴中国传统手工艺计划/开展农业文化遗产普查与保护/加大传统村落、民居和历史文化名村名镇保护力度
2017	中共中央 国务院关于深入推进农业供给侧结构性改革加快培育农业农村发展新动能的若干意见	推进区域农产品公用品牌建设/支持重要农业文化遗产保护/培育优良家风、文明乡风和新乡贤文化
2018	关于实施乡村振兴战略的意见	统筹推进农村经济建设、政治建设、文化建设、社会建设、生态文明建设和党的建设/乡风文明达到新高度/加强农村思想道德建设/传承发展提升农村优秀传统文化/保护好优秀农耕文化遗产
2019	中共中央 国务院关于坚持农业农村优先发展做好“三农”工作的若干意见	生态保护和历史文化传承/发展具有民族和地域特色的乡村手工业/发挥乡村资源、生态和文化优势/加强农村精神文明建设/培育特色文化村镇、村寨
2020	中共中央 国务院关于抓好“三农”领域重点工作确保如期实现全面小康的意见	实施乡村文化人才培养工程/发展优秀戏曲曲艺、少数民族文化、民间文化/保护好历史文化名镇（村）、传统村落、民族村寨、传统建筑、农业文化遗产
2021	中共中央 国务院关于全面推进乡村振兴加快农业农村现代化的意见	充分发挥农业产品供给、生态屏障、文化传承等功能/深入挖掘、继承创新优秀传统乡土文化/赋予中华农耕文明新的时代内涵
2022	中共中央 国务院关于做好 2022 年全面推进乡村振兴重点工作的意见	启动实施文化产业赋能乡村振兴计划/加强农耕文化传承保护/推进非物质文化遗产和重要农业文化遗产保护利用
2023	中共中央 国务院关于做好 2023 年全面推进乡村振兴重点工作的意见	加快农业农村现代化/实施文化产业赋能乡村振兴计划/加强农村精神文明建设
2024	中共中央 国务院关于学习运用“千村示范、万村整治”工程经验有力有效推进乡村全面振兴的意见	繁荣发展乡村文化/推动农耕文明和现代文明要素有机结合/加强乡村优秀传统文化保护传承和创新发展/实施乡村文物保护工程/坚持农民唱主角

资料来源：笔者总结。

综合四个时期的政策文本可见，中央“一号文件”的政策表述体现出乡村文化的意义和作用不断凸显，乡村文化至少包含了三重意义：一是意识形态层面的价值认同和精神凝聚；二是乡村群众世代安身立命的生产生活方式；三是可以为乡村振兴助力赋能的文化符号、人文资源和创意动能。尤其2023年以来“一号文件”围绕党的二十大提出的新方向，对“全面推进乡村振兴，加快农业农村现代化”做出具体部署。足见在乡村现代化征程中，乡村文化的重要性越发凸显，而“如何促进农民为主体的乡土文化融入精神文明，则是‘三农’现代化的关键”[①]。概而言之，以乡村文化为驱动，乡村现代化要进“三重境”。

二、第一重境：坚定文化自信，凝聚精神动力

所谓“文化自信”，即对传统文化、传统思想价值体系的认同与尊崇。党的十八大以来，习近平总书记对文化自信做出了一系列重要理论阐述，并将这些理论阐述归结于“两个结合”的重要论断：“把马克思主义基本原理同中国具体实际相结合、同中华优秀传统文化相结合。”“两个结合”特别是“第二个结合”的论断凸显了本土文化在中国特色社会主义新时代的重要意义[②]，中华五千年优秀传统文化正在成为全面推进中国式现代化的思想基础、精神动力和价值体系，凝聚起全国人民的文化认同和精神合力。

重新树立文化自信，在乡村振兴中尤为重要。近代以来西方帝国主义列强以坚船利炮打开中国大门，也打破了城乡一体的传统社会格局，使中国社会开始“城乡背离化”[③]，乡村建设随之提上日程。20世纪二三十年代，全国各地涌现出600多个乡村建设团体，建设了上千处乡村建设试验区。其中最具代表性的是“乡村建设三杰”——梁漱溟、晏阳初、卢作孚，他们以不同的方式开展乡村建设试验，却不约而同对“乡村文化”给予重视。梁漱溟认为乡村的主要问题是“极严重的文化失调”，原因是随着外来文化的输入，中国人对自己的文化失去了自信。因此唯有从文化上重建中

① 温铁军. 农民现代化是中国式现代化的关键[J]. 中国合作经济,2023(2):37-40.

② 孙建华,刘青玉. 马克思主义中国化“两个结合”的本土化意蕴[J]. 南京大学学报(哲学·人文科学·社会科学),2022(6):14.

③ 王先明,等. 中国乡村建设思想百年史[M]. 北京:商务印书馆,2021:6.

国人的思想精神和伦理观念，才能从根本上解决乡村问题①。晏阳初开展的平民教育，出发点也是发挥乡村群众的主体性作用②。卢作孚提出“乡村现代化”的创新观念，尤其注重人的现代化，率先开展了针对农民的职业教育③。足见百年前的乡村建设，核心正在于乡村人文精神的重建。

当下各方积极推动并参与其中的新一轮乡村建设，正是对这种百年乡村建设传统的自觉接续。温铁军认为文化是乡村振兴的核心，要通过乡村文化振兴把传统的在地知识转变为当下的乡土教育，以复兴乡土社会的多样性文化④。贺雪峰认为“三农”问题主要体现在农村的心态失衡、价值失序和文化失调方面，因此未来30年乡村建设的重点应“集中到以乡村文化建设为中心的工作上来”⑤。

在当下的乡村振兴实践领域，通过乡村文化建设凝聚乡民的价值认同和精神合力，正让很多乡村告别一度存在的“原子化”困境，迸发出全新的生机活力。山东省临沂市兰陵县代村就是个中典型。代村20多年前因为贫困、落后成为远近闻名的问题村，散、乱、穷、差并叠加着宗派之争和邻里矛盾。1999年王传喜担任代村党支部书记后，找准“病根子”用力，以党建和文化建设来凝聚涣散的人心。在乡村文化建设中，代村尊重乡土传统尤其注重孝道，不仅每年开展“好婆婆”“好儿媳”评选，还在村里广场建设了“二十四孝”文化墙，作为弘扬孝道的伦理性文化空间。但代村人并不固守传统，结合当下的乡村建设实践，他们凝练出十六字的“代村精神”：爱国爱村、大气谦和、朴实守信、勇于拼搏。

文化的力量是无形的，这种无形力量一旦凝聚起来，往往发挥出巨大作用。经过20多年发展，代村集体经济年产值突破20亿元，人均收入达到6万~7万元，村庄风貌更是发生了巨大变化。村里建起国家级农业公园，

---

① 梁漱溟．乡村建设理论[M]．上海：上海人民出版社，2011：112.

② 晏阳初．平民教育与乡村建设运动[M]．北京：商务印书馆，2018：1－20.

③ 凌耀伦，熊甫．卢作孚文集（增订本）[M]．北京：北京大学出版社，1999：135.

④ 潘家恩，吴丹，罗士轩，等．自我保护与乡土重建：中国乡村建设的源起与内涵[J]．中共中央党校（国家行政学院）学报，2020（1）：120.

⑤ 贺雪峰．乡村建设的重点是文化建设[J]．广西大学学报（哲学社会科学版），2017（4）：87.

还建起红色文化地标——中国知青村，整个村庄精神面貌焕然一新，成为“乡村振兴的齐鲁样板”之一。代村这种兼顾传统与现代的文化创新，在当下的乡村振兴中具有典范意义。

乡村振兴既要“塑形”也要“铸魂”，文化在这一过程中作用巨大。在当下乡村振兴实践中，像兰陵县代村一样通过文化建设为自身发展凝心聚力的例子还有不少。如烟台市牟平区的衣家村位于“胶东屋脊”——栖霞市亭口镇，祖辈300多年生活在大山深处，为了修通一条通往山下的致富路，40多位平均年龄70岁的老人用7个月劈山凿路6公里，上演了一幕“愚公移山”的当代传奇，其背后同样凝聚着“一家人”式的精神认同。可见，通过乡村文化凝聚价值认同、凝结精神纽带、凝练文明乡风，从而为乡村振兴提供精神动力和发展氛围，正是乡村现代化进程中文化作用发挥的第一重要义。

三、第二重境：坚持文化自觉，重构生活方式

“文化自觉”是费孝通先生提出的概念，指的是一方族群、人群应该对其所生活于其中的文化有“自知之明”，并对其发展历程和未来趋势有充分认识[①]。乡村现代化既体现在农村自然面貌的现代化上，也体现在农业生产方式的现代化上，更体现在农民群众生活方式和精神面貌的现代化上，因此文化的作用巨大。

乡村文化是乡村群众世代生长于斯却“日用而不知”的生活方式和文化传统，具有极强的地方性和俗成性，很大程度上处于民俗文化层面，即“原生态的文化意识团”[②]，其中既有珠玉也有沙砾。在乡村振兴过程中，需要以与时俱进的时代精神和当代视野重构乡村生产、生活方式，推动村民身份角色的转型升级。

菏泽市曹县五里墩村35年的巨变，就生动演绎了一部“以文化人”的

① 费孝通．社会学讲义［M］．上海：华东师范大学出版社，2019：331.

② 陈勤建．民俗学研究的对象和边界：民俗学在当下的问题与思考之一［J］．西北民族研究，2014（3）：173.

乡村文化振兴史。这个村30多年前是一个“问题村”，从一穷二白的盐碱地上起步，先是做建筑材料，后来转型发展畜牧业，成为产业兴旺的鲁西南乡村振兴样板村。而在这一巨变的背后，是五里墩村对村民矢志不移的乡村文化教育。

首先是学历教育。五里墩村全村人口不过1600多人，30多年间却培养出200多名大学生，其中包括50多位硕士和博士。能取得这样骄人的成绩，离不开五里墩村对子弟教育的重视，早在1990年村里就实行了小学义务教育，后来又相继出台针对本科、硕士、博士的教育鼓励政策，最高给予10万元的学费支持和资金奖励。但这个村并不保守，他们鼓励村里子弟到外部世界开枝散叶，也欢迎四方人才前来就业创业，这些年他们引进的各类人才已有200多人。

其次是职业教育。在这方面有两种做法：一是“请进来”，30多年间村里先后请来600多人次“洋专家”为村民上课；二是“送出去”，分批次选送村里青年人到国内外学习畜牧业。一请一送，五里墩村人实现了从刀耕火种的传统农民向现代化农牧业职工的角色转换。

最后是道德文明教育。30多年时间，30多期道德讲座，40多次家庭教育培训，20000人次村民参加学习……浓厚的学习氛围让五里墩的村风向上向善，以前村里曾存在的赌博、酗酒等不良风气和婚礼、丧礼上的落后习俗已基本绝迹，整个五里墩村不仅自然风貌优美，村庄的精神面貌也焕然一新。

可见通过行之有效的乡村文化教育，五里墩村人的生活方式已经发生根本性改变，他们已经不再是传统概念上的农民，而成为现代化的“新农人”。“乡村振兴关键在人”，五里墩村党支部书记王银香认为，让农民群众不离开乡土却在生产、生活方式上发生根本性蜕变，与农村面貌、农业形态一起升级跃迁，是五里墩村乡村文化建设的核心宗旨。正是通过这种以人为本的乡村文化建设，今天的五里墩村自然生态与人文精神相互作用，走出了一条农牧共生、有机结合的农村现代化之路。

自然生态是乡村的外在颜值，人文精神则是乡村的内在气质。只有表里兼顾、内外兼修，乡村才会真正让人“望得见山、看得见水、记得住乡愁”，成为本地人安居乐业、外来人安顿身心的诗意田园。这既是党和国家提倡挖掘、继承、创新优秀乡土文化传统的主旨所在，也是一代代乡村建设者所期望的乡村文化重建的宗旨所在。“只有在生活之流里，文字才有意义”①，乡村文化也是这样，只有在乡民身上活态传承，体现为生活之美才有意义。乡村不仅是一方有形的地域空间，也是一方无形的文化空间，还是一方族群生活方式和审美观念的策源地，凝结着“中国乡村独特的生产生活方式、生活环境、人格特征、风物人情”，有着切近自然的本原之美、相互照应的人情之美和守护传统的礼俗之美②。因此，在尊重和保持乡土本色基础上，不断吸收现代的、外来的、先进的文化，重构和复兴乡村生活方式之美，正是乡村现代化进程中文化作用发挥的第二重要义。

四、第三重境：坚守文化自立，蓄积创新动能

所谓“文化自立”，指的是一个国家、一个民族文化能够自立于时代潮流、自立于世界文化之林的能力③，它更指向文化在当代开放性语境下的创新、创造、创意。文化是一个民族的精神血脉，塑造并彰显着一个国家的形象，今天国与国之间的竞争既是经济、军事等“硬实力”的竞争，更是文化、科技等“软实力”的竞争，而后者尤其对塑造国家形象、凝聚文化认同作用巨大④。中国有着五千年绵延不绝、积淀深厚的文化传统，通过优秀传统文化的“创造性转化、创新性发展”，这一文化传统正在为中国式现代化提供巨大的创新动能。

具体到乡村振兴领域，当下的农业也不能停留在传统的、单纯的物的生产上，而是亟须通过产业融合、文旅融合、城乡融合，打造一二三产融

---

① 张能为．解释学在何种意义上与日常语言哲学相通：介于伽达默尔与维特根斯坦之间[J]．社会科学战线，2021(7)：24.

② 杨守森．中国乡村美学研究导论[J]．文史哲，2022(1)：131.

③ 林剑．也论文化的自觉、自信与自立[J]．学术研究，2013(6)：14.

④ 向勇．文化产业导论[M]．北京：北京大学出版社，2015：359.

合的“新六产”。在这一过程中，研究乡村的在地文化传统，汲取传统建筑、手工艺、民俗文化、民间艺术、非遗等乡土文化元素，通过“创造性转化、创新性发展”使之成为发展乡土文化产业、乡村文化旅游的文化符号、设计元素、创意动能，就显得重要而迫切。

以山东省唯一的国家级田园综合体——朱家林为例。从 2015 年到现在，朱家林实现了从生态艺术社区到特色小镇，再到田园综合体“三级跳”式的跃迁，整体面貌和硬件设施都发生了根本性改变，这里兼具乡村的田园之美和城市的设施之便，呈现出亦城亦乡的全新形态。但问题也随之而来：前期中央、省、市三级财政“输血”式投入告一段落，朱家林亟待通过自我“造血”实现可持续发展，正面临着硬创新有余、软创新不足的瓶颈。一个典型例子是“二十四节气广场”，其设计初衷是打造一处网红打卡地，但硬件设施有了，却缺乏配套的文化展示和体验内容，游客在这里只能看到二十四根石柱，对其中的文化内涵难以理解更遑论形成共鸣。朱家林面临的问题在乡村振兴中具有代表性和普遍性，升级乡村产业、开发乡村文创、打造乡村旅游需要文化创意和艺术设计的赋能。乡村振兴不仅是中国乡村面临的问题，世界上很多国家在以城市化、工业化为特征的现代化进程中都曾遭遇同样挑战。解析已有经验模式，对我国的乡村振兴有借鉴意义。

在以文化创意推动文旅融合方面，一个可借鉴的理论范式是起源于法国、推广于欧洲的生态博物馆理念。这一理念认为在乡村创生过程中要保留“原生态”、留住“原住民”、注重“地方性”和“活态”发展，将文化、文物或遗产保留在原来环境中以原生的状态、“活在当下”的方式进行文脉传承，并产生一定经济、文化和社会价值[①]。基于生态博物馆理念，日本于 1998 年创立“田园空间博物馆”制度，在推动乡村再生上取得了显著效果。例如山口县丰田田园空间博物馆以一方地域为文旅空间，规划建设了 11 处主要卫星设施、20 处其他卫星设施，让游客徜徉其间不仅可游览历

① 郑学森，郭斯凡．走向生态博物馆：苏格兰斯塔芬博物馆的启示［J］．博物馆研究，2019（1）：13.

史建筑、传统民居、梯田阡陌等自然和人文景观，而且能够参与和体验一些民俗仪式、文化活动[1]。

在以艺术设计为乡村产品、产业赋能方面，日本地方创生的一些经验模式值得借鉴，其中梅原真的设计实践尤为典型。梅原真将自己的设计总结为“绝处逢生的设计”，其出发点是针对乡村产业凋敝的困境，在尊重当地“原本的面貌”并“发挥当地的特色”的基础上，以“第一级产业×设计=风景”的方程式来产生新价值并延伸产业链。在设计中，梅原真善用乡下特性和地利之便，一张油纸、一张贴纸、几缕绳线就可形塑出特有的地方风情。这种富有“新形态创意”的设计，正是用地方文化激活地方价值，打造“相应斯土的风情”[2]。

这些创新的理论范式和经验模式说明：在推进乡村振兴过程中，地方文化资源的发掘、整理、提炼至关重要。因为农业的现代化不能单靠第一产业，而是要打造一二三产融合的“新六产”新产业形态，这就需要以系统的创新激活当地人、文、地、景、产这盘大棋。在这一过程中，如何用富有地方特色的乡土文化为乡村产业创意赋能就成为关键一招。

回到朱家林，当地是否具备为自身发展创意赋能的文化资源呢？回答是肯定的。乡村文化重建和战争中讲策略、建筑时讲设计、医学里讲诊断一样，“同样要用理智去规划，文化的分析是规划改革的根据”[3]。朱家林要进行系统的文化创新，首先需要明了自身的文化资源家底。基于田野调查和文献研究，我们将朱家林的文化资源分为“红色—沂蒙精神”“黄色—乡土文明”“绿色—田园生态”三个层面，同时根据文化资源的“在地性”“在场性”“在线性”等三种形态[4]，进行“三横三纵”的资源梳理和结构分析，如表2所示。

---

① 石鼎．从生态博物馆到田园空间博物馆：日本乡村振兴构想与实践[J]．中国博物馆，2019(1)：43.

② [日]梅原真．重塑日本风景：顶尖设计师的地方创生笔记[M]．方瑜，译．台北：行人文化实验室，2021：3.

③ 费孝通．美好社会与美美与共：费孝通对现时代的思考[M]．上海：生活·读书·新知三联书店，2019：233.

④ 熊澄宇，金兼斌．新媒体研究前沿[M]．北京：清华大学出版社，2012：15.

表 2　朱家林文化资源结构分析

文化类型	在地资源	在场资源	在线资源
红色—沂蒙精神	中共苏鲁豫皖边区和省委山东分局驻地、山东抗日军政干部学校第一分校旧址、中共山东省委党校诞生地（目前已建成山东省委党校岸堤分校）	孟良崮战役纪念地，红嫂故里，红歌《跟着共产党走》诞生地，大青山突围战遗址，沂南全县200处红色革命遗址、故居，沂蒙精神进京展	《沂蒙》《永不磨灭的番号》《沂蒙六姐妹》等30多部红色影视作品，沂蒙红歌，沉浸式旅游项目《沂蒙四季·红嫂》等
黄色—乡土文明	二十四节气广场，景泰蓝金丝彩釉画、蒙山妈妈老粗布等非遗传承，传统节日民俗与仪式，神话传说、民间故事	北寨汉墓（画像石）、诸葛亮故里、颜真卿祖居地、徐公砚、沂南近100处汉代古迹，东夷文化、银雀山汉墓	重构和复兴乡村生活之美的新生活方式及在线短视频等
绿色—田园生态	朱家林特色小镇，柿子红理想村，沂蒙大妮农场，邵博士农场，小猴子无花果种植园，蚕宝宝农场	山东省森林乡镇，浮来山、蒙山、孟良崮、竹泉村	山东卫视《田园中国》节目、新闻报道、网红直播短视频等

资料来源：笔者总结。

通过结构化分析可见，朱家林及其周边在“红色—沂蒙精神”“黄色—乡土文明”“绿色—田园生态”等方面有着丰富多样的文化资源。如何通过这些文化资源的创造性转化、创新性发展为自身赋能，以文化创意、艺术设计的如椽巨笔绘就一幅现代版的“富春山居图”，是朱家林乡村振兴亟待解决的课题。在城乡融合、文旅融合、媒介融合等多重语境下，今天探讨乡村文化创新需要借助文化创意和媒介技术的融合，因为二者正是互为表里：一方面文化创意需要借助科技的力量“提升感染力、表现力和传播力”，另一方面科技也需要借助对文化创意的塑造和传播彰显其价值①。基于此，朱家林的乡村文化创新可以从三个维度展开：

一是针对在地文化的开发，推进符号化创新。所谓“在地文化”，是此处独有、他处所无的人文资源，包括当地的文化传统、民俗风情、非遗资源、气候条件、人文景观等。所谓符号化，即“赋予感知以意义的过程”，

① 周庆山．专题：文化与科技融合战略：数字内容产业发展战略研究序[J]．图书情报工作，2014(10):5.

而且是“在人的观照中获得意义”，是站在外部受众立场而非自说自话式的意义建构①。从本地资源禀赋和外部接受基础来看，朱家林可以创意提取最具影响力的地方文化符号——“沂蒙”作为其文化创新的最大公约数，并配套相应的文化地标景观、区域公共品牌、文化 IP 等开发措施。比如朱家林可以强化“沂蒙山深处的现代桃花源”概念，在“沂蒙”这一精神坐标、文化高地、超级符号上营造当代“桃花源”的文化体验场景。这方面有成功先例可循，古北水镇就是凝练“长城下的星空小镇”的定位，用长城这一超级符号来为自身赋能，从而营造了一种在长城下仰望星空的独特文化体验，达到了“顺风而呼”“登高而招”的传播效果。

二是针对在场文化的运用，推进场景化创新。与“在地”不同，可以“在场”的文化资源未必一定是本地所有，只要能够为自身增加文化看点，尽可拿来。但这种在场文化的嫁接运用不能停留在传统观光模式，也不是临时搬来一用的“盆景”；而是要通过场景化创新植入乡村日常生活世界，营造人们对乡村生活方式多样之美的沉浸和体验。在这方面，朱家林可以在时间型、空间型、媒介型等不同场景上细化设计，实现对沂蒙精神、乡土文明、田园生态三类文化场景的营造，如同日本田园空间博物馆一样系统呈现农耕文化、乡村文创、手工艺传习等丰富多彩的文化展示点，满足游客在这里观赏、体验、流连的需求。

三是针对在线文化的创新，推进场域化创新。“在线文化”是指在在地、在场基础上把相应的文化资源、故事元素经过创意加工，在互联网的虚拟空间生成新的媒介场景。今天的乡村已不再是闭塞的乡土世界，而是一个开放的文化场域，不仅形态上亦城亦乡，而且参与乡村建设的主体也日趋多元，既有本地乡民，也有外来创客。借此，朱家林可以打造年度性的“新乡村生活美学节”等活动，推动本地群众和外来游客在线下物理空间和线上虚拟空间两个空间“场域”中“汇集和互嵌”②，使自身成为各方

---

① 赵毅衡．符号学：原理与推演［M］．南京：南京大学出版社，2016：33－35.

② 阎峰．场景即生活世界：媒介化社会视野中的场景传播研究［M］．上海：上海交通大学出版社，2018：12.

“共生、连接、赋能”的文化场域，引领扩大和传播“新乡村生活美学”的创新价值。

城乡融合、产业融合、文旅融合是今天乡村振兴的时代语境。正如戴维·思罗斯比所说：“旅游业并不怎么像文化产业，而像文化部门中其他产业——表演艺术、博物馆和美术馆、遗产遗址等——所提供产品的用户。”① 乡村文化旅游就是要通过创意激活本地文化资源的魅力，让农村的山水田园成为乡愁记忆的载体，“展示”给外来的游客看。中国很多乡村都像朱家林一样是一方文化厚土，是“中华民族文化多样性”的载体②，如何因地制宜地构建自己的乡村文化生态系统，让地方文化传统活在当下、赢得未来是一个共通性课题。因此，通过优秀乡土文化的“创造性转化、创新性发展”为乡村振兴赋予新的动能，让地方重燃元气、重塑风景，正是乡村现代化进程中文化发挥作用的第三重要义。

五、结语

以上从文化自信、文化自觉、文化自立三个层面，探讨了乡村现代化过程中乡村文化在精神力量凝聚、生活方式重构、文化创意赋能方面的三重作用。在具体的乡村振兴场域中，乡村文化的这三重作用相辅相成、交互为用、齐头并进。首先，每一处乡村都需要通过先进文化的引领，来凝聚精神动力和营造发展氛围，实现农村的现代化。其次，每一处乡村都要通过对文化传统的扬弃和发展，重构乡村群众的生产和生活方式，“促进农民为主体的乡土文化融入精神文明”③，实现农民的现代化。最后，每一处乡村都需要通过文化创意和艺术设计，赋能乡村产业、乡村文化、乡村旅游的转型和升级，实现农业的现代化。因此，解决“三农”问题、推进乡村现代化，就需要充分发挥乡村文化的多重价值和作用。

---

① 戴维·思罗斯比．经济学与文化[M]．王志标，张峥嵘，译．北京：中国人民大学出版社，2015：140.

② 王恬．古村落的沉思[M]．上海：上海辞书出版社，2007：11.

③ 温铁军．农民现代化是中国式现代化的关键[J]．中国合作经济，2023(2)：37.

同时，乡村是中华民族的根柢所在，是中华民族文化多样性的载体。乡村现代化正体现在挖掘、传承、弘扬这种多样之美，用“一方水土一方人”的地方知识、地方特色，真正从乡村厚土中培植从当地生长出来的文化，而非以外来者的视角进行千篇一律的设计。当代文化和社会越来越媒介化，互联网“无处是边缘，处处是中心”的特点也为发扬这种多样之美提供了可能。地方的才是全球的，民族的才是世界的，真正富有地方特色的乡土文化才能在全球化时代赢得自己的一席之地。从这一意义上来说，通过文化创新推动“乡村现代化”将有助于中国式现代化话语体系的生成，为世界贡献一种“道并行而不悖”的中国智慧、中国方案，推动全球化时代不同国家、民族在现代化道路上实现“各美其美、美人之美、美美与共、天下大同”①。

参考文献

[1]温铁军,张孝德. 乡村振兴十人谈:乡村振兴战略深度解读[M]. 南昌:江西教育出版社,2018.

[2]贺雪峰. 大国之基:中国乡村振兴诸问题[M]. 北京:北京大学出版社,2019.

[3]张天柱. 创新乡村振兴发展模式:田园综合体发展创建与案例研究[M]. 北京:中国科学技术出版社,2018.

[4]龚鹏程. 中国传统文化十五讲[M]. 北京:北京大学出版社,2021.

[5]方李莉. 艺术介入乡村建设:人类学家与艺术家对话录之二[M]. 北京:文化艺术出版社,2021.

[6]施蒂格·夏瓦. 文化与社会的媒介化[M]. 刘君,等,译. 上海:复旦大学出版社,2018.

---

① 赵旭东. 构建一种美好社会的人类学——从费孝通“四美句”思想的世界性谈起[J]. 中国社会科学评价,2021(3):116-128.

传统工艺赋能城市文化软实力提升

姜　倩[①]

随着现代化进程的不断加快，城市文化软实力的提升越来越受到重视。传统工艺作为一种承载着历史文化传承的重要元素，具有赋能城市文化软实力提升的潜力和优势。本文通过对相关文献的理论分析和实证研究，探讨传统工艺赋能城市文化软实力提升的机制和路径，提出融合、创新、再造的提升策略和建议，并对未来研究进行了探讨。

一、城市文化软实力的内涵及构建

传统工艺是城市历史和文化的重要组成部分，通过挖掘和传承传统工艺，可以使城市文化更加丰富多样，增强城市的文化底蕴。传统工艺作为非物质文化遗产的传承和弘扬，对于提高城市文化软实力的内在含量具有重要作用。首先，传统工艺代表了一个地区丰富的历史、文化民俗。它们通常经过数百年的传承和发展，具有深厚的文化内涵和人文精神。通过保护、传承和弘扬传统工艺，可以使城市文化更加丰富多元化，凸显其历史

① 山东工艺美术学院，现代手工艺术学院副教授。研究方向为工艺美术、当代首饰、传统花丝工艺。

和地域特色。例如山东齐河采用当地黄河土制作成黑陶制品，通过黑陶制品，让人们深入了解当地文化与城市印象。其次，传统工艺是城市文化的重要组成部分。传统工艺不仅是一种产业或技术，更是一种文化方式和精神表达。它们体现了城市人民的智慧和勤劳，代表了一种传承与创新的精神。通过传承和发展传统工艺，可以加强城市文化的认同感和凝聚力，同时也为城市文化的多样性和创新性注入了新的生机与活力。最后，传统工艺作为非物质文化遗产的传承和弘扬，可以带动相关文化产业的发展。传统工艺与旅游、文化创意产业等紧密结合，形成了一个庞大的文化产业链。通过挖掘和开发传统工艺的文化内涵和经济价值，可以为城市创造更多的就业机会和经济效益。传统工艺的传承和弘扬还可以提高城市的文化软实力，增强城市在全球文化交流与合作中的影响力和竞争力。

二、传统工艺与城市文化软实力的内在联系

传统工艺与城市文化软实力之间存在深刻而内在的联系，这一联系在多个层面上反映着城市的成长性和影响力。传统工艺对于城市经济的发展有着重要的促进作用。传统工艺是一个地区的文化瑰宝，它代表了历史、传承和独特的工艺技法。通过保护和传承传统工艺，城市能够建立起自己独特的文化品牌，吸引更多的游客和投资者。具体来说，传统工艺可以成为城市的重要旅游资源，成为城市旅游产品开发和地方特色的代表。这就为城市提供了吸引游客的机会，从而带动了旅游业的发展。通过推广传统工艺及举办相关的文化活动，能够吸引更多的游客，增加城市旅游收入，推动酒店、餐饮等相关产业的发展。传统工艺也可以作为文创产业的重要组成部分，随着消费者对文化和生活品质的需求提升，文创产业逐渐崛起。传统工艺作为一种拥有悠久历史和独特技艺的产业，可以为文创产业提供创意和产品形式。城市可以将传统工艺与现代设计和科技相结合，创造出独特的文创产品，提高产品的附加值和市场竞争力。除此之外，传统工艺的传承和发展可以提升城市的文化软实力。传统工艺是一个地区的独特文化符号，它代表了城市的历史、智慧和艺术精神。通过保护和传承传统工

艺，城市能够展示地方文化特色，增加对外交流和文化产品出口的机会。传统工艺还能够提高城市的认知度和美誉度，提升城市的品牌形象和国际竞争力。

三、传统工艺赋能城市文化软实力提升的实现路径

（一）立足城市传统工艺的天赋

传统工艺在赋能城市文化软实力提升的实现路径中扮演着至关重要的角色，其中关键之一是充分挖掘和利用城市传统工艺的天赋。城市的天赋工艺是指与其地理、历史、文化、人才等多方面因素紧密相连的特定传统工艺，其独特性与城市的独特性相互交织，形成了独一无二的文化资源。首先，要充分认识城市传统工艺的天赋，需要进行详尽的文化调研和历史考察，以了解这些工艺在城市形成和发展过程中的演化轨迹，明确其所蕴含的文化内涵，有助于加深对传统工艺的理解，为后续的保护、传承和创新奠定基础。其次，城市应该积极保护和传承其传统工艺，确保其原始性和纯正性，包括加强法律法规的制定、执行和监管，以保护这些工艺的知识产权，防止盗版和侵权行为的出现。再次，城市可以将传统工艺融入城市规划和建设中，使其成为城市形象的一部分，通过在城市公共空间、建筑物、景点等处展示传统工艺品，以及将工艺元素融入城市设计和装饰中来实现。这种整合可以使传统工艺与城市文化更加紧密地融合，以提升城市软实力。最后，城市可以鼓励创新和跨界合作，将传统工艺与现代技术、设计、商业等领域相结合，创造出有市场竞争力的文化产品和服务，有助于传统工艺走向国际市场，提高城市在国际文化交流中的影响力，进一步增强城市文化软实力。

（二）做好传统工艺与城市文化软实力的结合融合

在传统工艺赋能城市文化软实力提升的实现路径中，做好传统工艺与城市文化软实力的结合融合是至关重要的环节。具体来说，城市需深刻理解传统工艺与其独特文化特质之间的关联，这涉及对传统工艺的深入研究，

以明确其与城市历史、价值观、民俗传统等方面的关联。只有理解了这种联系，城市才能更好地将传统工艺融入自身文化的表达中。城市也需要制定并执行具体的政策措施，以促进传统工艺与城市文化的融合，包括在城市规划中考虑传统工艺元素的融入，制定文化产业政策，支持传统工艺的保护与传承，以及推动相关产业的发展。这些政策可以为传统工艺与城市文化软实力的结合提供必要的法律和经济支持。此外，城市可以通过举办文化活动、展览和庆典等方式，将传统工艺与城市文化进行互动融合，有助于向市民和游客展示传统工艺的独特之处，增加其在城市文化中的知名度和吸引力。除此之外，城市应该积极倡导文化创意产业的发展，鼓励艺术家、设计师和工匠等重视传统工艺，创造出具有现代审美观和市场竞争力相结合的文化产品。这种结合不仅有助于传统工艺的传承，还为城市文化软实力的提升提供了新的动力。

（三）实现传统工艺与城市文化的转化

实现传统工艺与城市文化的转化是传统工艺赋能城市文化软实力提升的关键环节，这需要城市采取一系列专业化措施，以确保传统工艺不仅得以保护和传承，还能够与城市文化相互融合、升华，从而增强城市的软实力。城市应当建立起具有专业化管理和保护体系的机构，以监督和管理传统工艺的传承、创新和市场化发展。这些机构包括文化遗产部门、知识产权局、文化产业协会等，以协同合作的方式，确保传统工艺的可持续发展。城市也需要进行有效的文化传承与创新管理，包括为传统工艺美术师提供培训和技术支持，以确保他们的技艺得以传承，同时鼓励传统工艺的创新和现代化，以满足现代市场需求。城市还可以设立传统工艺工作室和实验室，为创新提供场所和资源。另外，城市应该将传统工艺与现代科技、设计、市场相融合，以创造更具竞争力的文化产品。其中涵盖了数字化工艺制造、在线销售平台、文化创意展览等多个方面，为传统工艺提供了更广阔的市场和发展空间。

（四）达到传统文化传承创新与城市文化软实力提升的双赢

实现传统工艺赋能城市文化软实力提升的双赢路径，涉及传统文化传承与创新的有机融合，不仅保护了传统文化，同时也为城市文化软实力的提升创造更大的机会。城市应该建立一个科学系统的传统文化保护与传承机制，以确保传统工艺的历史和技艺得以保护，包括建立文化遗产保护法规，确保知识产权的合法保护，以及建立专业团队负责传统工艺的记录和传承。城市也需要鼓励传统工艺的创新，通过支持工艺师傅参与创新项目、提供研发资金、建立创新孵化器等方式实现。城市还可以推动传统工艺与现代科技的融合，以创造更具市场竞争力的文化产品。同时，城市应该积极推广传统工艺，并将其融入城市文化的各个方面，包括在城市规划中引入工艺元素，举办工艺展览、文化节庆和工艺市集，进而提高市民和游客的认知和参与度。此外，城市还应该鼓励传统工艺的国际交流与合作，以扩大其在国际市场的影响力，通过举办国际文化交流活动、推动文化合作项目、参加国际工艺展览等方式，有助于传统工艺在国际舞台上发挥更大的作用，进一步提升城市软实力。

四、传统工艺赋能城市文化软实力提升的意义

（一）有助于城市文化传承

传统工艺代表了城市的文化根基，是历史、民俗和技术传承的具体表现。通过重视和发展传统工艺，城市得以保护和传承其独特的文化遗产，将历史的瑰宝传递给后代，从而确保城市文化的延续性和传统性。重视和发展传统工艺有助于维系城市的文化认同感，促进市民对自己文化身份的认同，同时也向外界展示了城市丰富多彩的文化面貌，提升了城市在文化领域的声誉和地位。另外，传统工艺的传承还可以激发年青一代的兴趣与参与。通过培养新一代工艺师傅，传统工艺的技术和知识得以传承，也为年轻人提供了一种具有文化价值的职业选择。这有助于城市培养具备传统技艺的新一代工匠，确保传统工艺的可持续发展。此外，传统工艺的传承还为城市文化注入了新的元素。年青一代可以将传统工艺与现代设计、科技相结合，创造出新的文化产品和艺术形式，为城市文化注入新的活力和

创意。这种创新不仅能够吸引年轻受众，还能够满足现代市场的需求，提高城市在文化产业中的竞争力。

（二）有助于城市文化创新

传统工艺赋能城市文化软实力提升具有深刻的意义，其中之一在于其对城市文化创新的积极助力。传统工艺作为城市文化的根本组成部分，蕴含着丰富的历史、技术和审美传统。通过传统工艺的保护与传承，城市能够回归文化的根源，汲取灵感，并将其转化为创新的动力。传统工艺的多样性和独特性也为艺术家、设计师和创意从业者提供了丰富的创作素材和灵感。传统工艺的纹样、材料、工艺技巧等都可以被重新演绎和融入现代艺术和设计中，促进了城市文化的创新表达。传统工艺的创新还可以带动文化产业的发展。城市可以将传统工艺融入文化创意产品、旅游体验、文化节庆等多个领域，为城市创意产业注入新的活力。这有助于创造就业机会、促进文化创意产业的繁荣，提升城市在文化经济领域的竞争力。此外，传统工艺的创新也有助于城市文化的国际传播与交流。将传统工艺融合到现代文化表达中，城市能够更好地与国际文化对话，吸引国际受众，提高城市在国际文化舞台上的影响力，从而进一步增强城市的文化软实力。

（三）有助于城市文化产业改造升级

传统工艺赋能城市文化软实力提升在城市文化产业改造升级方面具有显著的意义，将传统工艺融入文化产业，促进了文化产业的创新、升级和可持续发展，为城市的文化产业注入了新的活力与发展动力。具体来说，传统工艺融入文化产业丰富了文化产品与服务的多样性。传统工艺的元素被纳入文化产品、创意设计、艺术表演、手工艺品等多个领域，丰富了文化产业的内容和形式。这不仅满足了不同受众的文化需求，还扩大了文化产业的市场影响力。传统工艺的融合也促进了文化产业的附加值提升，将传统工艺与现代技术、设计、市场营销相结合，可以创造出高附加值的文化产品，有助于提高文化产业的经济效益，增加从文化产业获得的税收和就业机会，进一步促进城市经济的增长。除此之外，传统工艺的融合为文化产业的国际化发展提供了机会。通过将传统工艺融入文化产业产品和服务中，城市可以更容易地在国际市场上建立起独特的品牌形象，吸引国际受众，促进文化产业的国际传播与合作。

（四）有助于提升城市居民的居住幸福感、归属感

传统工艺赋能城市文化软实力提升对提升城市居民的居住幸福感和归属感具有重要的意义。这一过程不仅仅是文化产业的发展，更关乎城市社会的稳定与居民的生活品质。首先，传统工艺的传承和发展为城市居民提供了丰富的文化体验和参与机会。通过举办传统工艺展览、工艺市集、文化节庆等活动，居民可以更深入地了解和参与传统工艺，亲身体验文化的魅力。这种文化参与不仅增加了居民的生活乐趣，还有助于提高其对城市文化的认同感和自豪感，提升了居民的归属感。其次，传统工艺的融合和创新为城市提供了更多的社交和互动平台。传统工艺市集、工作坊、文化活动等提供了社区居民相聚的机会，促进了社交互动和文化交流。这有助于建立更为紧密的社会联系，增强了社区凝聚力和居民之间的情感联系，提升了居民的生活满意度。再次，传统工艺的融合也为城市提供了艺术与美感的增值。通过将传统工艺融入城市环境和建筑设计中，城市变得更加具有审美价值，提升了城市的整体品质。这不仅为居民提供了更美好的居住环境，还增加了其居住的舒适度和幸福感。最后，传统工艺的保护与传承也有助于提高城市居民的文化素养和教育水平。居民可以通过学习传统工艺，了解历史和文化，培养审美意识，提高文化素养。这不仅有助于居民更好地理解和欣赏城市文化，还促进了教育水平的提升，为个人的职业和社会发展创造了更多机会。

五、结语

传统工艺赋能城市文化软实力提升，不仅仅是一种文化传承和产业发展，更是城市发展的精髓所在。在这个过程中，传统工艺连接了城市的历史与未来，将古老的智慧与现代的创新相结合，为城市注入了生机与活力。

在未来，将继续挖掘传统工艺的潜力，不断为城市文化软实力提升注入动力。通过传承、创新、国际交流，城市将继续壮大其在文化领域的影响力，为居民创造更美好的生活，为城市的可持续发展铺平道路。

参考文献

[1]袁泉,陈武. 新时代提升我国文化软实力的多层次路径探析[J]. 邵阳学院学报(社会科学版),2023,22(4):25－29.

[2]惠州日报评论员. 增强文化软实力,巩固提升文明城市建设成果[N]. 惠州日报,2023－01－12(1).

[3]孙悦凡. 城市文化软实力建设的困境与提升路径研究[J]. 文化产业研究,2023(1):274－285.

[4]闵晓蕾. 社会转型下的非遗手工艺创新设计生态研究[D]. 长沙:湖南大学,2021.

[5]刘垚,沈东. 乡村振兴中政府赋能传统工艺的策略探析[J]. 中国行政管理,2021(5):67－72.

大连城市公共艺术双年展的社会意义

蒋　坤[①]

一、引言

公共艺术在当代社会中扮演着重要的角色，为城市带来文化的繁荣和社会的共融。大连城市公共艺术双年展作为一个具有特殊意义和影响力的艺术活动，旨在通过展览和展示艺术作品，丰富城市公共空间，促进文化交流与教育，提升城市居民的审美体验和文化素养。本文将探讨大连城市公共艺术双年展的社会意义，旨在深入了解该活动对城市发展、社会文化和艺术教育等方面的积极影响。

二、研究背景、意义、目的与方法

大连城市公共艺术双年展作为一个以艺术作品为媒介的公共文化活动，

---

① 大连市美术家协会理事，大连城市美术馆馆长，美术学博士，鲁迅美术学院传媒动画学院教师。

在大连市的艺术界和社会中引起了广泛关注和热议。在城市化进程不断加速的背景下，公共艺术的发展和推广已成为提升城市文化品质、丰富居民生活的重要举措。大连作为中国东北地区的重要城市，具有丰富的文化底蕴和艺术资源，举办公共艺术双年展有助于展示城市形象、促进文化创意产业发展，同时也提供了一个重要的平台，让艺术家、策展人和观众进行交流互动，推动艺术教育的发展。

本文旨在探讨大连城市公共艺术双年展的社会意义，具体目的包括：

（1）分析公共艺术双年展对城市形象塑造的影响：通过研究大连城市公共艺术双年展的艺术作品和展览内容，探讨其对城市形象的塑造和提升的作用，以及对城市居民的社会认同感和归属感的影响。

（2）探讨公共艺术双年展在文化交流与教育中的作用：研究大连城市公共艺术双年展的策展理念和展览形式，探讨其在促进文化交流、增进不同文化间的理解和对话方面的作用，并分析其对艺术教育的贡献。

（3）分析公共艺术双年展对社会文化发展的推动作用：通过研究大连城市公共艺术双年展对当地社会文化的影响和推动作用，探讨其在推动文化创意产业发展、提升居民文化素养、改善城市环境和社会氛围等方面的贡献。

为实现以上研究目的，本文将采用以下方法：

（1）文献综述：对相关的学术文献、专业刊物和媒体报道进行综合梳理和分析，了解大连城市公共艺术双年展的历史背景、发展脉络和重要活动。

（2）实地调研：通过参观大连城市公共艺术双年展的展览现场，观察和记录艺术作品的展示形式、观众反应和展览效果，了解其对城市空间的美化和文化氛围的塑造。

（3）访谈和调查问卷：与大连城市美术馆、策展人、艺术家、观众等相关参与方进行深入访谈，了解他们对公共艺术双年展的看法和评价，收集各方面的意见和建议。同时，设计调查问卷，对观众进行调查，了解他们对公共艺术双年展的感知、参与程度和对城市发展的看法。

通过以上研究方法，本文将全面探讨大连城市公共艺术双年展的社会意义，为城市公共艺术的发展提供理论和实践的指导，并为其他城市的公共艺术活动提供借鉴和参考。

三、公共艺术双年展的概述

（一）公共艺术双年展的定义和特点

公共艺术双年展是一种定期举办的大型艺术展览活动，旨在通过艺术作品在城市公共空间中的展示与安装，以及相关的艺术交流活动，促进城市文化发展、社会凝聚和公众参与①。与传统的艺术展览不同，公共艺术双年展将艺术作品置于公共环境中，令其与城市居民密切接触，呈现出与观众互动和参与的特点。公共艺术双年展强调艺术与城市的融合，以及艺术在塑造城市形象、提升公共空间品质和激发社会思考等方面的作用。

（二）公共艺术双年展的发展历程

大连城市公共艺术双年展作为一个具有重要意义的艺术活动，其发展历程丰富多样②。该双年展自其首次举办以来，不断吸引国内外众多艺术家和观众的关注。通过不同届双年展的持续举办，大连城市公共艺术双年展逐渐形成了自己的特色和风格，展示了大连市在公共艺术领域的创新与探索。

（三）国际公共艺术双年展案例研究

在探讨大连城市公共艺术双年展的社会意义时，国际公共艺术双年展案例研究是一个重要的参考③。通过对国际公共艺术双年展的成功案例进行研究，可以了解到不同城市如何通过公共艺术展览活动推动城市文化发展、改善公共空间和促进社会交流。这些案例研究可以为大连城市公共艺术双

---

① 李珂珂．理论与模式:20 世纪 60 年代以来的数字策展[J]．中国文艺评论,2023(4):86－103,127.

② 段少锋．从物质到数据的进程走向公共空间的艺术与策展[J]．当代美术家,2022(5):22－27.

③ 黄宗贤,郭峙含．2019 年中国美术热点现象述评[J]．民族艺术研究,2020,33(2):55－64.

年展提供借鉴和启示，进一步提升其在社会上的影响力和艺术价值。

（四）中国公共艺术双年展的发展情况

除了国际案例研究外，了解中国公共艺术双年展的发展情况也是研究大连城市公共艺术双年展的重要方面。中国各地已经举办了多个具有影响力的公共艺术双年展，其中一些已成为本地区文化发展的重要品牌①。通过了解中国公共艺术双年展的发展情况，可以对大连城市公共艺术双年展在国内的地位和发展前景进行评估，并在实践中吸取其他城市的经验和教训。

深入研究公共艺术双年展的概述，包括定义和特点、发展历程、国际案例研究和中国发展情况，对于揭示大连城市公共艺术双年展的社会影响具有重要意义。这将为我们更好地理解和评估该双年展的价值，以及对城市文化建设和社会发展的贡献提供理论和实践的依据。

四、大连城市公共艺术双年展的概况

（一）大连城市公共艺术双年展的历史与背景

大连城市公共艺术双年展是大连市重要的艺术盛会之一，其发展历史可追溯至多年前。作为具有丰富文化底蕴和艺术氛围的重要城市，大连市公共艺术双年展的举办旨在推动城市文化建设、促进艺术与公众的互动交流，并为艺术家提供展示和创作的平台②。这一双年展的历史与背景凝聚了大连市对艺术发展的关注和支持，以及对城市美化和文化振兴的愿景。

（二）组织架构与运作模式

大连城市公共艺术双年展的成功举办离不开良好的组织架构和高效的运作模式。该双年展由多个主办单位和联合主办单位共同组织，其中包括

---

① 妮基·冈尼森，托马斯·威德肖文．专访荷兰著名设计工作室 thonik：拥抱变化，积极探索[J]．包装与设计，2023(1)：24－43．

② 李珂珂．理论与模式：20 世纪 60 年代以来的数字策展[J]．中国文艺评论，2023(4)：86－103，127．

辽宁省专业学位研究生联合培养示范基地、鲁迅美术学院传媒动画学院和大连城市美术馆等。这些单位的合作和协同努力确保了双年展的顺利进行。

在运作模式上，大连城市公共艺术双年展采取综合性的策划与展览方式，由专业的组委会负责策划和组织展览活动，各参展单位和艺术家通过提交作品参与展览，并与公众进行互动和交流。同时，该双年展得到了大连市文化和旅游局等单位的支持和协助，确保了双年展的顺利进行和艺术成果的展示。

（三）参展作品与展览形式

大连城市公共艺术双年展的参展作品丰富多样，涵盖了不同艺术门类和风格[①]。这些作品旨在通过艺术的方式与公众进行对话，激发观众的思考和感受。展览形式灵活多样，既有室内展览，也有户外装置和艺术介入公共空间的创作。这种多元化的展览形式使得艺术作品能够与城市环境相互呼应，使公众能够在日常生活中接触到艺术，体验艺术的美和力量。

通过参观和欣赏这些作品，观众不仅能够感受到艺术的美学价值，还能够从中汲取思想启迪和文化内涵[②]。大连城市公共艺术双年展的参展作品和展览形式为城市增添了艺术氛围，丰富了市民的文化生活，同时也促进了大连市艺术事业的发展和城市形象的提升。

总之，大连城市公共艺术双年展在历史背景的引领下，以其独特的组织架构、多样化的展览形式和丰富的参展作品，为大连市的文化发展和社会进步做出了重要贡献。这一双年展不仅推动了艺术与公众之间的互动和交流，也为城市的美化和文化建设注入了活力和创造力。

---

① 刘春霞．异彩同根花色新 春风入画共潮声：2017—2018“粤港澳大湾区”文艺发展（美术）观察报告[J]．粤海风，2019(3)：10－31.

② 王春法．什么样的展览是好展览：关于博物馆展览的几点思考[J]．博物馆管理，2020(2)：4－18.

五、大连城市公共艺术双年展的社会意义

（一）塑造城市形象与提升城市文化软实力

大连城市公共艺术双年展通过艺术作品的展示和城市环境的美化，为城市塑造了独特的形象和风貌。优秀的艺术作品能够赋予城市独特的艺术氛围和美学价值，使城市更加具有吸引力和竞争力①。同时，艺术作品也成为城市的标志性元素，为大连的城市品牌建设做出了积极贡献。通过公共艺术双年展的举办，大连的城市文化软实力得到提升，也为吸引人才、投资和旅游业的发展打下了坚实基础。

（二）促进社区融合与社会发展

大连城市公共艺术双年展将艺术带入社区和公共空间，为社区居民提供了艺术欣赏和参与的机会。艺术作品的展示和互动活动能够促进社区居民之间的交流与互动，增强社区凝聚力和归属感。通过艺术的力量，大连城市公共艺术双年展为社区融合和社会发展搭建了桥梁，推动了社会文化的繁荣和进步。

（三）推动文化创意产业发展

大连城市公共艺术双年展为艺术家和文化创意产业提供了广阔的发展平台。展览活动的举办不仅促进了艺术家的创作和交流，也为文化创意产业的发展提供了机遇和动力。通过与参展单位和艺术家的合作，双年展能够激发创意和创新，促进文化创意产品的孵化和推广。这对大连市的文化创意产业发展具有重要意义，能够推动经济增长和创造就业机会。

（四）促进公众参与与文化教育

大连城市公共艺术双年展注重公众的参与和互动体验，通过展览活动

---

① 朱光亚，徐苏斌，杜晓帆，等．笔谈：求真·识史·互鉴：挖掘文物和文化遗产多重价值的理论基础与方法路径[J]．中国文化遗产，2023(2)：4－24.

和艺术作品的展示，激发了公众对艺术的兴趣和热情。公众不仅可以欣赏优秀的艺术作品，还能参与艺术创作、工作坊和教育活动，提升自身的审美素养和艺术修养。同时，大连城市公共艺术双年展也为学校和社会组织提供了丰富的文化教育资源，促进了艺术教育的普及和发展。通过公众的参与和文化教育的推动，大连市的文化水平和艺术素养得到了提升，为社会的全面发展奠定了基础。

大连城市公共艺术双年展在塑造城市形象、促进社区融合、推动文化创意产业发展和促进公众参与及文化教育方面具有重要的社会意义。通过艺术的力量，公共艺术双年展为大连市的文化发展和社会进步做出了积极的贡献，为城市的繁荣与美好生活创造了良好条件。

六、调研与案例分析

（一）调研方法和样本选择

为了深入了解大连城市公共艺术双年展的社会意义，我们采用了多种调研方法和样本选择策略。首先，我们进行了文献研究，梳理了相关的学术论文、报告和新闻报道，以获取大连城市公共艺术双年展的相关信息和研究成果。其次，我们进行了实地调研，参观了历届大连城市公共艺术双年展的展览，并与组委会成员、参展艺术家以及观众进行了深入访谈。此外，我们还采用了问卷调查的方式收集公众对于大连城市公共艺术双年展的看法和评价。

样本选择方面，我们选择了大连市的居民、艺术家、学生和相关领域的专业人士作为研究对象。通过多样化的样本选择，我们可以获取不同群体对于大连城市公共艺术双年展的观点和体验，从而全面了解其社会意义和影响。

（二）案例分析：大连城市公共艺术双年展的社会效应

通过对大连城市公共艺术双年展的案例分析，我们发现该活动具有显著的社会效应。首先，公共艺术双年展通过艺术作品的展示和城市空间的美化，为大连市塑造了独特的城市形象，提升了城市的文化软实力。艺术作品在公共空间的展示，使城市更加具有艺术氛围和美感，吸引了众多的游客和参观者。

其次，大连城市公共艺术双年展促进了社区融合和社会发展。艺术作品的展示和互动活动吸引了社区居民的参与，促进了社区内部的交流和互动，增强了社区凝聚力和归属感。大连城市公共艺术双年展为不同社区之间的交流提供了平台，推动了社会文化的繁荣和进步。

最后，大连城市公共艺术双年展对文化创意产业的发展起到了积极的推动作用。展览活动为艺术家和文化创意从业者提供了展示和交流的机会，激发了创意和创新的活力。同时，大连城市公共艺术双年展也为文化创意产品的孵化和推广搭建了平台，促进了文化创意产业的发展和经济增长。

（三）数据分析和结果讨论

在数据分析方面，我们对收集到的调研数据进行了统计和分析。通过对问卷调查结果的整理和对访谈内容的归纳总结，我们得出了以下结论：大连城市公共艺术双年展在提升城市文化软实力、促进社会发展、推动文化创意产业发展等方面具有积极的社会意义。

然而，需要注意的是，尽管大连城市公共艺术双年展已经取得了一定的社会效应，但在未来的发展中仍面临着一些挑战和问题，例如如何进一步提升展览的品质和影响力，如何更好地吸引公众的参与和关注等。针对这些问题，本文建议举办方继续加强与相关机构和组织的合作，提升组织和运作能力，并不断创新展览形式和内容，以进一步拓展大连城市公共艺术双年展的社会意义和影响力。

七、总结、建议和改进措施

（一）主要研究发现总结

通过对大连城市公共艺术双年展的社会意义进行研究，我们得出了以下结论：

首先，大连城市公共艺术双年展在塑造城市形象和提升城市文化软实力方面具有重要意义。通过展示艺术作品和美化城市空间，公共艺术双年展为大连市营造了独特的艺术氛围，吸引了众多观众和游客，进而提升了城市的知名度和形象。

其次，大连城市公共艺术双年展对社区融合和社会发展起到积极促进作用。艺术作品的展示和互动活动吸引了社区居民的参与，增强了社区内部的交流与凝聚力，促进了社区的发展和进步。

再次，大连城市公共艺术双年展对文化创意产业的发展具有推动作用。展览活动为艺术家和文化创意从业者提供了展示和交流的平台，激发了其创意和创新的活力，进而促进了文化创意产业的繁荣和经济增长。

最后，大连城市公共艺术双年展通过促进公众参与和文化教育，加强了公众对艺术和文化的认知与理解，培养了公众的审美能力和文化素养。

（二）对大连城市公共艺术双年展的建议和改进措施

针对大连城市公共艺术双年展的发展，我们提出以下建议和改进措施：

首先，加强与相关机构和组织的合作，形成合力。与学校、艺术院校以及文化创意机构建立更紧密的合作关系，共同打造公共艺术双年展，提升展览的品质和影响力。

其次，提升组织和运作能力。加强组委会的组织和管理能力，建立高效的协调机制，确保公共艺术双年展的顺利进行和各项工作的落实。

再次，不断创新展览形式和内容。积极引入新的展览方式和艺术表达形式，例如数字艺术、互动装置等，以吸引更广泛的观众群体，并增强展览的互动性和参与感。

最后，加强宣传和推广工作。通过多种渠道和媒体进行宣传，提升大众对公共艺术双年展的关注度和参与度，打造具有影响力的品牌活动。

（三）对其他城市公共艺术活动的启示

基于对大连城市公共艺术双年展的研究，我们得出了以下对其他城市公共艺术活动有参考价值的启示：

首先，注重城市形象的塑造和提升。公共艺术活动可以通过艺术品的展示和城市空间的美化，为城市营造独特的艺术氛围，提升城市的形象和吸引力。

其次，注重社区融合和社会发展的推动。公共艺术活动可以成为社区内部交流和凝聚的平台，促进社区的融合和发展。

再次，重视文化创意产业的培育和发展。公共艺术活动可以为艺术家和文化创意从业者提供展示和交流的机会，激发其创意和创新的活力，从而推动文化创意产业的繁荣和经济增长。

最后，注重公众参与和文化教育的推动。公共艺术活动应该积极吸引公众的参与，提升公众的艺术素养和文化认知，培养公众的审美能力和文化意识。

通过以上结论和启示，我们可以认识到大连城市公共艺术双年展对城市和社会的积极影响，并为其他城市公共艺术活动的规划和发展提供有益的参考和借鉴。

八、结语

大连城市公共艺术双年展作为一项具有重要社会意义的艺术活动，通过展示艺术作品、美化城市空间和促进社区参与，为大连市带来了浓厚的文化氛围和积极的社会效应。本文系统地探讨了大连城市公共艺术双年展的社会意义，包括其对城市形象塑造与文化软实力提升、社区融合与社会发展、文化创意产业发展以及公众参与与文化教育的推动作用。

通过分析大连城市公共艺术双年展的概况和发展情况，我们认识到其作为一个重要的文化品牌活动，既具有深厚的历史背景和丰富的组织架构，又注重参展作品的多样性和展览形式的创新性。这使得大连城市公共艺术双年展成为一个具有吸引力和影响力的艺术盛会。

调研和案例分析进一步揭示了大连城市公共艺术双年展在社会层面的积极效应。研究发现表明，通过塑造城市形象和提升文化软实力，公共艺术双年展有助于增强城市的知名度和吸引力。同时，通过促进社区融合和社会发展，公共艺术双年展为社区居民提供了交流和凝聚的平台，促进了社区的进步与发展。此外，公共艺术双年展对文化创意产业的推动以及公众参与和文化教育的促进也取得了显著的成果。

在结论与启示部分，我们总结了主要研究发现，并提出了关于大连城市公共艺术双年展的建议和改进措施。这些建议包括加强与相关机构和组织的合作，形成合力；提升组织和运作能力；不断创新展览形式和内容；加强宣传和推广工作。此外，我们还从大连城市公共艺术双年展的经验中提炼出对其他城市公共艺术活动的启示，包括注重城市形象的塑造和提升；注重社区融合和社会发展的推动；重视文化创意产业的培育和发展；注重公众参与和文化教育的推动。

大连城市公共艺术双年展在塑造城市形象、促进社区融合、推动文化创意产业发展以及促进公众参与和文化教育方面具有重要的社会意义。我们相信，通过持续的努力和改进，大连城市公共艺术双年展将继续为大连市的文化发展做出更大的贡献。

实践案例（2020—2022 年）附录见表 1。

表 1　实践案例附录

日期	地点	活动
2020 年 2 月 15 日	大连城市美术馆	2020 大连少儿艺术新感觉邀请展
2020 年 4 月 23 日	大连城市美术馆	世界读书日大连城市美术馆首届邀请展“手读三人行展”
2020 年 5 月 20 日	大连城市美术馆	“520 恰巧遇见你”“521 爱不爱——当代艺术主题展”
2020 年 7 月 1 日	大连城市美术馆	“中国 · 英雄”抗击疫情艺术展
2020 年 7 月 6 日	大连城市美术馆	大连城市美术馆——漫 · 初心
2020 年 9 月 10 日	大连城市美术馆	秋季新展
2020 年 9 月 19 日	三寰牧场	大地丰收艺术节
2020 年 10 月 13 日	大连城市美术馆	第七届国际四联漫画大展
2020 年 11 月 11 日	大连国际会议中心	大连市博物馆联盟（论坛）成立大会暨第一次联盟成员会议
2020 年 12 月 1 日	大连城市美术馆	2020 中法当代艺术展

续表

日期	地点	活动
2020 年 12 月 1 日	大连城市美术馆	云画展“2020 大连城市儿童动漫涂鸦大赛作品展”
2020 年 12 月 7 日	渤海当代美术馆	创办“渤海当代美术馆”
2020 年 12 月 7 日	渤海当代美术馆	“大雪”当代艺术邀请展
2020 年 12 月 27—28 日	大连城市	第一届国际仿生设计与科技学术研讨会
2020 年 12 月 27—28 日	大连城市	论文发表：《运用可循环利用材料的公共艺术作品再结合科技融入的实践研究》
2021 年 2 月 22 日	大连城市美术馆	“双重性格”（Dual character）
2021 年 3 月 5 日	渤海当代美术馆	“惊蛰”当代艺术邀请展
2021 年 3 月 13 日	大连城市	“惊蛰”当代艺术邀请展学术研讨会主题：“大连当代艺术的萌发现实与喷发实现”
2021 年	大连城市美术馆	2021 大连市儿童动漫涂鸦大赛
2021 年 4 月 29 日至 5 月 29 日	大连城市美术馆	2021 亚洲泛艺术提名展之“空空如也”
2021 年 4 月 10 日至 5 月 10 日	66 号艺术仓	2021“开仓”视觉艺术交流展
2021 年 3 月 24—28 日	大连城市美术馆	喜庆“连连”主题摄影展
2021 年 3 月 30 日至 4 月 16 日	大连城市美术馆	“爱拼大连”2020 大连市少年儿童书画大赛优秀作品展
2021 年 4 月 23 日至 5 月 11 日	大连城市美术馆	“静水流深”大连画院水彩画院作品展
2021 年 5 月 15 日	大连城市美术馆	大连画院国画院作品展——“拾光聽海”
2021 年 7 月 1 日	大连城市美术馆	远方之诗——葛炎写生作品展
2021 年 7 月 16 日	大连城市美术馆	微型展：馆长带你画大连
2021 年 8 月 25 日	大连城市美术馆	传澄 · 雪村十班结业作品展
2021 年 9 月 15 日	大连城市美术馆	坐标大连 捕捉灵感
2021 年 9 月 23 日	大连城市美术馆	“万物生——东韵西形平面时装设计艺术展”& T-3 艺术空间（城市会客厅）
2021 年 9 月 29 日	大连城市美术馆	“欧洲风景”主题展览
2021 年 10 月 17 日	大连城市美术馆	“博士导师与博士分组讨论——艺术之‘变’”，王亦飞教授、曹天慧教授《国际论文写作思考》博士研究生代表交流研究方向，张鹏教授——艺术之“变”教育哲学思考，周庆（BANGKOKTHONNURI UNIWERSITY）博士论文选题 - *Understanding the world through discipline and interdisciplinary learning*

续表

日期	地点	活动
2021 年 10 月 16 日	大连城市美术馆	大连旅游纪念品创意设计大赛
2021 年 10 月 17 日	大连城市美术馆	艺术之“变”·中泰艺术教育博士高峰论坛
2021 年 12 月 25 日	大连城市美术馆	多巴胺危机
2021 年 12 月 31 日	大连城市美术馆	策划“城市中流”元宇宙邀请展
2022 年 1 月 5 日	大连城市美术馆	万物禅——真二·禅意书画主题个人展
2022 年 1 月 5 日	大连城市美术馆	策划“城市中流”元宇宙邀请展“十日谈”
2022 年 1 月 23 日	大连城市美术馆	四大喜事丨潮流艺术展
2022 年 2 月 12 日	大连城市美术馆	策划大连城市“Ta 的情人节”艺术周
2022 年 2 月 26 日	大连城市美术馆	策划春季新展丨春季别墅设计展
2022 年 3 月 7 日	大连城市美术馆	策划助力大连创建“东亚文化之都”，大连城市美术馆中华传统节日特色活动丨丰年虎运，虎跃龙腾
2022 年 3 月 7 日	大连城市美术馆	策划神农植研所“妇女节”主题活动、城市·花巷子“女神节”主题活动
2022 年 3 月 7 日	大连城市美术馆	策划助力大连创建东亚文化之都丨“嗨，大师”第一届哚哚蓝思维美术馆大师班作品展
2022 年 4 月 2 日	大连城市美术馆	策划助力大连创建“东亚文化之都”丨大连城市“吉祥物”作品征集
2022 年 4 月 18 日	大连城市美术馆	策划大连城市美术馆公共艺术作品征集
2022 年 4 月 18 日	大连城市美术馆	策划片断世界（Slice of the word）
2022 年 5 月 14 日	大连城市美术馆	策划“斯人已去，生者已矣！于振立先生的《消废时代——‘8 + 1’第九回暨文献展》”
2022 年 6 月 3 日	大连城市美术馆	OneSec 儿童节特辑短片
2022 年 6 月 3 日	大连城市美术馆	大连“博”游记第二季研学活动——少儿陶艺艺术创作
2022 年 6 月 3 日	大连城市美术馆	arta 装置艺术邀请展展览
2022 年 6 月 19 日	大连城市美术馆	策划周科个人作品展——“战国武士猫”
2022 年 8 月 15 日	大连城市美术馆	“余生今六七载”艺术展
2022 年 8 月 25 日	大连城市美术馆	“未来七日”——LOUISE - 行为连演

续表

日期	地点	活动
2022 年 10 月 2 日	大连城市美术馆	喜迎“二十大”，《一带江山如画》邀请展
2022 年 11 月 13 日	大连城市美术馆	“鸟中熊猫，黑脸琵鹭”主题艺术明信片套装大连首发
2022 年 11 月 14 日	大连城市美术馆	骋见丨象牙塔里的光——2022 年辽宁省艺术类研究生优秀动漫作品选调展暨高校研究生教学创新与学术交流导师研讨营
2022 年 11 月 23 日	大连城市美术馆	大连城市美术馆国际儿童艺术周
2022 年 11 月 23 日	大连城市美术馆	向美而行，水仙美育选调展

空间叙事语境下城市文化的展示与传播创新

——以泉城公共交通展览馆设计为例

孔祥天娇[①]

城市的存在与发展依赖于文化传播，城市文化的展示既影响城市形象的塑造，也传递着文化的价值。然而，在多媒体和数字化技术迅速演进的大环境下，人们获取信息的方式已经发生了巨大的改变，这给传统的文化展示和传播方式带来了新的挑战和机遇。本文以泉城公共交通展览馆设计为例，旨在探讨在空间叙事理论的视角下，如何通过应用导向叙事设计模式，以创新的方式展示和传播城市文化。导向叙事设计模式以参与式体验为核心，通过创造身临其境的展示环境和情节，引导观众全身心地参与其中，获得丰富的文化体验。它不仅能够激发观众的兴趣和互动，更能在呈现城市文化的同时传达城市的文化价值和内涵。

---

① 山东工艺美术学院工业设计学院艺术与科技专业讲师，设计学博士，研究方向为展示空间设计思维与方法。

一、城市文化的展示与传播

（一）文化展示与文化传播的理论基础

1. 文化展示的可参观性与场所化

文化展示并不是一个新兴概念。在18世纪的欧洲，文化首次以公众可参观的方式展示。这一时期，皇家收藏品开始向公众开放展出，这是在民众越来越骚动的情况下为了巩固王族的权力而采取的手段，用来炫耀王子和国王们的财富、品位、权力和知识。[①] 随着不断地变革与发展，文化展示的概念经历了从传统博物馆展览到大型展览活动和社会参与的巨大变革。文化展示在现如今已承担起传承和传播文化、教育公众、促进对历史和艺术的理解等多重使命。这一领域的进步对文化的保护和传承起着关键作用，同时也为广大观众提供了深入了解不同文化的机会。

文化的可参观性指的是文化展示的容易接触性和对公众的开放性，其本质上是一种基于实体的意指系统，与参观者之间形成了一种体验式的互动关系。[②] 一个具有高可参观性的文化展示，能够吸引更多的观众，从而提高文化信息的传播效率。例如，博物馆、艺术画廊、历史遗址等场所具有高可参观性，因为它们为广大公众提供了接触文化的机会。通过利用互动展示、虚拟实境等现代技术，还可以增强文化的可参观性，使观众更容易获得新鲜的文化体验。

场所化则强调文化展示与特定地点的紧密联系。城市文化展示的场所化意味着将城市的历史、特色和文化价值融入展示空间的设计中。这种场所化的展示有助于观众更深入地了解城市的文化传统，并将他们与城市的情感联系紧密相连。通过在展示中营造地方特色、城市符号和城市精神的情境，观众能够更好地理解城市的独特性。这种场所化的文化展示模式对

---

① 贝拉·迪克斯．被展示的文化：当代可参观性的产生[M]．冯悦，译．北京：北京大学出版社，2012：5.

② 周正．新媒体时代城市文化的展示及其可参观性[J]．呼伦贝尔学院学报，2019，27(5)：73－77.

城市文化的传播和塑造具有重要影响。它不仅可以吸引更多的人参与文化的传承和传播，还可以加强城市形象的宣传和推广。当城市的文化价值得以充分展示和传播时，它将有助于增强城市的软实力，吸引更多的游客、投资和资源流入城市，从而推动城市的发展。

2. 城市文化传播的构成体系

文化传播学作为一个相对较新的学科领域，专注于研究人类与文化相关的传播行为和社会关系。其核心焦点在于深入探究文化的内在本质，以及在不同文化之间的信息传递过程，包括传播速度、效果、目的以及控制等多个方面。[①] 这门学科的研究领域非常广泛，囊括了文化传播的主体研究、传播媒介、传播效应和文化动态等多层次的内容。文化传播学的发展为更深入理解文化传播现象提供了一个框架，从多个维度全面考察这一复杂而多样化的领域。不仅如此，它还为更好地理解文化的传播方式、过程和效应提供了工具和方法，以应对当今日益多元化和复杂化的文化传播环境。

城市的存在与发展依赖于文化传播，而以“可参观性”的形式展示城市文化则有利于增强沟通交流、提高传播效果。尽管参观者通过观看来理解和解释城市文化，但在这个过程中涉及了丰富的行动和互动，这种交互关系具有深刻的内涵。在城市文化传播领域，城市文化展示被视为一种具有重要意义的传播手段。它通过具象化的方式将抽象、难以理解的城市文化意涵转化为易于接受的文本，以观念性、叙事性的陈述方式呈现于观众面前。根据地方认同理论，观众通过参观展示空间，与城市文化产生紧密的连接，形成地方认同感。[②] 同时，城市文化的展示具有公共性，作为公共场所，城市能够吸引城市居民和游客，是他们了解城市文化、感受城市魅力的重要场所。这种公共性为城市文化交流与对话提供了平台，促进了不

---

① 哈罗德·拉斯韦尔．社会传播的结构与功能[M]．何道宽，译．北京：北京广播学院出版社，2013：57－58.

② 朱竑，刘博．地方感、地方依恋与地方认同等概念的辨析及研究启示[J]．华南师范大学学报（自然科学版），2011（1）：1－8.

同文化间的交流与融合。除此之外，城市文化展示还具有娱乐性和教育性，通过引导观众的视觉、听觉和情感体验，激发观众的兴趣，增加其对城市文化的关注度。观众在展示中不仅能够欣赏城市的艺术作品和文化表达，还能够参与互动活动、参加文化解读讲座等，以拓宽知识面，提升文化素养。通过精心设计的展示方式和场所环境，不仅能够展示城市的独特魅力和特色，同时还能塑造城市的形象和品牌。在城市文化传播的构成体系中，这些要素相互交织，共同塑造了城市文化的传播格局。

（二）城市文化传播在数字时代的挑战与机遇

随着信息技术的飞速发展和社交媒体的普及，城市文化的传播方式也发生了根本性的变革。为了应对这一变化，城市文化展示的融合创新需要与时俱进，以便更好地满足观众的需求、提升传播效果，并在数字化时代塑造出更具吸引力的城市形象。复旦大学信息与传播研究中心提出了传播研究范式创新的“可沟通城市”概念，认为城市传播以“可沟通城市”为核心概念，将城市视为一种关系性空间，传播是编织关系网络的社会实践。① 通过引入视觉、听觉、媒体等元素，创新设计可以在展示空间中营造出丰富的体验，激发观众与展示内容的互动。观众不再只是被动地接受展示，而是积极地在实体空间中游走、观察和探索。这种互动不仅是与展示物之间的互动，还包括与其他观众的互动，从而形成短暂而有意义的社群关系。这种社群互动进一步丰富了城市文化传播的内涵，将文化信息以更个人化的方式传递给其他人，也在社会范围内形成了一种社会化共享的文化氛围。

从虚拟现实到增强现实，从互动屏幕到全感官体验，这些数字化手段让城市文化的传播更加生动而创新，多媒体技术和互联网平台的加入，也让城市文化的传播途径得以扩展。数字化创新设计使得展示内容和形式变得更加多样，使观众能够以不同的方式感知和理解城市文化，有效地提升

---

① 复旦大学信息与传播研究中心课题组，孙玮．城市传播：重建传播与人的关系[J]．新闻与传播研究，2015，22(7)：5－15，126.

了城市文化的传播效果和影响力。

二、导向叙事设计模式与城市文化展示

（一）导向叙事设计模式：叙事与体验设计作为文化传播的媒介

导向叙事设计模式通过结构化的叙事方式，将展示内容与观众的体验有机地结合起来，以引导观众的参与和情感共鸣。这一设计模式的理论基础之一源自空间理论，其中莫里斯·梅洛·庞蒂（Maurice Merleau – Ponty）的具身知觉理论对此具有重要影响。莫里斯·梅洛·庞蒂主张，个体对世界的理解是通过感官在移动的身体中相互接触，以及基于周围日常环境中的感知构建起来的，个体通过智力和情感对此做出反应。个体的思考、感受和叙述都通过身体与周围的物理环境的关系来展现，由此为环境注入了感觉和意义。①

在导向叙事设计模式中，设计师旨在实现以下几个基本原则：首先，展示内容需要有一个明确的主题或中心思想，以确保整个展示过程具有一致性和连贯性。其次，设计师必须充分考虑观众的需求和兴趣，通过引入情节设置和互动元素，激发观众的兴趣和参与度。这种积极参与可以将观众从被动的信息接收者转变为展示的参与者，进而增强他们与展示内容的连接。再次，注重情感共鸣，通过情感化的表达和故事性的叙述，设计师可以引发观众情感上的共鸣和深刻思考。这种情感共鸣不仅能够让观众更加投入，还可以使他们更深刻地体验和理解展示所传达的文化信息。最后，展示的节奏和层次感亦需被谨慎考虑。通过合理的展示顺序和场景布置，设计师能够营造出精巧而紧凑的展示体验，提升观众的兴趣和参与感。

在导向叙事设计模式的构建中，叙事、环境和观众构成了一个高层次的三方相互联结的紧密关系（见图1）。这一关系可以被视为导向叙事设计模式的核心基石，通过将叙事要素、展示空间和观众参与三者紧密结合，

---

① T J PALIN. Narrative environments and experience design：Space as a medium of communication [M]. London：Routledge，2020：3 – 6.

设计师能够打造一个引人入胜的展示体验，让观众深度参与其中，以便更好地理解和体验城市文化的内涵。这种联结关系能够在城市文化展示中实现叙事的有机融合、环境的精心布置以及参与者的深度参与，从而增强展示的吸引力、影响力和教育效果。例如在泉城公共交通展览馆的设计中充分运用导向叙事设计模式的核心理论关系，将叙事、环境与观众紧密融合，创造出一个引人入胜的展示场景。在展示内容方面，以济南公共交通为主题，通过精心构建的情节，将济南公共交通的发展历程、创新技术、绿色出行理念等叙事要素融入其中。同时，利用场景还原及多媒体互动情景的引入等方式，让观众在身临其境的场景中深度感受城市公共交通文化的内涵和故事（见图2）。

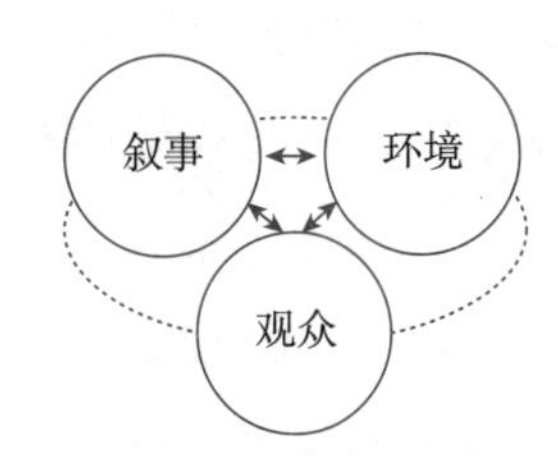

图1　叙事、环境和观众三者关系

资料来源：笔者绘制。

图2　展览中的互动设计

资料来源：泉城公共交通展览馆实景拍摄。

（二）导向叙事设计模式在城市文化展示中的应用

城市文化展示是通过展示城市的历史、人文、艺术和建筑等元素来传达城市文化的特点和内涵。导向叙事设计模式的应用可以使城市文化展示更加生动、有趣，并提供更好的参与体验。具体表现如下：

①强调情节连贯性：导向叙事设计模式将城市文化的复杂性转化为一个引人入胜的故事情节。通过将城市的历史、人文和艺术元素融入情节中，展示可以打造出一个有趣的叙事框架。观众可以通过情节的引导，更好地理解和感受城市文化的特点和精神，并将城市文化的各个要素有机地连接起来，使观众在展示中获得更深入、更全面的体验。

②激发观众的参与和情感共鸣：城市文化展示不仅是一种信息传递的过程，更是观众与城市文化之间建立联系的机会。导向叙事设计模式注重

观众的参与和情感共鸣，通过引入互动元素、情感化的表达和参与性的设计，激发观众的兴趣和参与度。观众能够在展示中积极参与，感受到城市文化的独特魅力，并与展示内容建立起情感上的共鸣。

③创造适合展示主题的场景和情境：充分考虑展示主题的特点和要求，创造出适合展示的场景和情境。通过舞台布置、灯光效果、音乐和影像等多种手段，可以营造出与城市文化主题相契合的氛围和感觉。观众在展示中身临其境，感受到城市文化的独特魅力和情感氛围，加深对城市文化的理解和记忆。

用导向叙事设计模式展示城市文化，能够在多个维度增强其吸引力和影响力。观众可从中获得更有趣、更丰富的体验，更容易被展示的内容所吸引。如泉城公共交通展览馆中关于乘车服务体验的特色展项，观众可以通过多维场景和体感游戏的交互演绎，了解公交线路，沉浸式地体验济南公交的乘车过程（见图3）。通过刷卡，观众可以选择体验上车、车辆行驶和下车三个不同的场景片段，从而深入了解济南公交的人性化和文明服务，并且成功地将观众从被动的信息接收者转变为积极的参与者。通过身临其境的体验，使观众既深刻理解了公共交通的运营过程，又能够感受到城市文化中的关怀和服务精神。这种互动体验不仅丰富了展览的内容，还促进了观众与城市文化之间的情感共鸣，进一步提升了展示的教育和传播效果。因此，通过设计师对叙事、环境和参与者之间关系的精心构建，观众在展示中得到了更加全面、深刻的城市文化体验。

基于这种创新设计模式的应用，展示的影响力得到提升，并且有更多的观众愿意参与和传播展示的内容，从而扩大了城市文化展示的影响范围。同时，导向叙事设计模式激发观众的参与和情感共鸣，增强了观众的参与度和体验感。观众在展示中能够积极参与，与城市文化产生更深入的连接，获得更丰富的体验。观众参与度和满意度的提升，可以令所展示的内容记忆更加深刻，观众在展览中得到启发，也能在展览结束后继续回味和感受，从而将城市文化的传播和影响延续至更广泛的社会范围。

图3　乘车服务体验展项实景及多媒体平面图

资料来源：泉城公共交通展览馆实景拍摄。

三、导向叙事设计模式下的展示空间建构

（一）展示主题的空间演绎

以功能为主导的展示空间设计是根据展示目标和内容来制定展陈大纲，并按照参观流线实施。在泉城公共交通主题的空间中，展示内容包括序厅、地图沙盘、公交车模型、图文展板、色彩等视觉元素，通过将信息传递给观众来实现展示目标（见图4）。然而，仅凭上述形式无法确保展示目标能够实现。因为观众的参与热情受限于自身成长环境、教育背景、年龄、职业等条件，除少数政策制定者和专业人士外，其他群体的参与热情均处于较低的水平。并且大多数市民对公共交通的理解仍局限于交通工具设计阶段，缺乏对技术发展、人文精神、绿色低碳和持续发展层面的认识和参与。而以参与式体验为主的展示空间构建，可以针对观众的兴趣和感受制定展示大纲和呈现形式。这不仅能够凸显展项的趣味性、创新性、地方性、实用性以及互动性，还能契合展览的主题。

图4　展览馆中特色展项

资料来源：泉城公共交通展览馆实景拍摄。

这种沉浸式的观展体验能够引导观众沿着明确的线索和路径，以环绕的方式依次观看不同的故事元素，让观众逐步了解和感知济南公共交通和城市文化的内涵和特色。在泉城公共交通展览馆的空间建构中，依据城市、车辆、绿色出行、标准化建设以及文脉的传承与创新构建叙事体系，贯穿着人流线路并依次划分了除序厅外的五个展区，同时根据人、车、站、线、网五个层次构建整个展览的主题框架，主要内容包括济南公共交通的发展历程、公交线网、场站建设、369 出行 App、公交智慧大脑、车辆技术升级、节能减排、绿色出行、乘车服务体验等方面。展示内容通过情节的演绎和编排呈现给观众，具体的场景和语言载体以及精心设计的编码方式使观众能够沉浸其中，感受故事的魅力。如序厅的设计采用发光马赛克拼贴成济南城市缩影的形式，象征着济南公交事业的发展，也见证着城市的变迁，墙面上的点点星光与城市版面相呼应，诉说着公共交通与城市共同前行的故事（见图5）。

（二）以“参与式体验”为核心的传播模式

在展示空间中，参与式体验传播方式强调的是观众的参与和互动，在展览设计中更加偏重观众的主动参与和创造。通过设置互动装置、触摸屏、

图5 展览馆入口序厅

资料来源：泉城公共交通展览馆实景拍摄。

投影映射等多媒体技术，观众可以选择观看展示内容、参与游戏或创作，并与其他观众进行互动和分享。这种传播方式更加强调观众的主动性和参与感，从而促进观众对城市文化的深入了解和共同创造。泉城公共交通展览馆的展示策划与空间设计充分体现了这一理念，在导向叙事设计模式的引领下，通过多媒体互动体验的设计，使观众能够深度参与其中，从而更好地理解济南公交的发展历程和城市文化的独特魅力。

以“参与式体验”为核心的设计策略将激励机制融入传播模式之中，实现了观众的主动参与。通过基于针对观众的心理研究，在设计中根据不同需求采取相应的激励模式，引导观众在参观过程中自然地产生角色的转变，再分阶段地满足他们自发的好奇心、求知欲以及情感需求。这种借助参与式体验和激励模式的传播方式，不仅赋予观众更大的主动权，更让他们在互动中获得知识、产生共鸣，并在实际空间中营造丰富的体验。例如在关于出行方式碳排放数据对比的交互空间中，就采用了多种交互手段，包括体感感应、手机与大屏跨屏互动、GIS 定位技术等，使观众通过亲身实践来直观地体验绿色出行的理念。通过脚踩地面的地砖灯，参与者可以自主选择不同的出行方式。接着，参与者可以利用手机扫码进入互动程序，输入目标地点，片刻后即可获得出行线路的引导，同时还能了解所选出行方式的所需时间、碳排放量、路程长度等信息。除此之外，在互动程序中还将对比展示所选的出行方式与绿色出行方式的差异，以便参与者更为深刻地了解不同的选择对环境所造成的影响（见图6）。这一交互性的体验过程有助于参与者更好地认知各类交通工具的碳排放情况以及其对生态环境的影响，强调并倡导大家积极选择低碳的出行方式，为环境保护贡献一已之力。在这样的互动过程中，达成了叙事、环境和参与者之间的有机融合，从而提升了科普及传播效果。

图6　出行方式碳排放对比交互展项

资料来源：泉城公共交通展览馆实景拍摄。

泉城公共交通展览馆的体验设计，充分展现了导向叙事设计模式多项关键特点。首先，展示内容的条理性和逻辑性，在展览的布局上得以体现。通过明晰的叙事线和深入浅出的内容呈现，观众得以有序地游览，并能一目了然地领会展示所传达的信息。其次，运用了一种集体双向的互动方式，涵盖了音频、影像和互动展示等元素，以更深刻的方式来丰富观众的体验感。通过交互式投影系统，观众可以与展示内容进行互动，深入了解绿色出行的概念、原理以及其所带来的影响。再次，通过精心设计的内容安排和场景还原的呈现，使观众自然地与城市的情感联系融为一体，从而更好地理解城市文化，并更加珍视自己所处的生活环境。如在“节能减排，绿色出行”展厅中，石墨烯交互墙通过手绘墙面和场景的布置，采用先进成熟的多媒体技术和动态演绎手段，营造出一个仿佛置身于城市环境中的氛围（见图7）。观众可以通过与墙面投影的互动，激发参观兴趣，并主动参与其中，完成整个参观行为。墙面的投影及动画将地球面临的气候变化问题以动态影像和数据展示的方式呈现出来，引起观众的关注和思考。最后，展示内容介绍济南公交作为绿色出行的引领者和倡导者，推广新能源公交车和绿色出行方式的积极态势和做法，让观众意识到绿色出行对于减少碳排放、实现可持续发展的重要性。

图7　石墨烯交互墙

资料来源：泉城公共交通展览馆实景拍摄。

综上所述，泉城公共交通展览馆通过在展示空间设计中运用导向叙事设计模式，以及突出地方性、交互性、体验性的原则，围绕公共交通与城市发展相互促进和相互影响的关系，通过情节、场景、语言载体和编码等手段，创造了一个富有故事性和参与性的展示空间。观众在参观时能够沉浸其中，逐步了解和感知济南公共交通和城市文化的内涵和特色。一方面激发了观众的兴趣，另一方面又促使他们深入思考和探索公共交通与城市发展的更多维度。城市文化软实力的建设与发展基于文化的呈现与传播，而导向叙事设计模式则以参与体验的形式体现文化是增强沟通交流、提高传播效果的创新途径。

四、结语

城市文化的可读性和可参观性为其提供了展示及传播的机会，而展示空间的创新设计打破了传统表达的局限，通过多样的视觉、听觉和媒体元素来激发观众的兴趣和参与度，将观众引入更广阔的体验空间中，为城市文化的传播与发展开辟了更广泛的维度。从泉城公共交通展览馆的设计实践中，观众不仅看到了导向叙事设计模式在城市文化传播中的创新应用，更体会到了“参与式体验”所带来的独特魅力。通过参与式体验的互动展示，泉城公共交通展览重新编排了概念化和技术化的内容，从而实现了从线性传递到情景交互中沟通模式的成功转变。观众不再是被动的旁观者，而是可以积极参与其中，与展品进行互动，深度融入城市文化的内涵，从而更加真切地理解和传播城市文化。这种交互性和参与性的设计模式为城市文化的传播注入了新的活力，继而为提升城市的文化软实力奠定了稳固的基础。

然而，值得注意的是，导向叙事设计模式作为一种创新的设计理念，将其成功地应用到设计实践中需要充分理解城市的文化特色和传播需求。在未来的研究中，可以进一步探索不同场景下导向叙事设计模式的适用性，深化其在城市文化展示与传播中的应用策略。同时，随着科技的不断发展，新媒体技术将持续创造新的表达和传播方式，在不断地探索中，将创新与传统相结合，为城市文化的传播开创更加广阔的前景。综上而言，导向叙事设计模式在城市文化展示与传播创新中具有巨大的潜力。通过以“参与式体验”为核心的设计策略，能够引领观众深度融入城市文化，实现文化的全面传达与共鸣。在未来的实践中，应充分发挥这一创新路径的优势，为城市文化的发展注入更多创意和活力，实现城市软实力的持续提升，为城市的繁荣与发展贡献更大的力量。

从保障到赋能：
英国失智友好型公共服务设计研究

何思倩　蒋红斌[①]

一、引言

失智症俗称“老年痴呆症”，临床上以记忆力、语言能力、空间感、计算力、判断力、注意力、抽象思考能力的退化以及人格和行为改变等表现为特征，是一种起病隐匿的神经系统退行性疾病，给老人及家庭、社会带来沉重的负担和压力。世界上每三秒钟就会产生一位失智人士，2017 年，全世界失智人群数量达到了 5000 万人，这一数字每 20 年翻番，2050 年将达到 1.3 亿人。中国现已成为世界上失智老年人口绝对人数最多的国家，随着人口老龄化进程的加速，失智症群体还将继续扩大。据 2017 年 4 月卫生健康委发布的数据，65 岁及以上人群的老年期失智症患病率为 5.56%。专家预测，至 2050 年，中国失智症患者总数将超过 4000 万人。近年来，中共中央、国务院针对

① 何思倩，北京科技大学副教授，清华大学美术学院工业设计系毕业，研究方向为社会创新设计、公共服务设计、文化遗产保育与再设计，著有《幸绘京城守艺人》。蒋红斌，清华大学美术学院副教授，博士生导师，清华大学艺术与科学研究中心设计战略与原型创新研究所所长，曾获“光华龙腾奖中国设计贡献奖银质奖章”“2008 年度中国创新设计红星奖”等多项大奖。

全民健康、老龄健康、服务保障、精神卫生问题陆续发布了《“健康中国2030”规划纲要》(2015 年)、《“十三五”卫生与健康规划》(2016 年)和《“十三五”国家老龄事业发展和养老体系建设规划》(2017 年)，以及国家卫生计生委等颁布的《全国精神卫生工作规划（2015—2020 年)》(2015 年)四项顶层设计文件，提出了加强建设失智症疾病预防、公共服务体系的计划。

英国是应对失智症全球行动的主要倡导者和推动者，对失智症群体进行了较多的研究，并积极推广失智友好社区建设，提高了失智老人生活质量，减少了失智者照护的家庭和社会成本。目前，关于失智症的研究主要集中于临床医学、护理学、社会学和建筑设计学，其中建筑设计学更关注物质环境的设计，如失智症友好社区环境设计、住宅设计，等等，而对于与失智者日常生活息息相关的公共服务设计却鲜有涉及。失智友好型公共服务设计就是为失智者提供一套包含了日常起居、乘坐公共交通、超市购物、餐厅就餐、户外康体活动、就医的服务系统，通过科学的设计方法，使得失智者在整套服务下来都能方便地、自然地、有效地完成，并且对服务感到满意、对生活感到有信心。本文以英国城市的失智症友好型公共服务为研究对象，从服务设计的角度剖析其在“失有所依”“失有所居”“失有所乐”“失有所学”四个方面帮助失智人群融入公共生活的实践经验，为我国失智人群的社会支持服务体系的建设探索路径和方法。

二、老龄化社会背景下英国失智症应对服务体系的发展阶段

进入 21 世纪，人口老龄化的加剧使得失智症成为英国公共卫生和养老领域的主要挑战之一。2014 年，英国 65 岁以上的老年人患有失智症的概率是 1/14，80 岁以上的老年人患有失智症的概率是 1/6。对家庭和社会而言，伴随而来的是沉重的医疗和养老负担。在这样的背景下，保障老年失智症患者的福祉在英国的政策议程中受到越来越多的关注，英国政府也因此启动了一系列针对失智老人的服务模式探索及改革，其经验值得我国借鉴。英国失智症应对服务体系始于 2000 年，从临床医学界的关注、社会组织的介入，直到启动国家级的应对战略，这一过程大致可分为萌芽期、发展期

和成熟期三个阶段（见图1）。

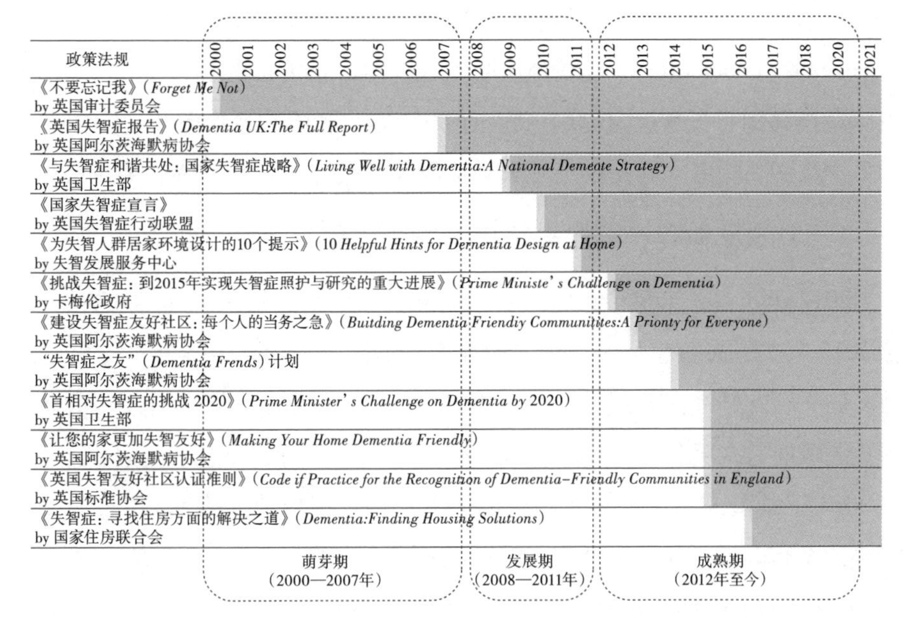

图1　2000—2021 年英国失智症应对服务体系发展阶段

资料来源：笔者绘制。

（一）萌芽阶段：人口迅速老龄化把失智症推向公共卫生焦点

2000 年，英国审计委员会（Audit Commission）发布《不要忘记我》（*Forget Me Not*）报告，揭示了英国全科医生普遍缺乏失智症意识和专业应对技能严重不足的问题。2007 年，英国阿尔茨海默病协会（Alzheimer's Society）的《英国失智症报告》（*Dementia UK*：*The Full Report*）对英国失智症的患者人数和疾病负担做了较为全面的研究，并提出将失智症作为国家医疗和社会照护的重点，以及提高失智症服务质量的建议。英国政府开始意识到，失智症已经发展为一个重大的公共卫生问题，如果不调整和制定有关失智症的医疗和照护服务政策，公共财政和社会治理则可能陷入被动。

（二）发展阶段：启动国家级的失智症应对战略

2009 年 2 月，英国卫生部出台了首个应对失智症的国家战略——《与失智症和谐共处：国家失智症战略》（*Living Well with Dementia*：*A National Dementia Strategy*）。该战略旨在从提高认识、早期预防和治疗干预三个领域来改善失智人群的福祉。2010 年 9 月，英国卫生部发布了《与失智症好好生活：国家失智症战略》的新版实施计划。同年，英国失智症行动联盟（Dementia Action Alliance）联合包括政府机构、社区、社会组织在内的相关主体发布《国家失智症宣言》，提出了失智症及其照护者希望在生活中看到的 7 个改变。两者一同勾勒出了失智症群体及其照护者所期待的生活状态。

（三）成熟阶段：迈向失智症友好型社会

2012 年 3 月，卡梅伦政府以首相名义发布全新战略——《挑战失智症：到 2015 年实现失智症照护与研究的重大进展》。希望到 2015 年，能够建成更多的失智友好社区，成为失智症照护和研究领域的全球引领者。这标志着英国政府首次将失智友好社区建设上升到了国家政策层面。英国卫生部在 2013 年颁布了《对失智老人做出改变：护理视野及战略》，阿尔茨海默病协会发布报告《建设失智症友好社区：每个人的当务之急》（*Building Dementia Friendly Communities*：*A Priority for Everyone*）。这份报告不仅为失智友好社区建设提供了理论依据和设计指导，也为各级政府部门、公共服务部门、商业部门、社区各个利益相关者制定政策和策略提供了重要参考。2015 年 2 月，英国卫生部对战略进行了全面更新，仍以首相的名义颁布了《首相对失智症的挑战 2020》（*Prime Minister's Challenge on Dementiaby* 2020），新的战略提出到 2020 年要使英国成为世界上失智症照护和支持、开展失智症和其他神经退行性疾病研究的最佳国家。

三、英国失智症友好型公共服务的服务理念和服务对象

（一）服务理念：对"失智友好"（Dementia – friendly）的解读

英国阿尔茨海默病协会在其 2013 年发布的《建设失智症友好社区：每个人的当务之急》中总结了失智人群在日常生活中面临的种种障碍，提出并阐释了失智友好社区的建设思路。2015 年，英国首相卡梅伦在《首相对失智症的挑战 2020》报告中，正式提出了建设"失智症友好社会"的目标，鼓励各地积极建设失智症友好社区，开展失智症友好公共服务。根据

英国阿尔茨海默病协会的解释，“失智症友好社会”即是为失智症人群创造“一个被理解、尊重、支持并赋权的社会，一个有归属感，能成为家庭、社区和公民生活重要组成部分的社会”。从政府、图书馆、教堂、诊所、社区到当地商贩，每个人都有责任为失智人群提供针对性的、包容性的服务，从而创造一个失智者能感受到支持、鼓励和重视的社会。

建设失智症友好城市和社区将有效促进社会平等，从而让每个人受益。城市和社区的公共服务是失智症友好社会的重要组成部分。围绕失智症友好社会建设，英国开展了一系列城市公共服务提升计划，让失智老人在所居住的环境中尽可能获得包容性的服务与支持，在社区中独立生活更长的时间，具体内容后文将展开叙述。

（二）服务对象：失智症群体的身心特点、行为需求分析

处于不同患病阶段的失智人群的认知水平、心理状态、行为特征和日常活动存在一定差异（见表 1）。建设失智症友好社会，首先应充分理解失智人群的身心变化，并从失智人群的视角来审视他们日常生活的公共服务诉求，为其独立生活提供支持。

表 1　失智症不同阶段的身心特征和服务诉求

失智阶段	认知水平	心理特征	行为特征	日常活动及服务诉求
早期	健忘，判断力下降，抽象思维能力降低，语言能力降低，东西放错地方	消极孤僻，情绪多变，敏感，易怒，多疑	自言自语，肢体不协调，缺乏活力，对以往经常参加的活动失去兴趣	参加康体健身活动，通过确认自己的能力增强自信，在乘坐公交、管理钱财、购物、烹饪方面需要协助
中期	长期记忆模糊，认不出某些家人，说话啰唆，沟通不畅，记不住自家地址和电话	情绪不振，易怒，多疑，由于沟通不畅感到沮丧	四处游荡，反复做着同一件事或者问同一个问题，睡眠倒错	失去方向感，穿衣、吃饭需要协助，容易摔倒
晚期	不知道自己是谁，无法语言沟通，认不出常见物品	抑郁，出现幻觉与妄想	通过哭喊或者重复发出声音来表达需求，由于人脸混淆而拒绝被看护，暴力行为	无法自行完成个人卫生、吃饭、如厕、洗浴和穿衣等活动，行动不便甚至卧床不起

失智友好社会的愿景就是鼓励失智症人士继续在家里生活并在社区中进行正常活动（如购物、乘坐公交、去图书馆借阅图书、去餐厅就餐，等等），并得到邻居、店主、店员、职员等社区成员的理解和帮助，让失智人群及照护者感到安全、舒适，得到关爱并受到尊重。如果一个社区的建成环境、公共设施和服务、邻里关系不具备包容性与关怀性，那么处于患病早期的失智人群在日常的出行、购物、就餐等基本活动中受到挫折的可能性更大，感到被他人和社会排挤，长此以往将加剧其病情的发展和恶化。

四、从保障到赋能：英国失智友好型公共服务设计策略

根据马斯洛需求层次理论（Maslow，1943），人类需求的五级模型分别是生理、安全、情感归属、尊重、自我实现的需求。分析并挖掘失智症群体的外在与潜在需求，并为其提供日常生活服务同样可以参考这一模型。对于晚期失智群体来说，能活下来是最基本的需求，当其生存需求得到保障之后，他们需要的是居住的安全感。早期和中期失智者还希望自己的行动得到认可、爱与尊重，并且有着对知识的寻求，想要表达自我。本部分将基于马斯洛需求层次理论，结合上述老年失智症群体的身心特点和行为需求，从保障到赋能的思路框架下探讨英国城市失智友好型公共服务设计策略（见图2）。

（一）“失有所依”：健全失智友好型居家照护服务，减少对机构养护服务的依赖

对于失智者来说，比药物治疗更重要的是日常照护与支持。失智症人士从出现早期迹象到离世还能生活很多年。如果得到妥善的照顾和支持，他们仍有可能工作、旅游、游戏、社交，以及拥有亲密关系。

为了应对人口老龄化及高额的失智老人医疗费用支出，从2010年开始，英国针对失智人群开展初级照护制度，提出初级照护要走出医院并回归社区，提高失智者的生活质量。2013年，英国卫生部颁布《对失智老人做出改变：护理视野及战略》，提出了失智者照护模式及护理人员的六项照护标

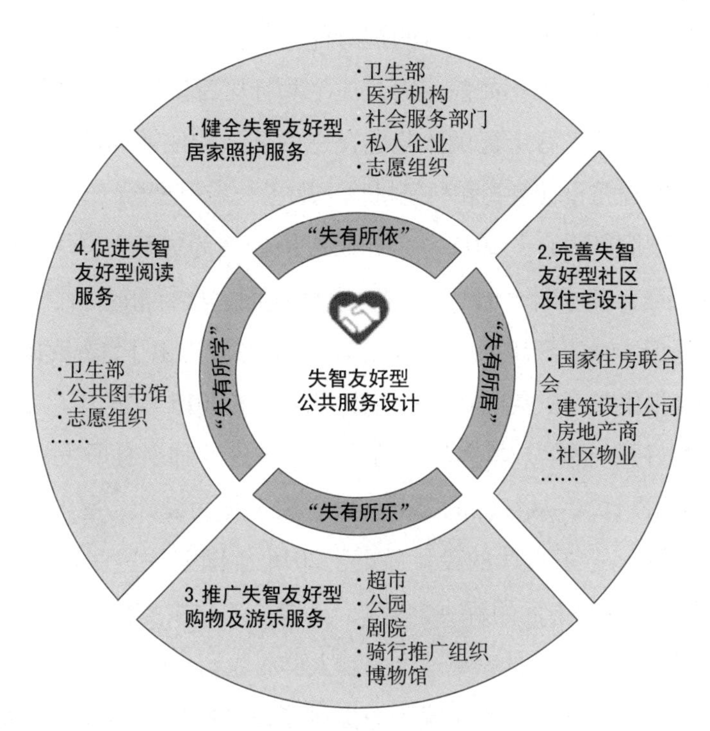

图 2　英国失智症友好型公共服务设计框架

资料来源：笔者绘制。

准。2016 年，英国卫生部颁布修订版《失智老人照护：视野及战略》，设定了失智老人照护者的角色和责任。居家照护服务是由国家健康服务部协同各个地方政府的医疗机构、社会服务部门、私企和志愿组织共同提供的有偿（低收入者可免）健康类服务和家庭护理服务。健康类服务包括急救护理、辅助住院护理、心理健康咨询等；家庭护理服务包括送餐上门、日间护理和医生护士照护。居家照护的模式不仅符合大多数失智人群的意愿，也能有效减少国家的财政投入。据统计，失智人群生活在社区的花费为每年 24000 英镑，而生活在养护机构的花费为 35000 英镑，若按 5% 的失智者推迟一年入住养护机构估算，英国每年将节约 5500 万英镑。

（二）“失有所居”：完善失智症友好型社区及住宅设计导则

国家住房联合会 2010 年发布报告《健康与居住：天壤之别》并提及，如果失智者能从居住环境中获得对应的服务与支持，他们就能独立地在社区中生活较长时间。由于失智者的视听能力、记忆力和理解力都有不同程度的受损，方位感也大不如前，因此住宅和社区都需要更加精细化、包容性的设计。为了给失智者提供体验感良好的社区和住宅环境，英国的失智症关怀组织、建筑设计公司和科研机构采取了一系列改善行动。

失智发展服务中心于2011年发布研究报告《为失智人群居家环境设计的10个提示》，其中针对社区景观、室外地面、楼梯和台阶、栏杆扶手、入户门、标识、噪声环境、电梯轿厢等10个方面提出了详细的设计导则，为房地产商提供参考。英国阿尔茨海默病协会在2015年推出了《让您的家更加失智友好》，同年，黑舍尔与劳埃德建筑设计师事务所发布研究报告《为失智症而设计》，从社区的公共空间、住宅平面设计、室内设计、家具陈设四个方面阐述了具体的设计策略。2016年国家住房联合会发布报告《失智症：寻找住房方面的解决之道》，英国护理与恢复协会及银发联盟在2017年联合发布《让您的家更适合失智人群居住》，这些研究都为失智者的家人和照护者自行进行居家环境改造提供了设计指导。具体方案如住宅平面布局应以开放式设计为主，避免走廊和复杂流线；社区花园入口宽敞且容易步入，避免坡地和台阶等地形，杜绝绊倒隐患；设置色彩鲜明的扶手辅助园内行走，种植能在微风中沙沙作响以产生听觉刺激、散发愉悦气味、具有独特触感的植物，避免带刺的有毒的植物；等等。这些设计策略能在一定程度上为失智者消除安全隐患，提供空间和时间的认知，帮助其独立生活。

（三）“失有所乐”：推广失智症友好型购物、游乐的设施与服务

1. 失智症友好型零售服务

早期失智者能够并且有需求去超市采买日用品，但失智者在超市和商场往往被视为“不存在的客人”或者“不请自来的客人”，超市的公共设施和服务并未站在失智者的角度优化顾客体验。英国阿尔茨海默病协会为此发布了《失智友好型零售服务指南》，其中详细解释了环境如何影响失智症患者的购物体验，任何人、任何商家都可以免费获取该指南，以此改善对

失智者的认知并在行为上做出改变。

英国超市 Waitrose 把每周二上午 10 点到中午 12 点设为“慢速购物（Slow Shopping）”时间（见图 3）。为此，Waitrose 重新改善了店铺购物流程，并在员工培训中加入了失智症护理教育。在“慢速购物”时间，店员会提前布置好店铺环境以迎接顾客，比如，移除多余的促销广告海报，保证开阔的视野；在指定地点放置靠背休息椅；取下入口和地面上的深色地垫，避免视空间受损的失智者误以为是黑洞；关闭超市的背景音乐和内部广播，尽量减少噪声；店员会密切关注顾客的需求，收银台的店员也会保持“等待”的态度。

图 3　英国超市 Waitrose 的“慢速购物（Slow Shopping）”

资料来源：https：//www. slowshopping. org. uk/.

据观察，失智者在收银台前大多表现出动作迟缓、反应慢、货币识别和计算能力下降等特点，因此他们在商店的收银区排队结账时往往会感到十分焦虑，英国 Tesco 连锁超市针对以失智者为代表的行动缓慢购物者推出了“悠闲巷（Relaxed Lane）”服务（见图 4），在悠闲巷结账的购物者不用担心被催促，并且收银台上也贴上了图文并茂的钱币识别标识牌来辅助失智者顺利完成付款行为。对失智症友好的零售服务有效地保护了失智症的尊严，让他们在轻松购物的同时感到被重视和尊重。截至 2020 年 10 月，以英国纽卡斯尔为中心的英国 12 个地点已引入慢速购物服务，包括主要零售商 TESCO、ASDA 和宜家。

2. 失智症友好型文娱服务

为了让失智者的精神生活更加丰富，文化和娱乐活动必不可少。2014

图4　英国 TESCO 超市的“悠闲巷（Relaxed Lane）”服务

资料来源：https：//www. kidderminstershuttle. co. uk/news/15170545. dementia – friendly – shopping – lane – launched – at – kidderminster – tesco/.

年，英国首部失智症友好剧目《白色圣诞节》在英国北部的“利兹剧院”上演。自那以后，利兹剧院每年都会举办适合失智者的舞台表演，如 2015 年的 *TOUR DE BERYL*、2016 年的 *Chiki Chiki Bang Bang* 和 2020 年的《绿野仙踪》等。

清晰的剧院标识、导视和演出海报，平坦的剧院地面，柔和的舞台灯光和声音、表演者的轻柔动作等软硬件措施都充分考虑了失智症的身心特点。另设有一个“安静的房间”，观众可以暂时离开和休息，工作人员和志愿者能为失智者提供支持。2018 年，利兹剧院举办了“每三分钟”节（在英国，每三分钟就有一个人开始患失智症的生活），失智者不仅能成为舞台的观众，更能参与策划并成为舞台上的表演者。

3. 失智症友好型户外游乐服务

失智者的家人和照护者将“安全生活”放在首位，因此他们往往倾向于规避各种风险以及降低失智者参加挑战的意愿。社会组织“失智者的冒险（Dementia Adventure）”根据失智者的个体情况提供一定程度的户外冒险体验，如索道和漂流。2016 年，“失智者的冒险”与慈善机构 Abbey Field Society 合作开展了失智者户外计划“呼吸新鲜空气”，让失智者在大自然中享受兴奋和刺激的快感，从而建立生活的自信心。据统计，参与该计划的人的孤独感从 77% 下降到 11%，睡眠 7 小时以上从 55% 上升到 88%，食欲从 66% 上升到 100%。

英国失智症支持组织“For Brian CIC ”认为，骑自行车是一种通过“程序性”的肌肉记忆学习和执行的技能，这种“记忆”在被诊断为失智症的人当中通常不会受到损害。因此它和英国自行车训练协会共同发起了“Positive Spin”项目，这是一个在伦敦的公园里面向失智者的双人、多人自行车项目，由志愿者和失智者共同享受骑行体验。研究也表明，在户外骑自行车晒太阳能防止肌肉和肺功能恶化，促进舒适睡眠，使其保持积极的生活态度。

（四）“失有所学”：促进公共图书馆开展失智症群体服务

2013 年 5 月，英国卫生部和皇家医学院联合推出“阅读处方（Books on Prescription）”项目，由医生开出缓解焦虑与压抑的图书书目，可在图书馆借阅。之后，英国推出“失智症阅读处方书”专项，2017 年已有超过 80% 的公共图书馆提供失智症服务，其中《公共图书馆失智症基本服务》介绍了图书馆失智症服务行动逻辑和基本工具。

2015 年，英国韦克菲尔德公共图书馆（Sandal Library）以服务失智症患者为目标进行重修，成为英国第一家完全意义上的失智症友好图书馆。Sandal Library 认为，图书馆有能力成为失智者的精神活动中心。为了达到该目的，该图书馆为失智群体做了许多改良的设计，例如运用枣红色的室内配色方案使空间温暖、友好和平静；使用设计简洁、易于进出的桌椅家具；减少室内反射面；采用灰色的踢脚线和门框使人们更容易在浅色的墙壁上认出它们；使用失智症易于识别的符号和文字引导牌；图书馆内还创建了一个回忆室，配有沙发和平面电视，可播放与当地历史有关的数字影像，这有助于刺激失智者的长期记忆。图书馆还定期举办失智者回忆会和阅读分享会等促进阅读社交的活动。

五、英国经验对于我国开展失智友好型公共服务的启示

英国失智症友好型公共服务传达了一种新的社会观念：失智者能够成为社区里所有环境、设施和活动的重要参与者。不仅应保障失智者的权利

义务，更应该通过服务设计来赋予他们改善生活的能力。我国的失智人口数量逐年攀升，但失智人群的生活满意度并未受到足够重视，许多人仍然抱有失智群体应该交由福利院照护或不能走出家门的观点。我国应尽早开展失智友好型公共服务的探索，让失智老人尽可能长时间地实现社区养老，以提高其晚年生活的质量。英国是应对失智症全球行动的主要倡导者和推动者，其经验对我国有如下启示：

（一）加强全社会对于失智症的认识、理解和包容

一个健全的失智症友好社会是建立在公众对于失智症的包容和理解之上的，应加强失智症的社会宣传与教育活动，削减歧视和病耻感。英国阿尔茨海默病协会发起的“失智症之友（Dementia Friends）”是一个旨在改变人们对失智症看法和行为的倡议，该倡议号召每一个人提高对失智症的认识和理解，识别出并力所能及地对身边的失智者伸出援手。截至 2019 年 1 月，英国已有 278 万失智者，412 个社区承诺成为失智症友好社区。目前我国“失智症之友”项目尚处于探索阶段，只有台湾、上海和青岛等地区开始尝试。具体措施如鼓励公众学习失智症知识、改变自己对失智症的态度和与失智老人的沟通模式，为身边的失智老人和家庭提供举手之劳的帮助等。

（二）鼓励多元主体参与的失智症友好服务供给模式

应对失智症是一个系统工程，涉及公共卫生、社会保障、养老服务等领域，需要政府、市场、社会和家庭的共同参与。因此，需充分发挥中国特色社会主义制度优势，通过顶层设计和规划，鼓励多元主体参与失智症友好服务供给，充分动员社会组织、慈善机构、商业主体、居民自治组织、志愿者组织在生活照顾、医疗保健、文体娱乐、法律咨询方面为失智老人提供特色服务。

（三）把提升失智症群体健康福祉融入城市的各项公共服务设计中去

英国的城市和社区规划设计、公共设施设计、公共服务设计在失智症

包容性方面走在了世界前列。英国的超市、公园、公共图书馆在服务普通用户的基础上，专门为失智者等弱势群体提供了包容性、专业化的服务。“十四五”是我国老龄化社会建设的关键时期，建立完善的失智症友好的公共服务体系应提上我国提升失智人群生活质量的重要议程。应以失智症群体的健康福祉为中心，鼓励社区、公园、商店、博物馆、银行、医院、图书馆等主要公共场所加入失智友好机构，与专业的建筑设计、景观设计和服务设计团队合作，优化对失智症友好的环境及服务设计，从而提升失智症群体对日常生活的参与性和自主性。

参考文献

[1]World Health Organization. Dementia:A public health priority[M]. Geneva: World Health Organization Press,2012:28.

[2]杜鹏,董亭月. 老龄化背景下失智老年人的长期照护现状与政策应对[J]. 河北学刊,2018(3):165－175.

[3]汪宁. 英国应对痴呆症的国家战略研究[J]. 社会治理,2021,7(1):75－85.

[4]姜颖,关家印,董华. 英国老年友好城市建设经验[J]. 上海城市规划,2020(6):42－47.

[5]Department of Health. Living well with dementia:A national dementia strategy[R/OL]. (2009－02－03)[2017－10－19]. https://www.gov.uk/government/publications/living－well－with－dementia－a－national－dementia－strategy.

[6]Department of Health. Prime Minister's challenge on dementia 2020 [R/OL]. (2015－02－21)[2017－10－19]. https://www.gov.uk/government/publications/prime－ministers－challenge－on－dementia－2020.

[7]Alzheimer's Society. Making your home dementia friendly[R/OL]. (2015－10－01)[2017－10－19]. http://alzheimers.org.uk/info/20001/get_support/783/making－your－home－dementia－friendly.

[8]刘逶迤,徐康立,王云. 失智症患者的康复景观:赛奇伍德康复花园设计

及启示[J]. 上海交通大学学报(农业科学版),2015(6):76－80.

[9]MASLOW A H. A theory of human motivation[J]. Psychological Review, 1943, 50(4):370.

[10]吴函蓉,石东升,王莹,等. 英国健康老龄化社会应对体系对中国的启示作用[J]. 老年医学与保健,2021,27(3):676－679.

[11]连菲. 英国失智友好社区:政策、设计与案例[J]. 世界建筑,2019(2):104－122.

[12]ケーススタディ編⑤『買とデザイン』~認知症にやさしい、買い物環境づくり~[EB/OL]. [2020－10－14]. https://designing－for－dementia. jp/design/ 008_casestudy_shopping/.

[13]ケーススタディ編④『遊とデザイン』~認知症にやさしい屋外・屋内の遊び~[EB/OL]. [2020－05－29]. https://designing－for－dementia. jp/design/006_casestudy_play/.

[14]Libraries iaunch reading well for long term conditions [N/OL]. [2018－01－17]. http://reading－well. org. uk/blog/long－term－conditions－libraries.

[15]黄嘉琦,束漫. 英国公共图书馆面向特殊群体的阅读推广[J]. 图书馆论坛,2020(5):142－149.

[16]MORTENSEN H A,NIELSEN G S. Guidelines for library services to persons with dementia (IF－LA Professional Reports No. 104) [M]. The Hague:International Federation of Library Associations and Institutions,2007:6－10.

AIGC 技术助力跨文化设计

张 牧[1]

智能内容生产（AI - Generated Content，AIGC）技术作为跨文化设计的崭新工具，其创新不仅仅在于技术本身，更在于它如何促进文化间的对话与理解。本文将深入探讨在人工智能生成过程中如何融入多文化元素；如何助力跨文化设计；如何在设计实践中消除文化壁垒，适应不同的文化需求。我们将聚焦于实际应用案例，探讨 AIGC 技术在不同文化项目中的成功经验，以及其中可能出现的挑战与机遇。此外，论文还将审视公众对于 AIGC 技术的接受程度，以及其在跨文化设计领域中所引发的社会反响。我们将分析艺术设计如何在观众中引发文化认同感，并考察这一现象对文化交流与融合的潜在积极影响。通过深入挖掘 AIGC 技术在文化表达中的独特价值，我们旨在为未来设计实践提供指导，以便更好地利用这一技术助力跨文化设计，并促进文化多样性在设计领域中的融合与发展。

在当今数字化飞速发展的时代，人工智能不仅是技术创新的引擎，更

① 山东工艺美术学院数字艺术与传媒学院副教授，研究方向为新媒体艺术。本文系 2021 年度国家社会科学基金艺术学重大项目《设计创新与国家文化软实力建设研究》（21ZD25）课题的阶段性研究成果。

是连接世界不同文化的纽带。随着全球化的加速，企业和组织不再局限于本土市场，而是面临着多元文化的交汇。在这一背景下，跨文化设计迅速崛起，成为创新和成功的关键因素。然而，要实现真正意义上的跨文化设计并非易事，需要有对不同文化背景的深入理解和高度敏感性。在这个挑战重重的领域，人工智能生成技术崭露头角，为设计师提供了前所未有的支持。人工智能生成技术，如生成对抗网络（GAN）、扩散模型（DDPM）和自然语言处理（NLP），在模拟和理解人类创造力方面取得了令人瞩目的成果。通过深度学习和模式识别，AI 系统能够准确地分析和捕捉不同文化的设计元素，从而为设计师提供宝贵的参考和灵感。这种技术的介入不仅提高了设计效率，更为设计过程注入了新的创意动力。本文将聚焦于 AI 在图像、文字等方面的生成技术，探讨其如何在不同文化语境中实现设计的本土化和个性化。通过分析实际案例，我们将剖析 AI 生成技术在各行业中的应用，展示其在促进全球文化之间的理解和融合方面的独特作用。尽管人工智能生成技术带来了许多机遇，但也伴随着一系列伦理和文化适应性的挑战。在这一过程中，我们将探讨如何在科技创新的同时保持文化的多元性和尊重。通过对 AI 在跨文化设计中的运用进行深入研究，我们有望在技术与文化的交汇点上找到平衡，共同开创一个更加融合和富有创造性的设计未来。

一、什么是跨文化

“文化就是交流，交流就是文化。”文化有广义狭义之分，跨文化一词中的文化是广义的，即世界上所有无形和有形的事物总称[①]。但由于地域和历史的差异形成了不同的文化圈层和亚文化，进而产生不同文化领域信息运动的传播问题。跨越文化的状态可能涉及国家、地区、种族、语言、宗教等多个层面，反映了社会的多元性和全球化的趋势。在跨文化环境中，人们需要面对不同的沟通风格、社交习惯、价值观念等，因而跨文化交流

① 吴明宣．跨文化视角下的海报设计图像研究[D]．长春：吉林大学，2023.

不仅仅是语言的交流，更是对多元文化的理解和应对。在这种环境下，个体或组织需要具备跨文化的敏感性，即对不同文化背景的人和事有敏锐的感知和理解。跨文化的重要性在于促使人们超越本土文化的狭隘视角，培养开放、尊重差异的思维方式。在商业、学术、社会交往等各领域，跨文化的挑战和机遇并存，要求个体具备适应和协调多元文化的能力。有效的跨文化交流有助于减少误解、促进文化融合，并为全球社会的发展和合作提供更大的可能性。

二、跨文化设计的意义

跨文化传播的研究重点在于探索不同文化背景下人类相互之间的沟通和了解。在跨文化传播过程中，传播人员通常会利用信息编码来传达自己的想法。这些信息编码由一系列情境符号和相互组合而成的意义构成，这些符号和组合在艺术设计中起到了重要的作用，有助于整合和规划设计情境①。跨文化设计旨在理解、融合和应用来自不同文化背景的这些信息编码，以创造能够在全球范围内有效传达信息、提供服务和产品的设计。这一设计方法的目标是超越文化差异，使设计更加普遍和包容，以满足不同文化群体的需求、期望和价值观。跨文化设计涉及对文化多样性的深刻理解，以确保设计能够在全球范围内产生积极的影响。

跨文化设计的意义主要体现在以下几个方面：①随着文化全球化的推进与发展，市场呈现国际化趋势。跨文化设计使企业能够创建适应各种文化背景的产品和服务，从而更好地满足全球市场的需求。②跨文化设计有助于创造更包容的社会环境。通过考虑不同文化对设计的影响，设计师可以避免偏见和歧视，确保他们的作品在全球范围内被广泛接受。③在设计中融入文化元素有助于传承和保护各种文化的独特特征。这种尊重有助于避免文化冲突，同时促进文化的繁荣和多样性。④通过深入了解不同文化的用户需求和习惯，跨文化设计可以更好地满足用户的期望，提高产品和

---

① 黄萌颖．跨文化视域下艺术设计的情感化表达研究[J]．大观，2023(5)：12－14.

服务的质量，从而提升用户体验。⑤跨文化设计鼓励不同文化之间的知识交流和创意合作，从而推动创新。结合不同文化的思维方式和设计理念可以产生独特而富有创意的解决方案。⑥跨文化设计使企业更具竞争力。那些能够适应不同文化的企业更有可能在全球市场上取得成功，因为他们能够更好地满足多元化的客户需求。⑦通过跨文化设计在不同文化之间建立桥梁，促进文化交流和理解。这有助于打破文化壁垒，促使人们更加欣赏和尊重彼此的文化。跨文化设计为设计师和企业提供了更全面、更全球化的视角。它不仅有助于解决文化之间的差异，还能够激发创新、促进社会包容性，推动全球设计领域的可持续发展。通过深入研究和实践跨文化设计，我们能够更好地应对一个日益联系紧密的世界所带来的设计挑战。

三、AIGC 技术的机制与特点

2022 年，AIGC 元年倏然而至，随着深度学习的突破式发展，生成式人工智能对人类的创造力不断进行极致拉伸[①]。AIGC 技术是一种融合了计算机科学与人类文化的前沿科技，其机制和特点涵盖了深度学习、生成模型和创造性算法等多个方面。

首先，AIGC 技术的机制主要依赖于深度学习。深度学习是一种模仿人脑神经网络结构的机器学习方法，通过多层次的神经网络结构进行学习和表征数据。在绘画领域，这种方法被应用于图像生成和风格转换。

其次，AIGC 技术的特点之一是对大规模数据的依赖。人工智能的成果生成过程需要嵌入大量蕴含人类智慧成果的数据库资源，因此 AI 生成内容可以看作是由“AI 创作”与“人类创作”的二元创作主体共同实现的[②]。许多文本生成以及 AIGC 绘画系统通过大量文字数据和图像进行训练，以学习人类文化、绘画艺术风格、颜色和构图规律。这种大规模数据的应用使得 AIGC 技术能够具备更强大的创作能力。

---

① 扶暄泽. AIGC 元年背景下人工智能绘画的突破、争议与反思[J]. 新美域,2023(9):25－28.
② 尤可可,沈阳. 元宇宙版权的特征与作品权属探析[J]. 中国版权,2023(1):45－52.

再次，AIGC 技术有着强大的创造性和多元性。这些系统不仅仅是简单的生成工具，更是具有一定创造性和想象力的艺术家助手。通过学习大量的艺术品，AIGC 系统能够理解文字内容、艺术家的创作风格，并在生成文本与图像的过程中融入这些风格元素。这种创造性的特点使得 AIGC 技术不仅仅是一种工具，更是参与人类的共同创作过程。

最后，AIGC 技术还展现出一定的可解释性挑战。由于深度学习模型的复杂性，人们有时难以理解模型是如何生成特定图像的。这使得解释和理解 AIGC 技术的生成过程成为一个研究热点。透明度和可解释性的提高将有助于更好地理解和信任 AIGC 技术系统。

四、AIGC 绘画技术在提取文化元素方面的优势

自 AIGC 技术问世以来，已经在金融、传媒、文娱和工业等行业得到了广泛应用。尤其在艺术设计领域，AIGC 技术的实例和成果尤为显著。基于强大的学习能力、数据信息搜集能力以及创造性，AIGC 技术在图像生成方面可以辅助设计师进行多样性的文化元素提取，使其更方便地进行跨文化设计，大大提高了设计效率。

首先，AIGC 技术通过深度学习，能够学习和理解某种文化的艺术元素，包括但不限于风格、符号、色彩和构图。这使得 AIGC 技术系统能够运用此文化的独特艺术语言，创造出具有特定文化元素的作品。通过大量模型数据的训练，人工智能可以使用来自世界各地的大规模数据集，这种全球性的取样使得系统能够更全面、深入地了解各种文化的审美和艺术表达方式。例如，2023 年 1 月，中国艺术家白小苏采用 AIGC 绘画技术勾勒出现代版《新西湖繁盛全景图》。他以 800 多年前《西湖清趣图》的结构为蓝本，生动展现了当下西湖边的风景和生活场景。白小苏首先通过深度学习让人工智能理解其绘画风格，形成具有独特风格的 AI 模型。然后通过输入关键词，他创作出了具有个人风格的绘画作品。白小苏与人工智能的协作显著提高了《新西湖繁盛全景图》的制作效率。此外，AIGC 绘画技术的“深度图像转换”和“画布拓展”等功能在创作过程中发挥了关键作用，前

者将摄影图片转变为绘画，为高效作图提供了重要支持。白小苏坦言，要亲自绘制几千个建筑，每天画 10 个都需要500 天，一年完全不可行。《新西湖繁盛全景图》是国内首幅由 AIGC 深度参与制作的百米长卷。

其次，AIGC 绘画技术不仅能够表达单一的文化元素，还能够进行跨文化的交叉融合①。这使得艺术作品能够展现出多个文化之间独特而复杂的交互影响，创造出独具魅力的新型文化表达。传统上，一些边缘或小众的文化元素可能被较少涉及。AIGC 绘画系统通过全球数据的学习，能够更全面地挖掘和整合这些边缘文化元素，为艺术创作注入更大的包容性和多样性。例如，在2023 年7 月初的世界人工智能大会（WAIC）上，我们目睹了一系列引人注目的 AI 绘画作品，它们突破了早期 AI 创作的桎梏，融合了古今中外的绘画风格、笔法、主旨以及意境，乃至催生了崭新的艺术风格。其中一件 AI 绘画作品名为《方寸之间》，它集结了吴冠中与皮特·科内利斯·蒙德里安的创作灵感。在传承了蒙德里安大面色块的同时，通过运用东方水墨晕染的笔法，成功地消解了色块之间的明确边界。蒙德里安是“纯粹抽象”的倡导者，他主张艺术应当根本脱离外在形式，以表达抽象精神为目的，力求达到人与神统一的绝对境界。然而，通过融入吴冠中的《中国城》，《方寸之间》在色块之间巧妙地点缀上黑色作为窗户，使纯粹的色块化身为繁华城镇。这一设计巧思不仅丰富了画面，也为艺术作品增添了生活和烟火气息。这种独特的结合不仅挑战了传统的艺术界限，而且为 AI 绘画赋予了更为丰富和多元的表现力。在 WAIC 的光影下，这些 AI 绘画作品不仅展示了技术的飞速发展，更引领着艺术的新潮流，让观者对于人工智能在创造领域的无限可能性产生了更为深远的思考。

再次，AIGC 绘画系统能够智能地整合学到的文化元素，创造出独特的合成效果。这种智能整合使得艺术作品不仅是各个元素的简单拼接，而是通过算法和模型的理解，形成有机的、富有创意的整体。通过个性化的学习和创作，AIGC 绘画系统能够根据用户的喜好和文化背景生成符合其个性

---

① 徐畅，杜欣泽，于凯迪. AIGC 在设计行业应用中的挑战与策略[J]. 人工智能，2023(4)：51－60.

的艺术作品。这种个性化的文化表达为用户提供了更深层次、更富有个性的艺术体验。例如，可口可乐于 2023 年 3 月推出了一则引人入胜的广告 *Masterpiece*，其中短片以一场别开生面的艺术展为背景，讲述了世界名画在一瓶可口可乐的引导下变得生动起来的精彩故事。在广告中，《戴珍珠耳环的少女》《呐喊》《沉船》《阿尔勒的卧室》等众多世界名画迎来了一场奇妙的博物馆之旅，宛如艺术史的联动奇观。这则广告融合了虚拟与实际，巧妙采用“AI（Stable Diffusion） + 3D + 实拍”的多层次形式，呈现出如同德芙一般丝滑且炫酷的画面。与过去相比，原本需要画师先绘制并组装的效果，在 AIGC 的帮助下大幅减少了内容产出的成本。可口可乐通过结合 AI 技术，实现了想象力的大放异彩，为观众带来了一场视听盛宴。广告中那瓶可口可乐巧妙地串联起名画之旅，为品牌进行了有效的宣传。这不仅是对技术创新的成功应用，也是对创意和品牌影响力的突出展示，让观众在欣赏艺术的同时体验到了品牌的独特魅力。

最后，通过深度学习，AIGC 绘画系统能够对传统文化元素进行重新诠释和再创作。这种重新诠释不仅有助于传承和保护传统文化，同时也为这些元素注入了新的生命力和现代感，促进了文化的发展和演变①。《富春山居图》为元代画坛宗师黄公望的杰作，荣获“中国十大传世名画”之一的美誉。然而在经历了漫长的历史岁月后，此画遭受严重焚毁。出于对绘画艺术的珍视和对中国优秀传统文化的保护，文物修复专家和相关领域的从业者为寻找《富春山居图》的修复方法不遗余力，并在这个过程中积累了丰富的实践经验。如今，通过 AIGC 绘画技术，《富春山居图》终于得以完整呈现。值得注意的是，通常情况下文物修复专家需要投入毕生精力，方能在修复领域的某一细分方向有所突破，但这次借助人工智能大模型的补全作品与以往有所不同。它引人注目的地方在于全民参与的特色，每个人只需花费不到一秒钟的时间，在中部空白的画布上简单勾勒几笔，即可参与到这件山水画名作的修缮过程中。这为艺术修复注入了更加开放、包容

---

① 刘粮．AIGC 智能驱动下包装设计行业的挑战与机遇[J]．包装工程，2023，44(S2)：236－240.

的元素，使得《富春山居图》的修复成为一场公众参与的盛会。

五、在跨文化设计中 AIGC 技术所体现的优势

跨文化设计的核心是“以人为中心，以文化为核心”，无论是服务类或是实物类产品，他们都围绕着人与文化的关系展开设计。在设计过程中，理解目标地区的文化，设计出有针对性、符合当地文化的方案，才能使产品更容易被目标用户接受。所以，了解地缘政治与地区文化是跨文化设计的第一要素。

通常，跨文化设计的思路分为三部分，第一部分，设计团队调查目标文化与其他文化之间的差异。第二部分，寻找和分析这些差异的特点。第三部分，制定跨文化的设计原则和设计系统。依托于 AIGC 技术强大的数据库与文化元素提取能力，这三个部分都给设计团队提供了强大的支持，接下来我们通过案例进行逐一分析。

首先，文化元素的差异可分为文化理念、用户行为和视觉偏好三个方面。文化理念主要涵盖地理、经济和社会政治等因素，不同文化背景的个体必然培养出不同的价值观。用户行为的差异则在于大众的生活习惯和行为模式在各种文化中呈现出多样性。典型例子是中国独有的春节红包文化，蕴含着祈福和吉祥之意。视觉偏好方面，不同国家对颜色的意义产生差异。在中国文化中，红色象征着吉祥和喜庆。举例而言，为了烘托活动氛围，中国的活动页面通常会大量运用红色；而在描绘红包元素时，人们更倾向于使用红色，而非蓝色或绿色。在进行文化差异的研究、寻找各文化特点的过程中，设计师可借助 AIGC 技术进行数据生成，例如，向 AI 提问：“请用 20 组词汇描述中国汉族的文化特点。”AI 生成的结果如下：“悠久历史、传统文化、礼仪之邦、集体主义、儒家思想、家族观念、宗教信仰、天人合一、文化艺术、教育重视、社会责任、勤劳善良、崇尚和谐、诚信友善、家族亲情、饮食文化、民俗风情、手工艺品、中庸之道、民族团结。”设计师还可以利用 AIGC 技术进行国家文化主题色的调研，例如红色是中国文化中的主色之一，被赋予了热情、喜庆、吉祥和胜利的象征意义。美国的主

题色是红、蓝、白三种颜色，分别象征了勇气、真理和正义。沙特阿拉伯的主题色是白色和绿色。白色在沙特阿拉伯被视为纯洁的象征，而绿色则代表生命。这两种颜色在沙特阿拉伯的国旗上都有体现，凸显了这个国家的宗教信仰。设计团队还可以利用 AIGC 绘画的文生图功能将文字信息转换成视觉信息。这大大提高了设计团队前期的调研效率，并使调研结果能够更加直观地展现在设计师面前。

其次，在文化特点与差异的调研结束后，我们需要进行文化视觉元素的提取。例如宗教、历史、地理、风土人情、生活方式等。在此过程中，设计师可以通过关键词直接提取出不同文化的视觉元素。例如，在一个土家族的展馆设计项目中，设计师可以利用 AIGC 绘画直接生成与土家族相关的文化视觉元素并将其合成到展馆效果图中，设计师不需要再进行大量资料的翻阅与查询，大大提升了设计效率。在跨文化设计中，我们不仅会面对单一文化设计项目，也会遇到多元文化设计项目。在面对多元文化元素时，必须全面考虑文化差异并追求共性。通过深入分析和提炼最为合适和有价值的设计元素，进行更为深层次和综合性的设计。举例而言，考虑代表“奶制品”的图标，在中国，常见的是牛奶，而在西方，牛奶和奶酪都属常见。在设计阶段，应尽可能采用通用的设计元素，确保不同国家的用户都能理解图标所蕴含的含义。这样的设计方法不仅考虑了文化的多样性，同时确保了信息的普适性和理解性。无论是面向单一文化还是多元文化，都需要对目标群体做文化规避方面的研究，避免出现文化禁忌。例如，东方的龙象征了吉祥与神力，而西方的龙象征着邪恶与霸权，这两种龙的外形与颜色有很大差异。在针对东、西方不同语境进行设计时，龙的视觉形象与元素使用需要非常谨慎。在 AIGC 绘画软件里，设计师可以通过“Loong”生成东方龙的形象，而“Dragon”则可以提取出西方龙的形象，避免了设计过程中的“误操作”，从而提高了元素使用的准确性。AIGC 绘画技术能够深度学习各种文化的设计语言和元素，创造出具有跨文化融合特色的作品。通过分析多个文化的艺术风格、符号和色彩等要素，人工智能可以生成新的设计方案，将不同文化的元素巧妙地结合在一起，同时还可以规避不同文化间的禁忌。这不仅促进了设计的创新，也为不同文化之间的设计交流搭建了桥梁。

最后，在进行跨文化设计时我们需要建立相应的设计系统。这种设计系统能够被看作是一系列在不同组合中反复运用的组件，可以被视为用户体验设计中的组件库或规范库。以乐高产品为例，所有积木共同构成了一套设计系统，可以幻化成不同的设计样式；又如 Taco Bell，尽管只有 8 种原材料，却能创造出 50 多种组合。设计系统最为显著的优势在于，在大规模工作时能够确保设计的一致性和高效性。因此，在处理大规模的跨文化设计时，设计系统能够确保跨国团队设计的效率性和一致性。AIGC 可以精准定位不同文化间的设计标准，设计团队可以通过 AIGC 的帮助高效地建立起跨文化系统库。如，中文和英文的字体在长度、留白、方向上存在差异。AI 可以在短短几秒钟内对这些差异进行分析解答，并生成相应的视觉案例提供给设计团队。又如，不同语言文字有不同的板式空间。拉丁文与象形文字在阅读长度、段落宽度、分栏宽度上有很大区别。AI 可以在短时间内生成适合不同类别文字的行间距、分栏宽度、行长等数据，大大提高了设计系统的效率。

六、结语

在人工智能飞速发展的当下，AIGC 技术在跨文化设计中扮演着日益重要的角色。人工智能在图像处理和语义理解等领域的持续进步有望进一步增强其在跨文化设计中的应用潜力。AIGC 技术的应用已经超越了单一文化的界限，助推了跨文化设计的发展。通过分析大量的文化数据，人工智能可以识别和理解不同文化在审美偏好、价值观念、符号意义等方面的特点。这有助于设计师更深入地理解目标受众的文化背景，避免文化误解，确保设计更贴近用户的需求。创意生成是 AIGC 技术在跨文化设计中的另一个关键应用领域。人工智能可以通过学习大量的文化艺术作品和设计案例，生成具有多元文化元素的创意。这使得设计过程更加灵活，设计师可以快速获取各种文化的设计灵感，并进行巧妙的融合。此外，AIGC 技术在个性化设计方面也发挥了关键作用。通过分析用户的文化背景、喜好和行为数据，人工智能可以生成更符合个体文化需求的设计。这种个性化设计不仅提高了用户体验的质量，也为产品在不同文化中更好地融入和接受提供了可能性。然而，尽管人工智能在跨文化设计中的应用具有众多优势，但也需要注意其中面临的挑战。文化是复杂多样的，跨文化设计的核心要素依然是以人为本，以人类文化为核心。我们只能借用 AIGC 的技术去完善设计，机器学习永远无法理解文化的深层次内涵。因此，在人工智能生成技术的应用中，仍然需要依靠人类设计师的审美和文化理解来进行指导和调整。

基于数字孪生技术的元宇宙智慧城市空间发展研究

——以青岛为例

甄晶莹[①]

一、元宇宙与数字孪生技术综述

元宇宙与数字孪生技术是当前科技发展的前沿领域。元宇宙构建并行数字现实，以实物世界与数字世界的无缝整合促使信息的双向交流，从而实现城市的实时模拟和预测[②]。与之相配套的数字孪生技术则能通过数字世界与物理世界之间的实时同步，为城市管理和决策提供精确的数据支持并培养实时模拟能力。两者的结合或可推进城市的智能化发展，实现更高效、环保和人性化的城市管理和运行。

（一）元宇宙与数字孪生概述

元宇宙是一个由多个3D虚拟世界组成的共享虚拟空间，它不仅是数字

---

① 山东工艺美术学院产教融合青岛基地讲师，研究方向为文化创意与设计。

② 田永林，陈苑文，杨静，等．元宇宙与平行系统：发展现状、对比及展望[J]．智能科学与技术学报，2023，5(1)：121－132.

世界的扩展，也是物理世界的模拟和补充①。元宇宙的特点包括：实现了物理世界和数字世界的无缝连接，用户可以在两个世界之间自由穿梭；实现了信息和数据的实时交换和更新，为决策和规划提供及时和准确的数据支持；实现了复杂系统和过程的高精度模拟和仿真，为科研和创新提供了强大的工具和平台。

数字孪生技术则是一种通过创建物理对象的虚拟副本来实现物理世界与数字世界实时互动的技术，该技术通过数据的收集和分析，实现了物理世界和数字世界的实时同步和互动②。数字孪生技术应用广泛，包括但不限于产品设计、制造、运维和服务等领域。通过数字孪生技术，企业和组织可以实现对物理资产和过程的实时监控、分析和优化，从而实现更高效和可持续的运营和管理。

（二）元宇宙与数字孪生技术的关系

元宇宙与数字孪生技术在某种程度上是相辅相成的（见图1）。元宇宙为数字孪生技术提供了更为广阔的应用场景和平台，例如通过元宇宙实现城市、工厂或其他复杂系统的全面数字化和虚拟化。而数字孪生技术则为元宇宙提供了实现物理世界和数字世界实时同步和互动的关键技术支持。通过数字孪生，元宇宙可以实现对物理世界的高精度模拟和仿真，从而实现对物理世界更为深入和全面的理解和掌控。

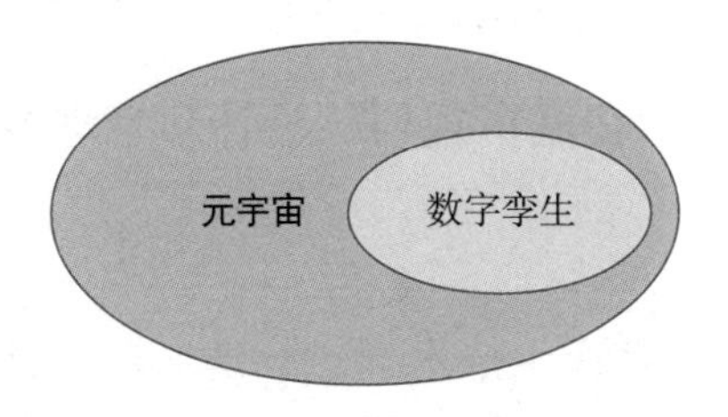

图1 元宇宙与数字孪生的关系

资料来源：笔者绘制。

① 刘艳．数字孪生迈向“技术＋应用”双驱动时代[N]．科技日报,2022－12－19(6).
② 胡幸阳．“数字孪生城市”不是幻景,打破数据壁垒是关键[N]．解放日报,2022－11－17(5).

1. 互动性

信息交流：元宇宙和数字孪生技术共同促进了物理世界与数字世界之间的信息交流和数据同步。元宇宙实现了大规模、复杂系统的数字表示，而数字孪生技术确保这些表示与现实世界的实时、动态对应。

实时模拟：通过数字孪生技术，元宇宙可以实现对现实世界事件和过程的实时模拟和仿真。

2. 互补性

应用拓展：元宇宙提供了一个广阔的平台，使数字孪生技术可以在更多、更复杂的场景和领域中应用。

技术支撑：反过来，数字孪生技术为元宇宙提供了重要的技术支撑，实现了元宇宙中物理和数字世界的高度一致和实时互动。

二、数字孪生在智慧城市空间的应用

数字孪生在智慧城市空间应用中展现出巨大的潜力和价值，通过创建城市的数字副本，可以实现城市各个方面的实时监控和分析，为城市规划、设计和管理提供重要的数据支持和决策依据。此外，数字孪生还促进了城市之间的信息和数据的双向交流，实现了对城市运行和发展的实时模拟和预测，为实现智慧城市的优化和升级提供了重要的技术支持①。

（一）数字孪生技术在城市规划、设计和管理方面的应用

1. 城市规划

在城市规划阶段，数字孪生技术通过构建城市的精确数字模型，实现了对城市各个方面的深入分析和评估。在场地选择和评估过程中，利用数字孪生技术可以对候选场地进行实时和历史数据分析，包括交通、环境和社区设施等方面，为规划决策提供科学依据。在交通规划环节，数字孪生

① 吕健，孙霄兵．教育元宇宙功能探析——基于补偿机制与内容生产［J］．学术探索，2022（10）：151－156.

技术可以模拟不同规划方案的交通流动情况，为优化交通路线和网络提供支持。而在基础设施规划上，数字孪生可以预测未来基础设施的使用和发展需求，指导基础设施的合理布局和建设。

2. 城市设计

数字孪生技术在城市设计中的应用也是多元和有效的，借助这一技术，城市设计者能进行实时和动态的设计方案评估和优化。在进行城市设计时，设计者可以利用数字孪生技术分析不同设计方案的环境影响和能效，从而实现更为可持续和环保的城市设计①。同时，数字孪生技术也可以利用大量实时和历史数据，为公共空间的设计和优化提供重要输入和反馈，实现更为人性化和社区友好的公共空间设计。

3. 城市管理

在城市管理方面，数字孪生技术同样展现出巨大价值，通过数字孪生技术，城市管理者可以实现对城市各个方面的实时监控和管理②（见表1）。在城市交通管理中，数字孪生技术能够实时监控城市交通状况，及时发现并应对交通拥堵和事故。同时，数字孪生技术还可以基于大量实时和历史数据，为城市管理决策提供科学和可靠的依据，帮助管理者做出更为合理和有效的决策。

表1　数字孪生技术在城市规划、设计和管理方面的应用

应用领域	应用方法
城市规划	场地选择和评估，交通规划，基础设施规划
城市设计	可持续设计，公共空间优化
城市管理	实时监控，决策支持

（二）实现城市数据实时更新的方法

为实现城市数据的实时更新，各种先进技术得以应用。其中包括：

① 杨一帆，邹军，石明明，等．数字孪生技术的研究现状分析[J]．应用技术学报，2022，22(2)：176－184，188.

② 王健高，肖玲玲，李青健．数字化多维赋能园区转型 青岛高新区积蓄高质量发展新动能[N]．科技日报，2022－02－24(7).

1. 传感器网络

通过部署多种传感器（如温度传感器、摄像头和 GPS 传感器）实现实时数据采集①。这些传感器可在城市的各个角落部署，从而无缝监控城市的多个方面，包括交通流量、天气状况和公共设施使用情况等。

2. 云计算

云计算提供了巨大的数据存储和计算能力，能够实现大规模数据的高效存储和处理，为城市数据的实时更新提供重要支持。

3. 大数据分析

通过应用大数据分析技术，能够实现对城市的大量实时数据进行快速、准确的分析和处理，从而实现城市数据的实时更新。

4. 自动化工具和技术

自动化工具和技术能够实现数据的自动收集、处理和更新，极大地提高了城市数据更新的效率。城市数据实时更新方法及应用见表 2。

表 2　城市数据实时更新方法及应用

方法	应用
传感器网络	实时数据采集
云计算	数据存储和处理
大数据分析	数据分析和处理
自动化工具和技术	数据更新和同步

通过这些方法和技术的综合应用，城市数据实时更新成为可能，从而为城市的智能管理和决策提供了重要的数据支持。

（三）信息双向交流及城市实时模拟和预测

信息双向交流通过数据收集与反馈和多部门协作实现城市各部门之间的信息实时共享和分析，提升城市管理效率。城市实时模拟采用数字孪生技术进行城市交通、气候等方面的实时模拟，并进行实时监控和管理。城

---

① 叶菁．智慧城市建设进入数字孪生新阶段将驱动产业升级[N]．通信信息报,2021 - 07 - 28(6).

市预测则利用大量实时和历史数据实现对城市发展趋势的精准预测，为城市规划和管理决策提供科学依据。

1. 信息双向交流

数据收集与反馈主要利用传感器网络和其他数据采集设备实现对城市运行数据的实时收集和上传；通过云平台和数据中心实现数据的实时处理和分析，并将分析结果及时反馈给相关部门和机构。

多部门协作利用数字平台促进城市不同部门和单位之间的信息和数据的实时交流和分享，提升城市管理和决策的效率和效果。

2. 城市实时模拟和预测

城市实时模拟利用数字孪生技术进行城市交通、气候和其他方面的实时模拟；并基于模拟结果，实现对城市交通、公共服务和设施等方面的实时监控和管理。

城市预测则利用数字孪生技术和大量实时和历史数据，实现对城市发展趋势、事件和灾害等的预测；并基于预测结果，为城市规划和管理提供科学、准确的决策依据①。

综上所述，实现城市数据实时更新、信息双向交流及城市实时模拟和预测是数字孪生技术在智慧城市应用中的重要组成部分。通过这些方法和技术的有效应用，可以实现对城市的实时、智能管理和决策，推动城市实现更高效、可持续和宜居的发展。

三、数字孪生技术提升城市公共空间质量的途径

（一）提升城市公共空间质量

随着数字孪生技术的不断发展，其在提升城市公共空间质量方面的作用逐渐显现。这一技术通过构建城市的数字副本，能够实时监控并分析城市公共空间的使用情况，帮助决策者更加精准地定位问题，并针对性地提

---

① 孙浩．三维数字化工厂在石化企业的建设及应用[J]．信息系统工程,2021(1):18－19.

出改进方案。比如对公园、广场等公共空间的人流、环境和设施使用情况进行实时监控和分析，可以更精准地进行绿化、设施布局和维护等工作，从而提升公共空间的整体质量。

（二）实现人性化设计和优化城市功能布局

数字孪生技术通过大数据分析和机器学习等手段，帮助城市规划者深入理解居民的需求和行为模式，实现城市公共空间的人性化设计。具体而言，通过对城市居民的出行、活动等大量数据进行深入分析，规划者可以更好地了解到城市不同区域的功能需求，从而进行更为合理的功能布局和优化管理。像在人流量大的区域增设商业和休闲设施，而在交通便利、环境优美的区域规划住宅和办公区域。

（三）空间的社会属性和文化属性分析

数字孪生技术还能够协助分析和理解公共空间的社会属性和文化属性，从而更好地实现公共空间的社会和文化价值。例如，通过对历史文化区域的深入分析和研究，可以规划出与当地历史和文化更为契合的公共空间，让公共空间成为传承历史文化的重要场所。同时，通过对不同社群的活动和交往模式进行分析，可以设计出更符合社会互动需求的公共空间，进一步提升公共空间的社会价值。

四、青岛智慧城市空间应用案例分析

《青岛市“十四五”信息化规划》的发布，标志着这座城市在接下来的五年内致力于成为全国数字城市的领军者。在数字信息化方面，虽与一线城市如上海、深圳还有一定差距，但青岛抓住了新一轮信息化的重大机遇，正以坚实的基础和强大的实力全力推进数字城市的建设。该规划指出，将数字经济作为数字城市的产业基础，通过加快数字产业化进程，推进数字技术相关产业布局优化，以实现城市经济的稳增长。而在数字社会建设上，该规划提出，要充分运用移动互联网、大数据、云计算、物联网、人工智能等新一代信息技术，推进城市治理体系和治理能力现代化，并加快数字社会建设步伐①。这些明确的政策方针为青岛数字化转型奠定了坚实的基础。青岛作为中国的一个现代化城市，在数字孪生技术的应用上也走在了前列。以下将通过具体案例，分析数字孪生技术在青岛的应用。

（一）产能优化：海克斯康智慧产业园

在青岛高新区，海克斯康智慧产业园运用数字孪生技术来优化其园区管理②。通过整合超过40套信息系统和13000多个传感器，该园区实现了全程数字化管理。传感器实时监测园区内各类数据，而数字孪生技术则允许管理者通过虚拟平台对实景进行实时、远程监控和管理。这一技术的应用，确保园区的运维效率提升了30%，同时将能源消耗降低了15%。

（二）技术创新：青岛市光电工程技术研究院

青岛市光电工程技术研究院通过数字孪生三维可视化系统平台项目进行技术的进一步开发和应用，利用这一技术实现了对城市的实时监控，包括智能交通管理和环境监测等。通过运用三维激光点云精细化建模技术，建立了该化工厂的数字孪生技术③。通过实时数据同步，管理者可以远程监控和调控生产线的运作，实现了在温度超标等异常情况下的自动报警和紧急停机，确保了生产过程的安全和效率。

（三）城市管理：青岛城维运营管理有限公司

在青岛中央商务区，数字孪生技术的实例应用体现在一系列创新的解决方案中，特别是在城市停车管理和实时监控方面取得了显著成效。智慧灯杆不仅实现了实时监控与自动提醒的功能，还具备远程和自动化管理能力，通过AI识别系统自动检测非法行为，极大地提升了城市管理的效率。在实现街区视频监控全覆盖的同时，综合信息管理系统的建立进一步优化

---

① 白浩，周长城，袁智勇，等．基于数字孪生的数字电网展望和思考［J］．南方电网技术，2020，14（8）：18－24，40．

② 王亚玲．基于数字丝绸之路构想的西安智慧城市建设路径探析［J］．经济论坛，2017（11）：47－51．

③ 李晓辉．面向智慧城市的物联网基础设施关键技术研究［J］．计算机测量与控制，2017，25（7）：8－11．

了城市的规划和管理。尽管当前的数字孪生系统主要是局域性部署，但已与多个智慧社区和智慧街区实现了数据联动，预示着未来更广泛的整合和拓展。这一系列应用不仅大幅提高了城市管理的效率和精准度，也为构建更智能、便捷和舒适的城市生活环境奠定了基础。

青岛以其不断优化和升级的数字城市应用实践，展示了其在智慧城市建设方面的决心和实力。通过数字孪生技术等先进技术手段的广泛应用，青岛智慧城市的优化成果为市民生活带来了实实在在的便利，同时也为其数字化发展打下了坚实的基础，展现了青岛未来智慧城市的美好愿景。

五、讨论与展望

数字孪生技术在智慧城市优化方面虽然展现了显著潜力，但亦面临不少挑战，兼容性问题和大规模数据处理的安全性和隐私性问题成为主要挑战①。但即便如此，其在实时模拟和分析城市各个环节的优势，成为推动智慧城市发展的重要驱动力。通过数字孪生技术的应用，城市规划者能够更加合理决策，有效改善城市公共空间的质量和服务。

未来智慧城市的发展将更加侧重于综合数据应用、绿色可持续发展和居民广泛参与。大数据和人工智能等先进技术的利用将进一步优化城市资源管理和分配，提升城市智慧水平和居民生活品质。智慧城市的未来也将是环保和可持续的，与此同时，居民的广泛参与将成为推动城市持续健康发展的重要力量。

针对未来的发展，建议加强对数字孪生等相关技术的研发和应用投入，并完善相关政策和标准，以确保这些技术能够安全、有效地应用于智慧城市发展中，政府、企业和学术界的深度合作将进一步推动智慧城市的全面发展②。随着技术的不断发展和应用的不断深化，智慧城市的发展前景将更加广阔，各方应携手共进，推动智慧城市的健康和可持续发展。

---

① 张新耐．多传感器集成的农机智能感知平台设计与开发[D]．北京：中国矿业大学，2017.

② 刘振．基于数据仓库的城市规划决策支持系统研究[D]．郑州：河南大学，2006.

场景化坠入社区：空间语境的情感化传达

李菁琳　龚立君　赵宇耀[1]

随着我国人口老龄化比例持续上升，认知症患病风险也呈上涨趋势。针对认知症老年人等特殊群体的长期照料模式及多方面的需求，市场上涌现出一种新型照料模式，即以认知症老人的需求与认知症病理干预机制为主导，打造满足认知症老人需求的场景化社区环境。从认知症老人的长期照护工作特点出发，明确其长期照护的需求、目标及原则，围绕建筑空间定向性、公共空间可利用性、交通可达性、绿化可视性等，进一步优化认知症老人的养老体系。

本文着眼于如何通过环境设计的干预来提升认知症老人及家人的生活质量并满足其长期照料及多方面需求。本文从认知症老人的长期照料工作特点出发，以观察认知症老人的日常生活为切入点，发掘认知症老人的情感缺失点。通过文献分析等方法对设计学及相关领域进行分析，明确认知症老人的长期照料需求、目标及原则，围绕建筑空间定向性、公共空间可

① 李菁琳，天津美术学院学术型硕士研究生，设计学研三在读；龚立君，天津美术学院环境与建筑艺术学院原副院长；赵宇耀，天津美术学院专业型硕士研究生，现为天津天狮学院教师。

利用性、交通可达性、绿化可视性等，进一步优化养老体系。从空间对应着手，在我国的文化背景和价值体系下开展相关设计作业，在贴合认知症老人情景化街区空间营造的同时，打造满足认知症老人需求的社区环境。在此基础上探讨情景营造介入认知症社区建设的有效路径，通过场景再现去唤醒认知症老人对于特定空间仅有的一点认知，以实现让他们能够部分回归于正常生活的目标，为认知症老人及家庭成员营造有尊严、有关怀、有质量的社区环境，以期实现“可复制性”的认知症专业照护街区，进而提升认知症老人及其家人的生活质量。

一、背景与目的

当下人口老龄化和城市空巢家庭比例的加剧使得养老市场的需求不断增加。我国认知症患者人数已突破千万，约占全球患病人数的20%，平均存活年限为5.9年，且以每年5%～7%的速度继续增加。为应对认知症给社会和家庭带来的各种问题，2019年《国务院关于实施健康中国行动的意见》明确提出健全老年健康服务体系，完善居家和社区养老政策，到2022年和2030年，65岁及以上人群老年期认知患病率增速下降的目标。近年来，认知症老人对养老环境的需求日益增加，我国对于认知症老人的日常照料及护理越来越重视，但在专业的认知症养老空间及设施设备方面尚未形成较为完整的体系。

相较于其他老人，认知症老人对于居住环境及照护条件的要求更加严格，照护难度之大，很多家庭照护者难以承担，亟须专业照护设施的支撑。在紧迫的需求与政策引导下，近年来，我国开始逐步探索家庭模式的场景化认知症照护机构，即以认知症老人的日常生活需求为切入点，在贴合认知症老人场景化街区空间营造的同时，打造满足认知症老人需求的场景化街区环境，运用设计手段构建场景化空间以改善认知症老人的生活环境。

基于此，本文旨在探索并解答如下三个问题：

（1）立足于以研究空间特定形式的变化来应对认知症老人对空间认知的生理和心理需求。

（2）利用空间重塑来维持认知症老人对于亲情间的认知关系。

（3）以认知症老人能够接受的空间形态来刺激他们大脑对特定空间的记忆点，依靠场景再现去唤醒认知症老人的部分记忆。

二、认知症老人场景化街区认知及相关基础研究

（一）概念界定及核心要义

1. 认知症概念界定

认知症（Dementia）又称认知障碍，失智症，是一种获得性、持续性、全面性的脑部疾病症候群，由器质性脑损害导致的不可逆的渐进性认知功能退化和社会生活能力降低。认知症分为阿尔茨海默病、脑血管性认知、路易体认知、额颞叶认知等多种类型，其中阿尔茨海默病的患病人数最多，其临床症状又分为“核心症状”和“附加症状”，认知症的核心症状又有狭义和广义之分。狭义的核心症状是指患者出现的记忆缺失；而广义的核心症状是指患者出现的一系列认知障碍症状，主要包括定向力障碍、判断力障碍、执行功能障碍、命名性失语、失用、失认等。各类核心症状还会诱发各类附加症状。附加症状可分为“心理症状”和“行为症状”。心理症状主要包括抑郁、不安、焦虑、幻觉和妄想等症状；迷路、饮食行为异常、大小便失禁、睡眠障碍、暴力言行、呆滞无反应等相关症状属于行为症状。

2. 场景化街区概念界定

“场景”原指戏剧、电影中的场面，“场景理论”最早由西米提斯教授提出，用于衡量敏感信息合理使用的边界。近年来，随着学科交叉融合，学者们将场景广泛应用于设计学、心理学、社会学等学科领域，各个领域中场景的界定与要素有所不同。“场景化”是互联网时代背景下衍生的一种表现方式，场景化的空间环境设计一方面是为满足使用者的需求，另一方面则是提升环境空间价值。场景化街区可以简单地理解为将传统单一的空间形式转变成创新多元的空间环境。场景化街区关注场景呈现的可记忆点，由点及线，由线到面，关注使用者自身，通过营造沉浸式情景，联结环境

与人的日常行为和需求。

（二）认知症老人场景化街区构成要素

1. 核心要素——认知症老人

认知症老人场景化街区设计是以认知症老人及其需求为核心的，街道空间有三类基本使用属性：一是认知症患者自身；二是负责认知症患者照料的护理人员；三是认知症患者家属。场景化街区空间的完善需在满足三者需求之间达到平衡。关注认知症老人处在场景化街区中所表现出的各种行为活动、情感缺失与心理特征，提出适宜的空间设计策略，使得认知症老人这一主体融入客体场景化街区。实现让他们能够部分回归正常生活目标的同时，也能使其正常地与家人沟通生活。其中需要明确两点：其一，认知症老人生活能力的衰退，主要体现在穿衣、如厕、洗澡等基础功能的退化；其二，认知能力的退化，包括语言表达能力和记忆力的衰退，对于时间、空间及人物的认知错乱或者遗忘。因其病理的不确定性，导致了活动行为、心理状态、情感表达同样呈现出不稳定性，进而对于场景化街区的空间构建来说，需要通过多学科交融对其主体进行全面认知，达成他们积极参与社会活动的良性循环。

2. 关键要素——空间环境、时间界限、主题内涵

从认知症老人场景化街区设计的角度来看，场景化本身就是基于认知症老人需求之上的空间营造方式。

（1）空间环境要素场景化是存在于空间中的，其中认知症街区场景化的构建，主要是通过围绕建筑空间定向性、公共空间可利用性、交通可达性、绿化可视性等，进一步优化认知症老人养老体系。

（2）时间界限要素从对场景的定义可以看出，场景中包含了时间，对于认知症老人而言，找寻在特定时间段实时发生的事件是十分必要的，对场景化街区空间构建的前提，就是通过了解认知症老人的兴趣点，重塑其在特定年代的记忆点，最大程度上挖掘时间界限的价值，依靠记忆再现实现空间场景化。

（3）主题内涵要素一方面是指围绕认知症老人的记忆点所营造的空间形态，另一方面是指通过对认知障碍的空间营造辅助认知症老人进行记忆重现。在满足认知症老人需求的同时，打造有回忆、有特征、有尊严的场景空间，依靠认知症老人与街区场景之间的情感互动体现出场景化的价值。

3. 根本要素——情感导向及精神需求

场景化街区的空间设计受到心理学等学科理念的交叉影响，在空间设计中的应用与体现，目的是为认知症老人提供更深层次的与社会交流的机会，同时以互助情感为导向，依据个人的情感需求分成若干互助小组，促进各组之间的交流互动，以帮助他们维持沟通、行动与记忆力等功能。疗愈性空间的价值体现为情感导向与精神需求提供了有利条件，也是具有辅助疗愈作用的物理环境。该环境中的应用方法有很多，主要有音乐疗愈、舞动疗法、心理剧治疗、绘画疗法、照片治疗、VR 治愈与整合艺术疗愈等，通过多场景教学示范案例，在疗愈环境中增加对认知症老人需求的正面因素，减少负面因素，从而提高认知症老人的身心健康水平。场景化街区良好氛围营造的前提是需要充满活力与凝聚力，良好的社区交往对此场所文化的建立健全具有积极的促进作用。场景化的设计手法也可以呼应街区环境的整体氛围营造，达到街区环境与周边环境的基调统一。

三、认知症老人场景化街区设计原则及情感需求

（一）认知症老人场景化街区基本需求

从理论角度来看，对认知症老人的关注点已经从基本的行为和生理需求逐渐向更深层次的心理状态与情感需求转变。同时，认知症老人作为认知症场景中的核心主体，照护等相关人员作为认知症场景中的参与者，两者与关键场所—空间营造之间的链接十分重要。本文从认知症老人、照护人员与空间环境的多重角度，分别分析他们在认知症场景化街区中的情感需求，本文所涉及的技术路径如图 1 所示。

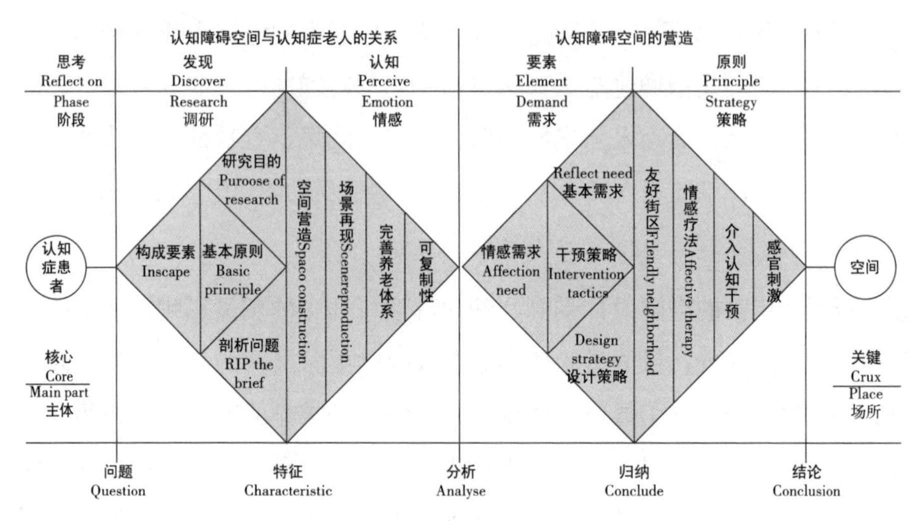

图 1　认知症场景化街区理论结构

资料来源：笔者绘制。

1. 认知症老人的基本需求

（1）认知症老人的生理需求在场景化街区的体现。认知症老人在视力、听力及行动力等方面面临着退化，对公共活动空间的适应力下降，最显著的需求是环境舒适度，由于认知症老人泌尿系统退化，以及老人在对公共活动空间的认知上存在障碍，因此，针对该类生理需求，场景化街区设计中应充分考虑实用性、安全性与可视性。比如，对家具尺度规模的考量，尽可能采用独立的生活居住单元，简化生活环境。公共空间的活动流线尽量简单清晰，环形路线设计能够防止认知症老人因迷路而产生的焦躁心理。

（2）认知症老人的心理需求在场景化街区的体现。认知症老人容易产生负面情绪并出现“BPSD”症状，故街区的场景化是否能给予认知症老人归属感是至关重要的。适宜的环境氛围对认知症老人的情绪有积极的引导作用，能使他们更快速地适应陌生环境，减少陌生环境对认知症老人心理所造成的负面影响。认知症老人部分记忆的缺失导致他们缺乏时间感，因此，针对该类心理需求，场景化街区设计中应充分考虑到归属感与时间感。为减轻认知症老人对于陌生环境所产生的排斥感与不安感，尽可能营造出其熟悉的生活氛围，在对其生活房间的布置上，突出使用者的个性化与差异化，通过熟悉物品、照片的放置及空间格局的改造去唤醒认知症老人的部分回忆。

2. 照护人员日常工作内容及情感需求

认知症照护人员的工作内容主要分为两个主体，首先是常规护理，照料认知症老人的基本日常生活；其次是关注认知症老人的心理健康并进行正确引导。后者多由照护人员的主观因素决定。在与认知症老人的交流中，多由照护人员进行对话内容引导。在日常生活中，照护人员也需随时陪伴老人们活动与如厕，所以通过空间的排列提高照护人员的工作效率是重点所在。

相较于普通照护模式，认知症老人的照护需要更紧密的关注和陪伴，对照护人员的身心素质都有更为严格的要求。例如，认知症老人认知障碍导致的对陌生环境与人的排斥心理，无形中也会加重其照护人员的心理负担。因此，改善照护人员的工作环境，考虑其心理及情感的需求十分重要。

（二）场景化街区设计策略

认知症老人场景化街区的使用和建设，核心是认知症老人的需求。随着社会和家庭结构的变化，老年人晚年生活的平衡状态也发生了转变，对于有养老需求的老年人来说，家庭不是唯一的选项。但是对于认知症老人及其家庭来说，一方面，普通养老照护机构不愿接收认知症老人；另一方面，相较于其他照护方式，居家照护更能满足认知症老人的精神需要，也更符合中国的传统道德习俗，因此认知症老人的家属会更倾向于选择居家照护。但是仅仅依靠家庭力量照顾认知症老人是远远不够的，需要通过社会、市场等力量助力认知症老人的长期照料。探讨如何通过了解认知症老人生理和心理诉求的关系以改变空间形态，从而弥补现有研究的不足。

场景化街区设计策略可以围绕可识别性、可达性、安全性、舒适性、活动性、场景化再现、感官刺激性、可持续性八个方面来考虑。①可识别性：针对场地现状在出入口植入显眼的图形标识和视觉导识系统，使用廊架、花园、水景等作为地标将环境空间设置在容易被认知症老人识别的场所；②可达性：在认知症老人熟悉的场景有链接的视觉通路上设置宽敞和缓坡的人行道，方便坐轮椅的认知症老人进出，并提供尽可能多的自然活动使他们多与自然接触；③安全性：在老人活动区域内，放置圆角及柔软的家具避免活动过程中的磕碰；④舒适性：依据四季变化分别提供温度适宜的生活场所，并在出入口处设置遮阳棚，帮助认知症老人在进出房间时进行视觉缓冲；⑤活动性：在活动区域放置公共艺术品以增强互动性，组织各类休闲娱乐活动；⑥场景化再现：在生活空间内放置可以唤起记忆点的生活元素，为认知症老人进行场景化再现；⑦感官刺激性：在空间中使用不同的感官元素，如声音、色彩、触感和气味 ；⑧可持续性：种植与当地气候相适应的低维护本地植物，组织废物再利用活动。并从设计目标、环境优化，以及场景营造三大板块完善设计策略：一是针对场地现状，提出适宜的设计目标，明确场景化主题及发展方向。二是以认知症老人为主体，以环境优化为主导，分别围绕建筑空间定向性、公共空间可利用性、交通可达性、绿化可视性等方面提出优化策略。三是以场景化概念为指导，以氛围营造为原则，丰富认知症老人对于公共活动空间的需求，促进公共空间向日常生活场景的转变，共同构建认知症老人场景化生活街区。

（三）场景化街区设计原则

1. 系统化整合空间界面

场景化街区区别于普通街区，其使用主体的需求以及对认知症病理的干预机制为场景化街区的空间营造进行内容填充。认知症老人在公共空间的活动内容主要分为三大类：个体日常活动、集体活动和其他活动。在公共活动空间面积固定的情况下，首要考虑的应是空间使用的适宜尺度及有效设施的引导，公共空间是否能进行自主性的集体活动，如手工、做操、唱歌等活动需要相对封闭的空间。因此家具的实用性与灵活性十分重要，比如采用可组装的桌椅，方便照护人员进行移动摆放。北京的“记忆健康360 项目”就是为提高认知症老人的生活能力所发展的一个项目，方法在于为每一位认知症老人提供60 分钟的基础培训，并非系统地改变社区制度。

成立于2012年的南京爱德仁谷颐养院，很早就发现了认知症老人在病症初期处于长期被忽略的状态，直到老人开始出现生活不能自理、语言能力减弱、活动功能退化、情感表达缺失等情况时，才被家人们关注到并给予相应的治疗。该颐养院不仅关注入住的认知症老人，甚至关注其家庭成员，除了基础环境设施的构建，还培养了一支以医生、护士、照护人员、康复师为主的跨专业团队。此外，对于活动区块的划分也十分明确，分别是早期倡导、中期服务与服务并举等三个阶段。

2. 具象化呈现空间引导

除了对空间整体的设计外，细节的把控更能体现设计的人性化。首先，对于认知症老年人而言，其认知感、方向感等能力相较普通老年人更弱，在陌生环境下会存在方向感缺失问题，因此，简明的空间引导系统可以针对上述问题帮助优化其在陌生环境中的融入感，提升空间使用的安全性，且无时无刻不启发着认知症老人的回忆，是体现街区场景化的关键。其次，照明设施也能在一定程度上体现出对空间的引导作用，在照明设施的选择上，柔和的光源可以减少对认知症老人瞳孔的刺激。光线色调需还原物体的原色，帮助老人辨别物品。夜间照明也是必不可少的，非直射光源可以减少光污染带来的负面影响。

3. 模块化介入空间情景

认知症场景化街区空间的构建不仅体现在社会对于认知症老人及其家庭的尊重和理解上，还包括在生活居住、日常出行等设施的友好化上，通过物理空间的认知症友好化鼓励认知症老人发挥剩余的基础功能，帮助其更好地自主生活。空间情景化置于公共活动空间内，公共活动空间是指可供认知症老人和照护人员进行娱乐活动的公共空间。认知症场景化街区所拥有的空间资源有限，尽管如此，其中的公共空间依然采用模块化的组合模式，每个模块分别设置凸显不同主题内容的活动，由此强调各个街区板块的功能性，也适当减少认知症家庭在外出时遇到的不便，以促进认知症老人积极参与社会活动的良性循环，并通过制造场景去唤醒他们的部分认知，以空间营造让认知症老人部分回归正常生活，在一定程度上减轻认知症老人居家照护的负担，提升认知症老人的生活质量。

另外，认知症老人的个体生活空间没有做模块化处理，而是充分利用认知症老人的生活背景再现“家”的亲切感与熟悉感，了解认知症老人的情感缺失点，依靠对认知症老人的部分记忆打造专属的场景化空间，以专属空间的塑造对症下药去造福每一位认知症老人。

四、针对认知症老人场景化街区的情感干预策略

（一）认知症老人场景化街区情感疗法

“情感疗法”不同于心理疗法，也不同于临床各种疗法。所谓“情感疗法”，就是让认知症老人处于熟悉感的环境中，由医护人员向患者表达真挚的关怀与沟通行动，使认知症老人对这一环境感到熟悉，由此依靠环境氛围的营造寻回认知症老人的部分记忆进而提升治疗效果。早在20世纪60年代西方医疗成效的统计结果表明，真正可以被医学治愈的疾病可能不到8%，大部分疾病皆属于自我疗愈，而通过空间场景营造改善精神引导因素治愈的比例也远大于医学治疗，尽管医学水平提升和医疗设备更新，现代医学治疗的能力还是不能与患者的自我疗愈能力相比较。

（二）认知症老人场景化街区友好社区构建

认知症友好社区这个概念并没有统一的定义。尽管定义不同，但都是以建立一个对认知症老人和家人有回忆、有特征、有尊严的场景空间为主旨；以认知症老人的需求为中心，完善正式照料力量和非正式照料力量构建的照料体系和相关服务设施，以改善物理空间环境为核心。位于美国密歇根州西部的Calhoun郡（地级市）是一个小城市，该地区老年服务中心是美国老年社会服务体系“国家、州和地区”三级服务体系里最基层的一级。战溪的认知症友好社区由他们的老年服务中心进行召集和推广，从2015开始，这个社区便开始在Calhoun郡推广认知友好社区。其核心理念有三个部分：首先，了解认知症病理及提高社区对认知症的科学认知；其次，助推各个照护服务体系之间的协调合作，促进照护路径的系统化；最后，通过

对空间的营造手段，让认知症老年人能够部分回归社会。该社区还通过和大学、科研机构进行研究项目合作来推动社区照护体系的发展。这些项目不仅会直接帮助到参与者，也有可能被地方认知症服务体系纳入日常服务范围，以造福更多人群。

认知症老人场景化街区构建是以认知症老人为中心，以改善其他人群、组织、环境为辅的构建框架。基于在居住和交通方面给予认知症老人及其家人以便利，提出以下三个阶段的构建框架：第一阶段：综合评估认知症老人的需求与现存服务方面的缺失，总结场景化街区具有的优势。第二阶段：对评估数据进行分析，拟定场景化街区打造的重点方向与行动方案。第三阶段：方案践行且对现状进行评估。

五、结语

综上所述，我国认知症患者的数量正呈现逐年递增的趋势，现阶段我国针对认知症老人的生活质量提升与照护模式的探索仍处在快速发展阶段。结合现状，为了尽可能实现认知症老人部分回归正常生活的愿望，针对认知症老人场景化街区的设计策略由“基础性”向“需求性”转变，依靠街区的场景化这一核心理念去唤醒认知症老人对特定空间仅有的一点认知。通过场景再现满足认知症老人需求的社区空间概念，以认知症老人为主体，整合景观设计、室内设计、环境心理学等多种设计理念，改善认知症老人的照料环境。同时，为认知症老人及其家庭成员营造有回忆、有特征、有尊严、有活力的场景空间，以期打造“可复制性”的认知症场景化专业照护街区。

参考文献

[1]金晓. 养老机构建筑环境对认知症老人生活质量影响的研究[D]. 北京:北京大学,2022.

[2]龙承春,张霞. 健康中国战略下康养产业养老护理人才胜任力模型构建[J]. 四川轻化工大学学报(社会科学版),2021,36(1):10－20.

[3]张琛,屈恬旭,陈瑶. 基于认知症老人行为特征的养老设施生活空间环境设计探究[J]. 中国医院建筑与装备,2021,22(1):122-124.

[4]田香兰. 日本应对认知症政策及照护体系研究[J]. 日本问题研究,2020,34(2):33-40.

[5]陈亚伟. 认知症老人居家照料的支持性政策分析[D]. 上海:华东理工大学,2021.

[6]雷静雯. 认知症长期照料设施生活空间设计研究[D]. 南京:南京东南大学,2020.

[7]高宇泽. 复古也现代:情感疗法[J]. 当代医学,2004(11):45.

[8]曲翠萃,陈珂臻. 认知友好社区景观环境研究探索[J]. 景观设计,2022(5):46-51.

[9]胡莹,郑玥. 认知症老年人友好型住区公共空间设计初探[J]. 华中建筑,2022,40(1):75-79.

[10]王成玉,梁雯爽,张丽萱,等. 社会工作视角下"以人为本"的认知症友好社区建设:实践经验与路径探析[J]. 黑龙江人力资源和社会保障,2021(13):18-20.

[11]雷静雯,张彧,张嵩."日常活动视角"下认知症老人长照设施空间设计初探:以南京市某机构养老设施为例[J]. 江苏建筑,2019(S1):53-57,60.

[12]孙飞,仲鑫,李霞. 认知症友好社区的建设和发展:中美社区案例的比较分析[J]. 中国护理管理,2019,19(9):1295-1301.

[13]张琛,屈恬旭,陈瑶. 基于认知症老人行为特征的养老设施生活空间环境设计探究[J]. 中国医院建筑与装备,2021,22(1):122-124.

[14]苏昕元. 认知症照护专区公共活动单元天然光环境设计研究[D]. 哈尔滨:哈尔滨工业大学,2020.

[15]张核馨. 加强老年人尊严维护:谈认知症的认知与老年人照护[J]. 才智,2019(20):232.

冲突与共赢：智慧城市与适老化设计

骆玉平　谢云霄[①]

随着中国城市建设新时代的到来，多个城市围绕智慧城市建设和数字化转型做出部署，以数据的内层算法为“力”驱动城市快速运转，数字技术使城市建设进入智能化时代，在2023年的城市建设任务当中，数字经济发展和智慧城市建设成为多地的重点工作。在建设智慧城市的同时，中国也进入了急速老龄化阶段，老年群体是否能适应智慧城市的一系列改变，是一个值得关注的问题。当前的适老化设计能否帮助老人适应智慧城市时代的生活，智慧城市的建设速度是否合理。这些问题要在智慧城市建设政策实施的大背景下结合适老化设计的发展现状去具体分析，适老化设计和智慧城市之间存在的冲突，是新的时代发展背景下不可忽视的问题。

这个时代，越来越多的人开始迁移至城市，随着信息技术的发展，城市建设开启了智慧城市时代。智慧城市建设提供了一个新的数据共享平台，能够充分利用所收集的信息，制定针对性的政策，从而更加高效化处理问

① 骆玉平，四川美术学院教授、硕士生导师、重庆市美学学会理事；谢云霄，四川美术学院硕士生，中华美学学会成员。

题。但是城市中的老年群体学习能力较弱，对智慧城市建设过程中产生的新事物接受程度不高，无法很好地适应智慧城市的建设过程。当前的智慧城市建设实际更多是以建立大数据平台为建设手段，进行数据共享，对老年群体的需求方面考虑较少。所以当前需要去考虑适老化设计在智慧城市建设和老年群体之间扮演什么样的角色，适老化设计对智慧城市的进程有一定影响，城市建设者需要在智慧城市建设的过程中考虑适老化设计的应用问题。

一、智慧城市建设中适老化设计的现状

（一）智慧城市和适老化设计的概念

智慧城市是通过对现代社会信息技术以及相关创新技术的集成，对整体城市规划布局进行合理分配，并在考虑到城市生态因素的前提下去建设的城市。智慧城市构建需要建立能够有效联结的城市数据平台，城市能够成为数据化的多元有机体。智慧城市在实现经济快速发展的同时，贯彻了可持续的发展理念。

智慧城市这一理念由 IBM 在 2008 年提出，智慧城市的内涵核心就是通过对新的物联网、云计算的信息技术进行集成，对政府部门、社会上人与人交往的方式、企业运营的模式等，也包括对公共安全、民生就业等城市中大大小小事务做出快速智能的响应，能够大幅度提高城市运作的效率，从而使城市居民的生活更加美好。智慧城市概念的提出，促进了经济危机之后各个城市的转型，物联网产业也开始飞速发展起来。

适老化设计是通过对老年人的生理需求和心理需求进行调研和合理分析，并通过设计手段使老年人能够实现自主生活的目标，提高其生活质量，从而减少由于社会老龄化现象严重而带来的一系列的社会问题和社会矛盾。适老化设计秉持着以老年人为本的设计理念，设计师需要从老年人的视角出发分析老年人的需求，从而进行设计。适老化设计能够引导社会健康老龄化、积极老龄化，并能够满足老年人对生活、医疗、娱乐等方面的需求。

（二）智慧城市中的适老化设计

全国老龄工作委员会最新发布的数据显示，2022—2035 年，中国将进入急速老龄化阶段，老年人口将从 2.12 亿增加到 4.18 亿，占比 29%。所以从在全国的人口占比看，老年人在智慧城市建设阶段的需求不容忽视，现在的智慧城市建设过程中，许多新技术的产生，大大改变了以往的生活方式，已经使老年人和当今社会产生了巨大的“数字鸿沟”，是适老化设计在智慧城市建设当中推行的巨大障碍。

现在主流的养老模式主要分为四类，分别是居家养老、社区养老、机构养老、社会福利养老。居家养老大多需要家庭成员照顾，请护工成本十分高昂且许多家庭无法负担，社会上老人的子女大部分需要外出上班，故无法将大量的时间投入到老人的身上；机构养老的成本较为高昂，2023 年上海市杨浦区和禾和养老院价格为 5000 ~ 8000 元/月，重庆方英医院老年养护中心价格为 2000 ~ 6000 元，价格区间根据老人的自理程度、个人需求、房间配置等因素来具体确定；社会福利养老主要由国家或者公益组织实施免费或低价的照顾，带有救助性质，名额较少，不具备普遍性。

所以从经济发展和可实施的角度来看，社区养老模式会更加适合现在的社会现状，所以在智慧城市建设当中对社区进行适老化设计改造是非常具有战略意义的，并且社区养老模式也是我国主流的养老模式，对于老人来说也更加容易适应。2000 年我国才正式进入老龄化社会阶段，所以对社区当中的适老化改造尚未成熟，相关适老化设计处于发展阶段。

在老龄化进入高速发展阶段的今天，同时也是智慧城市建设的关键时期，适老化设计是一种能够使老年全体融入智慧城市建设的方式，智慧城市建设的核心要点之一就是使全体城市居民能够通过大数据整合串联起来，在老年群体占比越来越高的今天，智慧城市建设需要考虑到老年群体的适应问题并想好对策，适老化设计显然是目前较能使老年人群体融入智慧城市的一种设计手段。

二、适老化设计与智慧城市的冲突

由前面的论证我们得出了一个结论：目前中国更加适合社区养老的养老模式。适老化设计对社区的改造已经开始，不过仍处于初期的摸索阶段，并且适老化设计在智慧城市社区中的推广存在冲突。

（一）社区居住预留改造空间小

由于现在大部分社区在建设初期并未考虑到适老化的尺度问题，所以后期如果想要对现有的社区住宅进行适老化改造是有一定难度的，如在进行社区空间改造时，需要增设一些无障碍设施等。其中适老化设计如何在社区空间内去匹配老年人的身体情况是值得关注的问题，比如目前老旧社区卫生间当中的大部分都未曾做到干湿分离，并且其空间很小，加装扶手、轮椅固定器等必要的独居老年人日常生活需要的装置没有空间，老年人平时生活的危险性有所增加。

（二）未对老年群体进行分类设计

同济大学对城市老年人住房选择及住房发展的研究显示，根据老年人行动能力的不同，可分为四个阶段，第一阶段，可以正常行走，有着基本和常人一致的健康水平；第二阶段，行动有所不便，但基本可以正常行走，步行不需要依赖辅助器械；第三阶段，步行时需要使用轮椅；第四阶段，老人因卧床需要获得一定程度的照顾。

也就是说，适老化设计要针对不同年龄段的老人来提供针对性的服务，比如说对于能够自理的老年人，他们能够外出活动，所以需要对社区内的公共场所进行适老化设计。设计师需要调研老年人平时的娱乐活动和需求的场地以进行社区的适老化改建，改造目前社区的社交场所以满足老年人平时的社交需求。

失去自理能力的老人更多是需要对家庭住宅进行适老化改造，比如给浴室空间加装扶手、家具多改用圆角，增设如带助起装置的换鞋凳并且其尺寸应根据老人本身的情况定制。失去自理能力的老人多数需要儿女或者其他人的照顾，家中空间要预留轮椅位置，并且有条件的可以设置轮椅轨道方便老人平时自主移动或者在其他人帮助下移动。

（三）未解决老年群体的精神需求

老年人的老化进程，不只是生理老化，也存在心理老化。根据研究，退休初期老年人因为刚退休且自理能力程度较好，所以拥有一个良好的心理状态，之后随着自理能力的减弱和自身孤独感的增强，心理负担开始加重，并开始比之前更加脆弱。

由于进入老年时期后开始和社会脱节，产生对于社会的陌生感，在之后的生活当中变得较难融入社会，老年群体作为城市的一个大群体，智能城市建设的数据共享环节是离不开老年人的数据的，智慧城市建设通过各种手段收集老年人的大数据并加以分析，从而分析老年人群体的心理需求，相关部门有针对性地给出措施，比如增设老年人活动中心等，以满足现代老人对于社交活动的需求。

老年人除了社交的需求，退休后大多数老年人会将自己的生活重心转向家庭方面，传统的家庭活动使得许多老人增加了与孩童接触的机会，此时儿童的心理需求一部分也会转移到老年人的身上。另外，由于当今社会独生子女较多，社会就业竞争压力大，这些因素都导致“空巢老人”的数量急剧增多，老年群体的心理需求需要满足。这部分的适老化设计可以考虑从室内装潢的风格开始着手，多采用暖色调，去除繁杂的装饰，以简单明快为主要的装修风格，从而在一定程度上减轻老年人的焦虑。并通过社区工作人员的数据收集，在智慧城市建立的大数据平台上分析后，根据社区养老的陪伴功能来定制相关的政策和服务，从而消除“空巢老人”的现象，例如对于某一社区具体的老年人数量进行数据库的实时更新，虽然目前对老年人群体的细分并不完整，但通过智慧城市所构建的数据平台对数据的整合，使得相关部门能够采用有针对性的方法去处理相关问题。

（四）适老化设计的在地性问题

我国现有社区内的适老化设计大多数是普适化的，并且很少能对老年人群体进行细分，之所以未能进行细分主要是因为我国的适老化研究相较于西方来说起步比较晚，实际上这种分类工作在智慧城市的大数据时代是非常容易实现的。

尤其是我国地域辽阔，每个地方的风俗与生活习惯都有所不同，在多个城市都已经开始智慧城市建设的今天，也并没有哪一套方案可以适合所有的城市，在强调人文情怀的当下，对于老年人群体如何融入智慧城市应该提出更加有针对性的对策，比如重庆市的社区养老就应该强调老年群体的出行问题，以及天气潮湿对老年人身体健康的影响等问题。国际上对适合老年人居住的城市已经有了定义。2005 年，世界卫生组织首次提出“老年友好型城市”的概念，并于 2007 年颁布指导老年友好型城市建设纲领性文件——《全球老年友好城市建设指南》。其中对于老年友好型城市有着非常清晰的定义和规定，减少对于老龄化的消极看法，人们在老龄化过程中，通常会有许多生活上的障碍，既有物质上的，也有心理上的，在社会层面上要提高老年人的社会参与感，提升其生活质量，老年人的自我价值不应该因为步入老年而得不到实现。每个智慧城市的建设当中都需要根据当地的具体情况进行一定的修改，比如每个城市的劳动力人口的流失程度、经济发展状况等因素都会对这座城市的老龄化结构分布造成一定程度的影响。

三、适老化设计与智慧城市如何实现共赢

（一）如何在智慧城市建设的过程中考虑适老化设计

首先要从老年人对智慧城市建设当中产生的新事物的学习情况入手，大部分老年人对于新事物的学习能力不强，可以分为思想上不能接受和能力上不能适应两种。

对于思想上有较多抵触情绪的老年人：其一，可以由社区做心理建设、心理疏导，对于智慧城市的便捷性和对于其生活的实用性进行宣传，对老年人做思想工作，要情理结合、细致耐心。其二，子女对于老年人有一定的引导其进入新时代的义务。但是老年人通常会有一定的抵触情绪，这是

十分正常的，只能长时间去加以正确地引导。其三，适老化设计可以保留一部分原有的造型或者合理的功能，以便于建立一定的情感基础，降低抵触情绪，从而提高老年人的学习意愿。

对于能力上不适应新事物的老年人，社区可以定期举办相关人员的免费培训，建立相关的培训体系，在心理和行动上帮助这些老年人。对于一些日常生活中常使用的 App，比如智能出行、电子医保，进行适老化设计便于老年人学习，使其在新时代的智能化城市建设中便利地生活并且确保自身的权利得到保障。

（二）智慧城市建设中适老化设计的具体案例

智慧城市所构建的大数据平台对老年人群体乃至个体的健康情况都能进行迅速、较为准确的监管，比如家庭层面，智慧城市所构建的数据平台可以建立起智能家居系统，通过智能影像采集、红外线探测等手段对老年人室内的实时情况进行记录，通过数据反馈能够判断老年人此时的身体状况，当需要的时候能够及时汇报给相关人员以便处理紧急情况，这能够大大节省社区养老模式的人力成本，并且使整个城市的养老模式以智能化的方式建立起监管体系。

如今在智能城市建设中推出了许多智能养老产品，它们也都是适老化设计的一部分，比如智能穿戴设备、智能药箱的联动能够更好地去照顾老年人，智能手环通过对老人血压、心率等数据的记录，来监督老人一天的身体变化，并将其输出为可视化的产物从而提高效率。智能药箱能记录老人需要服用的药物，并且能够自动提醒老人定时服药并把控好每种药的剂量。

（三）针对如今遇到的问题如何进行改进

首先，智慧城市使用的智能化产品大多数是依托于智能手机 App 来进行操作，对于老年人来说并不友好，实现多功能的产品操作难度会进一步加大，如何将智能化产品进行适老化改造，以简化操作并降低操作难度，这是需要思考的问题。对于老年人来说，需要拓宽获取信息的渠道，适老化设计要让老年人也能在智慧城市的生活之中获得便捷信息，消除数字鸿沟和信息差，如今许多信息都在智能手机 App 上发布，一些政务信息、生活信息都在网络平台发布，实际上现在许多 App 并没有适老化设计，所以老人在使用的时候可能接收有害信息，容易上当受骗或者根本没有完成自己的诉求，导致自己的权益被侵犯。

其次，需要之后的社区建设预留适老化改造的空间，防止因空间不足导致适老化措施无法落地。并且对目前老旧小区难以进行适老改造的问题要尽量解决，老旧小区本身存在年代久，各种装置老化不方便操作，所以改造工程很难取得有效进展，需要通过对小区空间的合理再规划，以达到更适合老年人居住的效果。

最后，目前，较少有人去关注养老市场，所以很少有开发商采取针对社区养老的开发举措，需要有关部门加大宣传力度并且制定相应措施以改善这种情况。

四、适老化设计应用于智慧城市的意义

（一）形成新的经济增长点

随着人口老龄化的加速，老年人规模的壮大也使这部分群体的消费力增强，成为智慧城市发展过程中不可或缺的推动力，“银发经济”的规模已经逐渐扩大，根据中国老龄科学研究中心的《中国老龄产业发展报告（2021—2022）》，2050 年中国老年人口消费潜力或将达到 40.7 万亿元，占 GDP 的比重攀升至 12.2%，有望形成发展新的经济增长点。而复旦大学老龄研究院银发经济课题组预测，在人均消费水平中等增长速度背景下，2050 年我国银发经济规模将达到 49.9 万亿元，占总消费比重的 35.1%，占 GDP 比重的 12.5%。

在老年群体中，低龄老年人其自由时间较多，所以可消费时间实际也较多，并且处于这个阶段的老年人由于自理能力较强，对社交、娱乐、学习、旅游等方面的需求不弱于年轻人，对于这一部分老年人可以提供适老

化设计促进消费，并引导他们融入智慧城市。对于生活不能自理的老年人，更加需要智能化的养老服务进行照护。有需求就会产生市场，应增大银发经济在未来经济结构中的占比。

（二）缓解城市社会结构不稳

政府部门应坚持问题导向，并建立健全社会保障体系，以适老化设计解决老年人在智慧城市生活中各方面的需求，在城市规划当中融入“老年人友好型社区”的概念，设置对于老年人而言更加便捷的公共设施。

要解决社会问题，就要更加关注老年人的切身利益，只有保障老年人的切身利益，才可能真正让这个群体融入智能城市，适老化设计解决老年人在智慧城市建设当中遇到的问题的同时，也体现了社会主义核心价值观，这是符合主流的价值趋势的做法，中国特色社会主义强调一切为了人民，老年群体也是人民的一部分，提高他们的幸福感，争取这个群体的利益是具有社会意义的。

解决社会问题是一个城市发展的目标，同时也是一个城市规划与治理走向成熟的开端，而健康的社会环境也是一个城市能够永续发展的必要因素。

（三）彰显城市人文情怀

过快的智能化城市建设会给适老化设计带来冲击，同时也要求适老化设计做出相应的调整，而智能化城市建设本身也不要只考虑老年人，其他弱势群体也需要丰富的社会生活体验，来提升他们在智慧城市中生活的幸福感，这体现了社会主义对于全体人民的人文主义关怀。

适老化设计通过对老年人目前生活上的痛点进行分析，引导老年人更好地使用智慧城市的设施，起到一个搭建桥梁的作用，这能够鼓励老年人继续参加社会上的经济、文化活动。很多老年人因为与社会脱节、产生代沟而不愿意靠近社会，适老化设计能够让老年人以一种更加轻松的方式重新进入社会，智慧城市是一个包容的概念，适老化设计能够创造更加轻松和谐的社会环境，以便促进老年人的身心健康，不断增进民生福祉。

五、结语

智慧城市建设引入适老化设计是必然的，是不可或缺的，它们之间存在冲突，也存在共赢。在智慧城市应用适老化设计的过程中，存在各种各样的冲突，适老化设计在智慧城市中落地环境较少、发展空间较小等，但是适老化设计通过对老年人目前生活中面临问题的分析，引导老年人步入智慧城市同步高效的生活轨道上来，创立一个平等的城市环境，这是与智慧城市共赢的体现。

智慧城市的发展促进了适老化设计的改革与进步。在智慧城市的理念下，人人参与城市管理，老年人也是不可或缺的一部分，对于老年人的数据共享需求能够通过相对应的适老化设计来实现，智慧城市是一个多元化的有机体，智慧城市拥有更加现代化的城市治理体系，新的城市建设理念和设计手段能共同使这个社会高质量发展，并实现人民更高水平层次生活的愿望。

参考文献

[1]史蒂芬·戈德史密斯，苏珊·克劳福德．数据驱动的智能城市[M]．车品觉，译．杭州：浙江人民出版社，2012.

[2]肖汀，周庆山，刘惠．让适老化设计更“走心”：政务服务 App 老年用户体验形成机理与优化[J]．图书馆论坛，2023(4)：1－9.

[3]万伟．浅谈住宅建筑适老化设计[J]．建材与装饰，2018(52)：74.

[4]施丽娜，姚翔，汪端文．基于用户体验的城市公寓室内空间适老化设计研究[J]．设计与案例，2022(6)：93－96.

[5]许明．基于老旧小区改造适老化设计实证研究与思考[J]．内江科技，2022(4)：83，136－138.

[6]汪笑乐．关于老年公寓室内空间适老化设计的思考[J]．中国建筑装饰装修，2021(6)：98－99.

[7]窦金花,覃京燕. 智慧健康养老产品适老化设计与老年用户研究方法[J]. 包装工程,2021(6):62－68.

[8]亚细波,杨再高. 智慧城市理念与未来城市发展[J]. 城市管理,2010(11):40,56－60.

[9]孔琳. 适老化设计[D]. 北京:中央美术学院,2014.

[10]伯婷. 智慧城市下现代城市规划设计发展方向[J]. 智能城市,2021,7(190):105－106.

水文化与都市主义：探索城市水文化的传承和发展

唐雨语　刘　圻　曾　劲[1]

一、引言

随着新时期治水思路的要求不断提高和完善，滨水空间成为城市生态发展的重要组成部分，因此滨水空间设计需要充分考虑水文化的传承与创新。水文化是人水关系形成的特定内涵，在保证社会经济发展的同时，也为新时期探索治水思路和方法提供了新的动力。本文旨在通过探索城市水文化的传承和发展，以推动水利事业向更快更好的方向发展。通过推进水文化建设，讲好中国水故事，不仅可以延续历史文脉，弘扬中华文明，坚定文化自信，还能为实现中华民族伟大复兴的中国梦凝聚精神力量[2]，具有重大而深远的意义。

---

① 唐雨语，刘圻，曾劲，中水珠江规划勘测设计有限公司景观设计工程师，研究方向为涉水规划、水生态景观设计。

② 水利部召开水文化工作推进会[J]. 水利经济，2023，41(3)：77.

二、水文化内涵与建设思路

（一）水文化内涵

水文化是人类历史中重要的组成元素，它与人类社会的发展密切相关。然而，我国对水文化的研究还不足，其保护传承和现代弘扬也未得到足够的重视。水文化对经济社会发展具有重要作用，影响各行业和自然环境。因此，加强水文化建设势在必行。水文化包括物质、精神和制度三个层面，涵盖了水工程、水景观、水艺术、水法规等多个方面[①]。深入挖掘和传承水文化对于水资源有效管理和保护至关重要，也是延续国家文脉、增强文化自信的重要途径。

水文化是城市高质量发展的优势所在，传承和弘扬具有深厚底蕴的水文化可以推动城市全面发展。在水文化建设中，应打造风格鲜明、文化内涵丰富的水文化工程，使之成为城市发展的力量源泉和人民的精神支持[②]。作为生态城市建设的重要组成部分，水文化不仅提升城市魅力，还满足人民群众的精神文化需求。通过多彩的水文化景观，并将时代精神和社会主义核心价值观融入水景观营造，使水文化发挥更高的社会价值，丰富人民群众的文化获得感。

（二）水文化发展现状

我国城市的滨水环境现状具有一定的优势和缺点。优势在于深厚的水文化和历史传统，与中国文明密切相关，水在传统哲学中扮演重要角色，并渗透到诗词、音乐和绘画等文化传承中[③]。同时，城市空间、建筑语汇和风俗习惯赋予了滨水区域独特的风貌与特色。

缺点如下：首先，缺乏专门的基础研究，导致规划设计流于就事论事；

---

① 陈杰．水文化建设研究初探[J]．城市规划,2003(9):84－86.

② 周永健．滨水城市的水文化规划建设[J]．人民珠江,2003(S1):16－17,48.

③ 缪建雄,鲍虎章．城市水文化建设的思考[J]．农业科技与信息,2020(9):107－108.

缺乏整体统一规划思想而盲目开发，忽视城市的历史与现实环境[①]。其次，在历次城市改扩建中，忽视古井、古桥以及历史水利设施等的重要性，导致它们逐渐消失并被边缘化[②]。水文化缺乏长远规划，阻碍了其发展，我们需要挖掘和弘扬水文化内涵，实现现代水文化题材和产品的可持续发展。

因此，恢复具有水文化特色的城市格局、传承和保护水文化空间是一个重要课题。未来，应加强水文化的研究与建设，注重其长远规划并挖掘其内涵，以实现城市滨水空间的可持续发展。

（三）水文化建设的重要性

城市水文化建设在当今城市发展中具有重要的战略意义。城市作为人类生活的重要载体，需要综合考虑自然生态和文化人文因素，以打造更加宜居、宜业、宜游的环境。水文化建设在这一背景下显得至关重要。

第一，水文化建设有助于传承和弘扬文化遗产。水一直以来在文化中扮演着重要的角色，它承载着城市居民的文化记忆和情感。通过保护和传承水文化，城市可以弘扬优秀传统文化价值观念。水文化建设包括文化节庆、公共艺术设施、历史遗迹保护等，以保留和传承城市的文化遗产，提高居民的文化认同感。

第二，水文化建设有助于改善城市居民的生活质量。滨水区域是指城市中与水紧密相连的重要场所，也是城市发展的重要资源。通过水文化建设，可以提升滨水空间的文化内涵和吸引力，吸引更多的市民及游客来到滨水区域进行休闲、娱乐和文化活动。这不仅能够改善人们的生活质量，也能够促进滨水区域的经济发展和社会进步。

（四）水文化建设思路

1. 水文化保护

水利遗产普查是保护水文化的重要手段，通过对当地历史遗迹、古桥、

---

① 范源萌，冯嘉旋．东莞市海绵城市建设之水文化建设探讨[J]．环境与发展，2018，30(12)：198－199.

② 李俊奇，吴婷．基于水文化传承的湖州市海绵城市建设规划探讨[J]．规划师，2018，34(4)：63－68.

古井、古塘等工程类遗产以及治水碑刻、治水人物、治水事迹等非工程类遗产进行调查和收集①，可以有效实现水文化的传承与创新（见图1）。

图1　广州阅江路滨水空间珠江水文化科普景墙

资料来源：笔者拍摄。

2. 水文化溯源

为更深入地研究滨水空间设计中的水文化传承与创新，我们可以通过收集整理与当地相关的古籍典籍、水利历史档案等资料，以追溯河流演变的历程和水文明的起源。这些资料将有助于确定重要的时间节点和历史事件，可以编纂成书，形成当地独特的文化溯源成果。此外，还可以适时展开对河流故道线路遗址和遗迹的前期调查，探索传统水利科学技术的价值和应用。这样的调查工作将有助于挖掘更多水文化的内涵，为公共空间的设计提供丰富的文化元素和灵感。

3. 水文化传承与弘扬

根据当地文化特色来推进符合需求的项目，其中可以重点突出历史文化底蕴和涉水天然生态文化。设计过程中应充分了解当地的文化特点，包括历史遗产、传统艺术和民俗习惯等。通过结合这些文化元素，可以在滨水空间中融入具有独特魅力的设计要素，以展现历史文化的丰富内涵。

---

① 回晓莹，韩璞璞，陈民．水文化建设思路研究[M]//董力．贯彻新发展理念全面提升水利基础保障作用论文集．武汉：长江出版社，2022：60－65.

三、都市主义与都市滨水空间的认识与分析

（一）都市主义的定义

都市主义以多种形式存在，包括理论、运动和宣言等。这些形式相互影响与对话，反映了不同视角下对城市认知和价值观的看法。回顾其起源和近30年来的多元化思潮，可以发现都市主义不仅是对城市化进程中社会理想的一种反映，还涵盖了对当时城市问题的尖锐批评和积极实践。

1937年，美国都市主义委员会成员之一、社会学家沃斯提出了“都市主义作为一种生活方式”的概念，并将其视为“代表国家成熟的一个标志”。这个定义引发了数十年的都市主义学术辩论，并标志着城市社会学研究流派的形成①。

（二）都市滨水空间的概念

都市滨水空间是指城市与大尺度流域，如江、河、湖、海等相交的区域，借助其地理位置优势，形成便捷繁忙的商贸往来，同时也促进多元文化的交流和融合，在这里孕育出创新火花和繁荣景象②。开发建设都市滨水区不仅对城市经济和社会等多个方面的发展至关重要，还涉及城市独特的地域风貌和文化传承等软实力的发展，也是城市发展的重要表现。

城市聚落常常与水紧密相连，许多著名的城市因其与水相关而得名，如纽约、悉尼、多伦多、威尼斯以及上海、广州等。水不仅提供了良好的水运交通条件，同时也成为多元文化交汇碰撞的场所，塑造了都市滨水区独特的氛围。各种城市活动，如节日庆典、宗教仪式和娱乐活动，多在滨水地区举行。由此可见，水对于都市的形成、发展和形态产生了深远的影响，水与都市之间存在着紧密的联系（见图2）。

---

① 宋秋明．基于景观都市主义的城市设计策略探究［J］．城市建筑，2019，16（16）：166－172.

② 傅红昊．景观都市主义视角下的滨水区城市设计策略研究［D］．重庆：重庆大学，2016.

图2　纽约布鲁克林滨水空间成为文化活动的良好载体

资料来源：https：//landscape. coac. net/sites/default/files/styles/reducir_ calidad/public/2020 - 04/04_ Brooklyn% 20Bridge% 20Park_ Pier% 201% 20Lawn_ 0. jpg? itok = -ZoFP2as.

（三）都市滨水空间建设意义

滨水空间是都市中与水系接壤的区域，包括水域和周边陆地，滨水空间是与周边实体界面相对存在，并由多方要素构成的系统，都市滨水空间因其优越的生态环境而具备多样发展的可能性，而人类文明最早也是在水陆接壤区域形成①。都市滨水空间建设的意义体现在以下几个方面：

1. 优化都市形态发展

水系网络与都市形态发展有着紧密的联系，滨水空间提供了对都市未来形态发展极具参考价值的线索。通过合理规划和设计滨水空间，可以推动都市形态的优化与更新。

2. 传承和弘扬历史文化

滨水区域往往是人类文明最早形成和发展的地方，其中蕴含着丰富的文化遗产和历史价值。通过都市滨水空间的建设，可以保护和传承这些文化遗产，提升城市的历史文化魅力，加强人们对自身文化身份的认同。

① 吴雅萍,高峻．城市中心区滨水空间形态设计模式探讨[J]．规划师,2002(12):21 - 25.

3. 提升城市形象与品质

滨水空间在城市景观中起到连接自然与人文的纽带作用。通过创建优美的滨水公园、步道、广场和休闲娱乐设施，可以为居民提供休闲、娱乐和社交的场所，增添城市的魅力和吸引力。同时，滨水空间也能够展示城市的历史文化，成为城市形象的重要组成部分。

四、水文化与都市主义

都市主义是一个以人为中心的城市发展理念，强调创造宜居、功能完善、美观高效的城市环境，它追求可持续性发展，注重经济、社会和环境的协调。而水作为城市环境中不可或缺的要素，在都市主义中扮演着重要角色，增强了自然与都市之间的联系，促进了自然和城市环境的融合，并培育着社区凝聚力和文化活跃性。

（一）水文化在都市主义中的地位和作用

水文化在都市主义中具有重要地位和作用，它承载着城市历史和文化的丰富内涵，通过保护和传承水文化遗产，可以弘扬城市的历史文化，增强市民对城市的认同感和归属感。同时，水文化的发展与都市主义的理念相辅相成，都市主义强调可持续发展，注重生态、社会和经济的协调，而水文化的传承和发展正是为了实现这一目标。此外，水文化也为都市主义提供了丰富的人文资源和旅游资源，促进城市经济的发展和社会的进步。

（二）都市主义对水文化的影响

都市主义的发展对水文化产生了一定的影响。都市主义的快速城镇化进程导致了水资源的短缺和水环境的恶化，这对水文化的传承和发展提出了新的挑战。此外，都市主义强调经济发展和城市建设的速度和规模，往往忽视了对水文化的保护和重视，导致一些传统水文化的流失。然而，随着人们对环境保护和可持续发展意识的提高，越来越多的城市开始重视水文化的保护和发展，将水文化纳入城市规划和城市发展的范畴。因此，都市主义的发展也为水文化的传承和发展提供了新的机遇和动力。

（三）水文化与都市主义的融合

水文化与都市主义共同促进城市的可持续性和丰富多样性。都市主义将水文化融入城市的公共空间和艺术创作中，丰富城市的文化氛围。水文化的传承与发展不仅赋予都市独特的文化内涵，也能强化人们对水环境保护的意识，为城市的可持续发展指明了新的方向。通过整合水景观以及水文化的传承与发展，使都市主义与水文化相互交融，共同塑造了宜居、美观和可持续的城市环境。通过打造多彩的水文化景观，将时代精神和社会主义核心价值观融入水景观的营造中，使水文化发挥更高的社会价值，丰富人民群众的文化获得感，为城市的可持续发展注入新动力。

五、城市水文化的传承与发展策略

城市水文化的传承与发展是一个多方参与、综合推进的系统工程。本文提出历史保护与水文化融合、艺术科技与人文融合、水城发展融合和多维创意产业融合四大策略，通过四大策略的实施，促进水文化的传承、创新和可持续发展。

（一）历史保护与水文化融合策略

对于滨水地区具有代表性的水文化遗址，如古运河、古桥、古井等，进行全面的保护和修复工作，确保其历史价值得到传承。通过保护和修复这些滨水历史建筑，传承水文化，并为滨水地区营造独特的历史氛围。同时，加强对非物质文化遗产的挖掘、整理和传承，将传统治水故事等融入现代城市建设，增强滨水空间的吸引力。此外，在设计中可以通过引入当地水文化元素，运用当地传统建筑风格、民俗文化等，融入当地水文化的符号和图案来达成水文化的传承与创新。设计可以加强公共空间与当地社区的联系，促进大众对水文化的理解和欣赏。

（二）艺术科技与人文融合策略

通过利用水景体验与互动来传递水文化，在滨水空间中引入具有多种功能的水景，如喷泉、艺术装置等，以吸引人们参与。同时利用艺术元素融入滨水空间的建设中，可以打造出独特而舒适的空间体验。此外，结合数字技术创新，例如投影映射和交互式装置等方面的智慧设施，将水文化元素融入其中，使游客能够更深入地了解当地特色水文化并参与其中。艺术与智慧设施的融合不仅能够提升滨水空间的美感，还能激发人们对水文化的创造力，促进文化交流和艺术创作的涌现。

（三）水城发展融合策略

通过优化城市布局和规划，使水域与城市功能区有机结合，形成具有独特魅力的景观。改善滨水地带的基础设施建设，包括公园、广场、步道等，提升居民对水域的可达性和利用率，并营造宜人的生活环境。此外，引入多样化的互动活动，来创造一个充满活力和包容性的滨水空间。通过创造丰富的文化艺术活动与户外体育运动空间，加上设置互动性强的景观元素，吸引不同背景和兴趣的人群参与其中，增进人们之间的交流和沟通，提高社区居民的生活品质和幸福感，促进都市滨水空间的发展。

形成全社会共同参与的水城融合的氛围，加强社会参与和公众教育，提高公众对水资源的认识和保护意识，实现水与城市的有机融合，打造水城融合的示范片区，为居民提供宜居宜业的发展空间。

（四）多维创意产业融合策略

将水文化与创意产业相结合，打造具有特色的水文化旅游产品。针对低品质的滨水商业空间，进行重组与提升，优化基础设施，促进滨水空间的价值转化，并创造更多滨水共享空间，注入丰富的生态、人文和休闲内容。保留并赋予滨水工业厂房新功能，实现新旧融合，使其在时间和空间两个维度上具备多样的活力。此外，将水文化与创新产业相结合，开发出具有市场竞争力的产品和服务，如水上观光、水上运动等，促进经济发展的多元化和可持续性，实现城市水文化的经济效益和社会效益的双提升。

六、结语

本文旨在探索城市水文化的传承和发展，指导滨水空间设计与水文化融合的相关策略，并为读者提供借鉴。通过对水文化内涵与建设思路、水文化发展现状以及水文化与都市主义关系等方面的分析，我们认识到水文化是城市高质量发展的优势所在，同时，我们也意识到水文化建设仍面临一些挑战。

为此，本文提出了一些策略和建议，以推动水文化的传承与创新，实现水与城市的有机融合。通过加强水文化保护、溯源与传承，融合艺术科技与人文，优化城市布局和规划，以及推动多维创意产业与水文化的融合，我们可以促进城市水利事业的发展，实现水文化的传承与创新，为城市的可持续发展注入新动力。未来的研究可以进一步提出更具体、可操作的解决方案，为城市水文化的传承和发展提供更有力的支持。通过推进水文化建设，我们可以延续历史文脉，弘扬中华文明，坚定文化自信，为实现中华民族伟大复兴的中国梦凝聚精神力量。

卡斯菲尔德转型的城市社会学分析

Zhisen Sun　邓剑莹①

目前世界上有一半以上的人居住在城市中，但这一数字将继续增长，并在2030年达到60%（Ryan et al.，2014），这必将促使全球化创业主义和公共投资在城市发展过程中地位上升。Shane等（2000）指出，这意味着在全球化的背景下，更多投资者参与并寻找新的商业运营机会，根据全球市场特定需求，通过购买金融资产，促进创业活动等方式获得回报。Keynes等（1971）表明这一现状即以创业精神为核心驱动力经济发展理念的实践，其强调了个体创新、自我驱动和适应变化的能力，鼓励人们跨越国界进行商业活动，积极拓展国际市场和资源，从而促进全球产业链的互动和融合。随着社会发展，Kidd（2006）和Haider（1992）进一步提到全球化创业主义和公共投资将从工业化、去工业化到再生时代（后工业化），通过利用各种生产要素，创造制造、营销和消费机会，整合“全球研发、生产、采购和营销活动”的资源（1992：1），实现城市发展的跨越以及激发城市居民与实体空间的更多结合（Farias，2010）。Haider（1992）还认为，全球化创业

① Zhisen Sun，伦敦政治经济学院经济社会学研究生；邓剑莹，山东工艺美术学院副教授。

主义的出现和公共投资的不断增长，导致了所谓的“场所之战”——城市寻求吸引更多投资以促进经济增长和提高居民生活质量。然而，许多学者（Harvey，1990；Smith，2002）亦批评全球化创业主义，认为私人投资给城市带来了城绅化和原住民阶层的冲突问题。带着这些想法，本文首先以英国曼彻斯特市卡斯菲尔德（Castlefield）地区为中心，探索该地区最初的工业化和去工业化进程中的城市形象；其次，通过分析其发展，包括如何将“禁区”转变为旅游胜地、如何提升该地区的经济活力，具体说明全球化创业主义和投资驱动再生过程对当地的影响；最后，通过特别关注卡斯菲尔德迪恩斯盖特广场（Deansgate Square）城绅化的情况，来发现该地区创业主义和投资存在的问题。

一、卡斯菲尔德发展概况

根据Thorns（2002）的说法，新兴工业城市始于18世纪末的第一次工业革命，强调了生产力和生产效率的重要性。Engels（1844）指出，快速工业化进程促使大量工人涌入城市，导致了包括英国曼彻斯特市卡斯菲尔德地区在内的新的城市样貌，以及工厂生产区与城市廉价住宅区在工业城市中交织融合存在。该地区作为工业化的核心区域与发源地，散布着许多由蒸汽机驱动的工厂和纺织厂；用来储存棉花、煤炭的大型工业仓库；并通过Bridge Water（布里奇沃特）等运河的建设，使其一度成为曼彻斯特以至全英的最大交通枢纽（Manchester City Council，2019；Degen，2008）。随之而来的是大量工人涌入城市以寻找新的工作机会。这促使住房迅速建成，通常比较简陋，排列密集，建在工厂附近，以容纳日益增长的人群（Engels，1844）。因此，卡斯菲尔德在第一次工业革命期间可以被视为一个具有开创性的、繁荣的工业文化区域。

在随之而来的第二次工业革命，交通系统的改善和个性化房屋的建设改变了卡斯菲尔德地区范式（Thorns，2002）。在此期间，曼彻斯特政府在该地区翻修更适合车辆通行的新路，建立曼彻斯特电车公司，将卡斯菲尔德与居住在索尔福德、伯里等郊区的人们连接起来，以便使人们更好地参与工业生产（Eyre，1971）。人们可以更方便地在家和工作地点之间通勤，促使住宅区扩展到工业中心的周边。住宅从密集排列的排屋转向更宽敞的郊区住宅。这些新住宅通常带有花园和改进的设施，反映了人们生活水平的提高。城市规划者和开发商开始设计注重居住舒适度和美观的社区，融入了绿色空间、更宽的街道和更好的卫生系统。个体化住房的增长推动了房地产开发，新住宅项目吸引了寻求改善生活条件的中产家庭。卡斯菲尔德作为英国第一个工业革命区，随着第一、二次工业革命蓬勃发展起来，向人们展现了一个繁忙的工业区形象：公共交通的运行、强调快速高效，让人们的生活方式从集约化向个性化转变。

然而，正如 Dodge 和 Brook（2016）所指出的，20 世纪 60 年代曼彻斯特的经济重组更加注重去工业化和促进服务业经济的发展，引发了由“工业化曼彻斯特”向“新曼彻斯特”的转变。在这“后福特主义”背景下，导致曼彻斯特城市社会问题的增加，如失业率上升：其中三分之一的制造业手工作业岗位消失，四分之一的工厂关闭（Kidd，2006）。失业所带来的经济压力和生活困难促使犯罪率的激增，Taylor 等（1996）指出这一时期发生了大量侵犯和抢劫案件，形成了“黑帮曼城”和“禁区”等卡斯菲尔德地区代表性形象。在快速全球化背景下，虽然这些情况是不可避免的，但毫无疑问，这对卡斯菲尔德未来发展亦极其不利（Smith，2002）。频繁出现的社会问题，使这里既不稳定又不安全，没有企业家愿意投资于该地区（Taylor et al.，1996）。再加上本地居民及外乡人对当地治安环境的担忧（Degen，2008），逐渐导致卡斯菲尔德成为“场所之战”（Haider，1992）中没有竞争力的地区。Pike（2020）指出，尽管服务行业将发挥“经济飞轮生成作用”，但去工业化的第一步是将包括卡斯菲尔德地区在内的混乱的局面转变为一个稳定和安宁的地方，使人们和企业能够正常生存和发展，为服务业的持续发展创造基本条件。正如 Degen（2003：872）恰如其分地指出，“卡斯菲尔德需要通过……结构的变革来驯化”。

二、卡斯菲尔德的城市改革

在新的全球主义背景下（Smith，2002），强调将以创业为导向的地方竞争作为重建过程的发展方向，这部分将分析卡斯菲尔德是如何在政府投资的支持下，从一个混乱的“禁区”转变为一个具有吸引力和凝聚力、强调平等和工业文化品牌特色的地方的，重点关注“博物馆行业”兴起和布里奇沃特运河重建的改革方式。正如上文提到，卡斯菲尔德虽然在工业革命期间展示了强大的发展潜能，却在工业转向服务业的时期形成了混乱形象，这阻碍了私营企业的经营和投资者在该地区的投资。因此，曼彻斯特市政府在一开始扮演了主要的投资者和创业推动者角色（Manchester City Council, 2019），基于“纯粹的民族国家，将经济根植于市场，将对社会权力的控制转移到对城市景观的重塑”（Smith，2002：434）。Smith（2002）认为在强调资本流动对资本市场影响的全球经济环境中，所有地区都具有它独特的，抑或显性或隐性的资产。城市必须通过这些特质吸引并留住客户以满足其经济与社会的发展（Smith，2002）。Haider（1992：10）进一步提到，因为“区域”在市场中的独特位置，需要发展其包含不同的“信念、思想和印象”的地方特征，使它能够在竞争激烈的全球市场中自我推销，以及促使更多的人愿意在该地区进行投资等商业活动（Allen，2007）。这也是曼彻斯特政府投资的目标，该投资建立在以改变卡斯菲尔德的负面形象为目的，重点突出两个关键理念：通过重新美化并形塑该地区的文化和价值观，以及通过吸引旅游和创业来促进经济增长（Manchester City Council, 2019）。在这个过程中，Haider（1992）提到，当地方改变形象时，有三个问题必须考虑：“我们的形象是什么”、“我们希望我们的形象是什么”以及“我们如何控制我们的形象”。为了摆脱“黑帮曼城”“禁区”的形象，在城市管理的视角下（Thorns，2002），曼彻斯特政府寻求创建一个倡导平等、公正和和谐文化的城市愿景。为达到该目的，包括卡斯菲尔德在内，曼彻斯特政府于1998年颁布了《人权法》，规定了工作、教育、投票机会平等；禁止歧视，保障所有人的平等权利；强调相互尊重的社会环境以及确保城市中宗教、信仰和集会自由（Manchester City Council，2019）。通过社会机构的建设，例如卡斯菲尔德小学或中学，作为城市再生过程的一部分，促使不同收入水平的人能够得到平等对待。同时，政府通过推动基础设施建设、社区倡议和创业精神的发展，实现包括卡斯菲尔德在内的整个曼彻斯特市，在生活条件、就业率和平等待遇等方面的显著改善。这可以通过 Manchester City Council 于 2019 年的数据反映出来。随着人们获得更好的生活条件、有报酬的工作、更平等的社交和更稳定的居住，卡斯菲尔德逐渐从混乱无序的形象转变为强调平等和稳定的形象，并为投资经营环境提供了更加有利的条件（Degen，2003）。

此外，政府重建项目还涉及卡斯菲尔德工业化和社会文化元素的交叉，包括科学工业博物馆的建设和布里奇沃特运河的重建。除展示工业化时期的产物（如第一台计算机等）外，科学工业博物馆还通过开展娱乐活动加强游客在博物馆内的互动，例如"影子故事"、"平稳过关游戏"和"聚光灯谈话"，进一步帮助游客了解该地区的文化（Science Industrial Museum，2023）。在博物馆社交媒体、报纸广告和政府的宣传下，2017—2018 年科学工业博物馆接待了 683688 名游客，并在第二年增加了 6%（Science Inudstrial Museum，2023）。这种再生确实符合 Smith（2002）和 Haider（1992）的想法，即利用在地的传统特色文化，将其转变为在全球竞争中独特且有价值的形象。此外，政府还投资了约 29153000 英镑重建布里奇沃特运河（工业时代最繁忙的地区之一，拥有大型仓库和工厂）附近的公共空间，通过创意设计改造进一步提升卡斯菲尔德工业文化形象（Williams，2000）。这是通过利用当地闲置的工业厂房，将大片混乱的厂矿转变为互动友好的社区，同时保留工业文化的一些特征（Manchester City Council，2019）。其做法：首先，通过建立布里奇沃特运河通道（6341000 英镑）、商人桥（450000 英镑）和城堡街（Williams，2000）来开发改善进入该地区的通道。从新城市主义的角度来看，这种由无障碍街道、人行道、自行车道和人行横道组成的道路网络将人们更好地引导和融合，将这些道路与不同的风景、地标景观及居民连接起来（Macleod，2013），从而有助于创造一个融洽的交流场所，并通过分享经验或发现共同兴趣来建立信任，构成一个更加和谐的社会环境（Amin，2006）。其次，将工业建筑空间转变为服务型企业。曼彻斯特政府斥资 4086000 英镑（Williams，2000），将仓库和工厂改造为 750 家新型服务公司，其中包括该地区的 Castlefield Basin、Service Graphics、Dukes 92 和 Albert's Shed 餐厅等。这些服务型公司不仅提供更多的公共空间供人交流和消遣，同时还在 5 年内创造了约 920 个与服务相关的工作岗位以及超过 4580 万英镑的产值（Manchester City Council，2019），这向全球市场证明了该地区具有强大的服务资源和熟练劳动力潜力来开展经济活动。为进一步在地方竞争中胜出，建在布里奇沃特运河后面的"卡斯菲尔德碗（Castlefield Bowl）"，经常举办各种艺人及明星参与的公开表演及娱乐活动，门票在全球范围内在线销售。同时，投资 4997000 英镑建立卡斯菲尔德酒店（Castlefield Hotel）以及数个停车场，进一步促使来自不同地区的人们聚集在卡斯菲尔德。投资的结果显而易见，地区的重建吸引了更多的企业，如印度餐馆（Akbar's）、西式餐厅（Rump N Ribs Steakhouse）、日本餐厅（Sapporo Teppanyaki）等。旅游业也得到了提升，政府统计显示，尽管存在一些波动，但自 2000 年以来，卡斯菲尔德地区的旅游业持续增长。根据 Haider（1992）和 Smith（2002）的观点，所有这些投资已经将卡斯菲尔德的形象从一个混乱的"禁区"转变为一个具有全球视野的"第一个工业区"，一个充满"平等与和谐的社区"，以及"一个富有经济活力"的地区。这些无形品牌资产，不仅推动了消费和旅游业，而且进一步吸引了如唐宁建筑公司（Downing Construction）、新杰克逊（New Jacksons）及康利基金合伙人有限公司（Conbrio Fund Partner Limited）等大型私营企业家来此投资，形成"创业投资—品牌资产—持续投资"的良性循环，既促进卡斯菲尔德地区高水平生活质量的提升，又为在地未来发展带来更大的经济繁荣潜力（Madgin，2010）。

三、城市改造面临的问题

然而，全球创业主义并非没有问题。本部分特别关注由新杰克逊私营建筑公司投资的迪恩斯盖特广场（Deansgate Square），通过讨论住宅高档化问题，来阐述私营企业精神是如何对卡斯菲尔德地区的发展产生负面影响的。随着当代曼彻斯特城市的发展，主要投资者逐渐从政府转向私营企业（Taylor，1996）。Harvey（1990）在他的空间修复理论中指出，随着再生过程的进行，私营企业精神已经从专注于经济和金融收益发展到包括空间等其他社会因素在内，资本家组织和重新组织城市空间以实现马克思所说的"资本积累"。Harvey（1981a：307）认为，公共区域的大规模私有化不仅导致了城市的碎片化，还导致了一种新形式的冲突：资本家通过土地私有化，将低收入群体的现存居住地置换出去。这一过程也是Smith（2002）、Butler（2003）和Bang Shin等（2016）所称的城绅化，其中，土地的大规模私有化导致当地居民被迫迁移到其他地方，或者在最糟糕的情况下，由于这种排斥性做法的实施使原住民面临无家可归的境地。Raco（2003）提出的"封闭社区"概念是该理论的明显体现，其核心观点是在特定私有化区域内建立空间隔离区，使特定社会群体与不属于该社区的人分开。以迪恩斯盖特广场项目为例，创业精神的实施在一定程度上导致了城绅化，将原来的炼铁工厂、工人居住区等工作生活区域，替换为豪华住宅区。这些地区设计供中产阶级居住，房价高昂［349995～1950000英镑（Right Move，2023）］，阻碍了原住民的居住（Deansgate Square，2023）。我们观察到两种可能会加剧城绅化问题的方式：一方面，迪恩斯盖特广场通过为居民提供特殊的门禁系统进入公共大厅，来建立物理空间封闭社区，因此未经授权的陌生人是无法进入该区域的（Deansgate Square，2023）。此外，Flusty（2001）所称的"城市全视"监控体制的实施及安插摄像头和保安监督，虽然可能旨在保护居民，但也导致了对该居住区经济和文化的重新定义。综合来看，通过门禁系统和监控的实施，即使是之前生活在这里的工人居民个体，也没有机会进入建筑物，更别说使用其设施了，因此从物理空间上导致了城绅化问题。另一方面，分隔也产生了一种象征精英主义的意识。这是因为，正如Bourdieu（1986）的"惯习"理论所表明的那样，人们对城市的认知受到他们生活的社会环境的影响，当他们在迪恩斯盖特广场享受奢华、便利的生活环境，享用自给自足的设施（包括私人商店、健身房、牙科诊所、餐厅、会议区、酒吧、理发店和花店）时，他们会对其他社区没有提供同样生活环境和有水准的设施而感到自以为是。社区中经常举办的活动进一步增强了这种感觉，居民在私有化的公共区域内举办的豪华风格活动（New Jacksons，2023）将逐渐使原有的在地工人工业文化消失。这是因为现居的人们珍视自己的文化资本，并忽视之前居民群体分享的被视为次等的文化（Bourdieu，1986）。因此，随着精英主义情感的滋养和对文化背景的逐渐排斥，城绅化便会出现并加剧，使原住民根本无法融入之前生活过的环境当中。

结 论

综上所述，从卡斯菲尔德地区历经工业化、去工业化到城市再生的整个发展过程来看，创业精神的好处是显而易见的。其一，它通过投资重塑，强调平等文化与工业文化遗产的有效介入，改善了工业化导致的混乱形象，重新获得具有吸引力和影响力的城市新形象。其二，它通过成功的投资引领，从工业制造业成功转型到以文化旅游业为主的服务业，经济活力不断增强。然而，当代创业精神并非没有不足，因为私人投资也会导致物质上和象征上的城绅化问题。

参考文献

[1] AMIN A. Thegood City[J]. The Journal of Urban Studies, Sage Publication, 2006, 43(5/6): 1009 – 1023.

[2] ALLEN C. Of Urban Entrepreneurs or 24 – hour Party People? City – centre Living in Manchester, England [J]. Environment & Planning A. 2007, 39(3): 666 – 683.

[3] BANG SHIN H, LEES L, LOPEZ – MORALES E. Introduction: Locating Gentrification in the Global East [J]. Urban Studies, 2016, 53(3): 243 – 246.

[4] BUTLER T. Living in the Bubble: Gentrification and Its "others" in North

London [J]. Urban Studies, 2003, 40(12): 2469 - 2486.

[5] BOURDIEU P. The Forms of Capital in Richardson J. (ed.) Handbook of Theory and Research for the Sociology of Education [M]. UK: Sage Publication, 1986.

[6] DEGEN M. Fighting for the Global Catwalk: Formalizing Public Life in Castlefield (Manchester) and Diluting Public Life in el Raval (Barcelona) [J]. International Journal of Urban and Regional Research, 2010, 27(4): 867 - 880.

[7] DEGEN M. Sensing Cities: Regenerating Public Life in Barcelona and Manchester [M]. Psychology Press, 2008.

[8] DODGE M, BROOK R. From Manufacturing Industries to a Services Economy: The Emergence of a "new Manchester" in the Nineteen Sixties "in" Making Post - War Manchester: Visions of an Unmade City [M]. University of Manchester, 2016.

[9] Deansgate Square: Basic Information [EB/OL]. New Jacksons. [2024 - 01 - 04]. https://renaker.com/our-developments/deansgate-square/.

[10] EYRE A. Conceptual Models for the Geographic Analysis of Population Dynamics in Primary Communities [J]. Geografiska Annaler. Series B, Human Geography, 1971, 53(2): 69 - 77.

[11] ENGELS F. The Condition of the Working Class in England [M]. Various publishers, 1844.

[12] FARIAS I. Urban Assemblages: How Actor - Network Theory Changes Urban Life: Introduction: Decentralizing the Object of Urban Studies [M]. Abingdon: Routledge, 2010.

[13] FLUSTY S. The Banality of Interdiction: Surveillance, Control and the Displacement of Diversity [J]. International Journal of Urban and Regional Research, 2001, 25(3): 658 - 664.

[14] HAIDER D. Place Wars: New Realities in 1990s [J]. Economic Development Quarterly, 1992, 6(2): 127 - 134.

[15] HARVEY D. The Condition of Postmodernity [M]. Oxford: Blackwell, 1990.

[16] HARVEY D. The Spatial Fix: Hegel, Von Thünen, and Marx [M]. Antipode, 1981, 13(3): 1 - 12.

[17] KIDD J. Manchester:A History [M]. Carnegie Publishing, 2006.

[18] KEYNES M, Moggridge E, Johnson S. The Collected Writings of John Maynard Keynes (Vol. 30) [M]. London: Macmillan, 1971.

[19] MESSENGER C. Working Time and Workers' Preferences in Industrialized Countries:Finding the Balance (Vol. 50) [M]. Routledge Publication, 2004.

[20] MACLEOD G. New Urbanism,Smart Growth in the Scottish Highland: Mobile Policies and Post – politics in Local Development Olanning [J]. The Journal of Urban Studies, 2013, 50(11): 2196 – 221.

[21] Manchester City Council, State of City Report 2019 [R/OL]. Manchester City Council Publication, 2019. [2024 – 01 – 04]. https://open. manchester. gov. uk/.

[22] Manchester City Council, The MasterPlan – Knott Mill Manchester [M/OL]. Knott Mill Association. 2019. [2024 – 01 – 04]. https://www. manchester. gov. uk/downloads/download/7193/knott_mill_masterplan.

[23] MADGIN R. Reconceptualising the Historic Urban Environment: Conservation and Regeneration in Castlefield, Manchester, 1960 – 2009 [J]. Planning Perspectives, 2010, 25(1): 29 – 48.

[24] PIKE A. Coping with Deindustrialization in the Global North and South [J]. International Journal of Urban Sciences, 2020.

[25] RACO M. Remaking Place and Securitizing Space: Urban Regeneration and the Strategies, Tactics and Practices of Policing in the UK [J]. The Journal of Urban Studies, 2003, 40(9): 1869 – 1887.

[26] Right Move. Price of the East Tower, Deansgate Square, Manchester, M15 [EB/OL]. 2023. [2024 – 01 – 04]. https://www. rightmove. co. uk/.

[27] RYAN T, HUTCHISON R, GOTTDIENER M. The New Urban Sociology:5th Edition [M]. New York: Westview Press; Chapter 2: The origins of urban life. 2014.

[28] SMITH N. New Globalism, New Urbanism: Gentrification as Global Urban Strategy [J]. Antipode, 2002, 34: 427 – 450.

[29] Science and Industry Museum. Basic information [EB/OL]. 2023. [2024 – 01 – 04]. https://www. scienceandindustrymuseum. org. uk/.

[30] SHANE S, VENKATARAMAN S. The Promise of Entrepreneurship as a Field of Research [J]. Academy of Management Review, 2000, 25(1): 217 – 226.

[31] THORNS D. The Transformation of Cities: Urban Theory and Urban Life [M]. Houndmills: Palgrave Macmillan; chapter 2: Industrial modern cities. 2002.

[32] TAYLOR I, EVANS K, EVANS P. A Tale of Two Cities: Global Change, Local Feeling and Everyday Life in the North of England. A Study in Manchester and Sheffield [M]. London: Routledge; Chapter 3: "the ruddy recession": Post – fordism in Manchester and Sheffield. 1996:60 – 79.

[33] The New Jacksons. The Deansgate Square [EB/OL]. 2023. [2024 – 01 – 04]. https://newjacksonmanchester. com/.

[34] VisitManchester. Statisticson Tourism in Manchester [EB/OL]. 2023. [2024 – 01 – 05]. https://www. visitmanchester. com/visitor – information.

[35] WILLIAMS G. Rebuilding the Entrepreneurial city: the Master Planning Response to the Bombing of Manchester City Centre [J]. Environment and Planning B: Planning and Design, 2000, 27(4): 485 – 505.